农业气象学

(第3版)

姜会飞　段若溪　主编

气象出版社
China Meteorological Press

内容提要

本书是为高等农业院校相关专业所开设的“农业气象学”课程而编写的教材。全书分为大气、辐射、温度、水分、气压和风、天气、气候、农业气候、农业小气候、农业和农村的气象服务等十章。本书内容着重阐述基本原理，介绍基本知识，同时能联系农业生产的实际情况。本书在收集2002年和2013年出版的第一版和修订本教材使用过程中反馈意见基础上，结合学科发展动态调整更新理论知识和实践应用内容。本书还可供环境、地理、水文及其他相关专业使用。

图书在版编目(CIP)数据

农业气象学/姜会飞，段若溪主编. —3版. —北京：气象出版社，2018.11(2024.3重印)
ISBN 978-7-5029-6239-5

Ⅰ.①农… Ⅱ.①姜… ②段… Ⅲ.①农业气象-高等学校-教材 Ⅳ.①S16

中国版本图书馆CIP数据核字(2018)第216847号

Nongye Qixiang Xue (Disan Ban)
农业气象学(第3版)
姜会飞 段若溪 主编

出版发行：气象出版社
地　　址：北京市海淀区中关村南大街46号　　邮政编码：100081
电　　话：010-68407112(总编室)　010-68408042(发行部)
网　　址：http://www.qxcbs.com　　E-mail：qxcbs@cma.gov.cn
责任编辑：王元庆　　终　　审：张　斌
责任校对：王丽梅　　责任技编：吴庭芳
封面设计：博雅思企划
印　　刷：三河市百盛印装有限公司
开　　本：720 mm×960 mm　1/16　　印　　张：18
字　　数：350千字
版　　次：2018年11月第3版　　印　　次：2024年3月第6次印刷
定　　价：36.00元

《农业气象学》(第 3 版)编写者

主　编　姜会飞　段若溪

副主编　(按姓氏拼音字母排序)

蒋跃林　凌霄霞　孙彦坤　杨卫君　姚渝丽

编　委　(按姓氏拼音字母排序)

崔日鲜　段若溪　郭　巍　郝兴宇　侯双双

胡晓棠　姜会飞　江　敏　蒋跃林　李天佑

凌霄霞　马建勇　潘仕梅　任　勃　宋天元

孙彦坤　田志会　王晶莹　王向阳　徐华军

严菊芳　杨卫君　郑大玮　姚渝丽

《农业气象学》(第3版)参编单位

(以单位拼音字母排序)

安徽农业大学(蒋跃林)
北 京 农 学 院(田志会)
东北农业大学(孙彦坤、宋天元)
福建农林大学(江　敏)
贵　州　大　学(侯双双)
湖南农业大学(任　勃)
华中农业大学(凌霄霞、马建勇)
黄　山　学　院(王向阳)
吉　林　大　学(姚渝丽、王晶莹)
吉林农业大学(郭　巍)
宁　夏　大　学(徐华军)
青岛农业大学(崔日鲜)
山西农业大学(郝兴宇)
石 河 子 大 学(胡晓棠)
西北农林科技大学(严菊芳)
新疆农业大学(杨卫君)
浙江农林大学(李天佑)
中国农业大学(姜会飞、段若溪、郑大玮)
中国农业大学烟台研究院(潘仕梅)

第3版前言

“面向21世纪课程教材”《农业气象学》第1版于2002年发行，在全国数十余所高校使用10多年后，于2013年整合学科发展的最新成果和教材使用过程中的反馈意见对第1版教材进行了修订。修订本在农业小气候、农业气候和农业气象灾害与风险管理方面，为适应时代发展和社会需求，精选增补了具有较大影响的案例，在教材写法上更注重启发式教学和应用实践的指导性。2002年至2017年本教材累计印刷18次，教材受到读者的欢迎和好评。虽然教材内容和出版质量获得了业内的肯定，但科学研究的快速发展和教学手段的不断更新，纯纸质版的课程教材在出版4年后已明显跟不上时代教育教学的形势，教材编写组于2017年在北京召开教材改编会议，决定对教材进行再次修订。

应广大读者的要求和适应网络时代教学方式的需要，本教材编写者与出版社一起对教材内容进行了必要的增删，筛选纸质印刷素材和融合二维码信息，在保持纸质版教材的学科知识系统性和应用性的同时，实现教材在线状态的前沿性和动态性。

在修订过程中，我们力求保持学科知识的系统性和原版教材结构的整体性，结合“十一五”和“十二五”期间取得的科技成果，精选教学内容，突出理论对实践的应用指导性。

教材中有关大气、辐射、温度、水分和气压等气象要素章节基本保持原版教材编写结构。按从理论到实践的编写思路，先介绍各要素的基本知识和基本定律，分析该要素的时空分布规律及其成因，再阐述该要素与农业生产的关系及其在农业实践中的具体应用。还增加了相关的国内外对要素数据观测记录的网站链接和二维码扫描的应用例题学习拓展等内容。

为使教材内容更能反映最新研究进展和把握典型应用案例，也为使教材体系更为完整，第3版教材保持上一版教材章节结构框架，进一步强调应对气候变化、加强灾害风险管理和气象为农业服务的实践，在教材中增补了危害积温、气候品质认证和气象指数保险的概念与方法步骤等内容。

受教材篇幅和课程课时的限制，一本教材几乎无法全面概括和阐述众多内容，也不可能在有限的课时讲授完毕。对汇编入教材的学科理论系统知识、最新科技和案例甄选等取舍难免受到编者水平和专业方向偏好的影响,很难满足各地农业院校的要求。因此,这次修订过程中,我们着重选择了最基本的概念、方法和最新科技成果汇入纸质教材,并通过互联网把网络微课件以及与各地实时新闻和与行业有关的实践案例链接,实现教材内容及时自动更新。

编　者

2018 年 4 月

第 2 版前言

“面向 21 世纪课程教材”《农业气象学》第 1 版于 2002 年出版发行，在全国数十余所高校使用了十多年。在此期间，从事农业气象教学和科研的一线教师曾多次召开教学研讨会，广泛收集教材在使用过程中的反馈意见。广大师生在教学实践过程中，对本书作了肯定，也提出了宝贵的修改建议。

本书首次出版后的十多年来，我国教学改革和国内外对农业气象学的理论研究及科技实践方面都取得了显著的进展，为了适应当前教改过程中“宽口径、厚基础”的人才培育需要，反映本学科的最新成就，教材编写组认为有必要在总结过去教学和实践经验的基础上，对原书内容进行精简、修改和更新。

在修订过程中，我们力求保持原教材的优点，并针对课程设置的目的要求和在教学计划中本课程教学时数减少的现实，进一步精选和更新内容、加强基础、突出重点，强调理论与实践相结合。

教材中有关大气、辐射、温度、水分、气压和风、天气及灾害性天气和气候等章节基本保持原教材编写结构。按从理论到实践的编写思路，先介绍气象要素的基本知识和基本定律，分析该要素的时空分布规律及其成因，再阐述该要素与农业生产的关系及其在农业实践中的具体应用。

为使教材内容更能反映最新研究进展和把握典型应用案例，也为使教材体系更为完整，本教材除了在第八章“农业气候”增加了“农业气候相似理论及其应用”一节和“农业小气候”独立成章外，为充分发挥 21 世纪的信息资源优势和把“十一五”期间取得的科技成果纳入教学内容中，本教材第十章“农业和农村的气象服务”，增加了应对气候变化的气象灾害风险管理的内容。

在教学课时数压缩和教材内容增加的情况下，为提高教学效果和实践指导价值，教材写法上注重启发式。以第八章的“农业气候相似理论及其应用”为例，先从生产实践中要进行生物引种的实践需求出发，提出问题——把某一物种引种到哪些地方更容易成功呢？于是便提出了“农业气候相似理论”——把某一物种引种到与现产地气候环境相似的地方，引种成功的可能性最大。这种基本理论的介绍方法就是启发式教学，是培养学生思考问题、分析问题到解决问题的教学方法的具体体现。有了基本的理论和思想,面对复杂的农业气象条件,如何由浅入深,把复杂的问题简单化,让同学们更容易理解和把握主要矛盾呢?即面对复杂多样的农业气候条件——生物在不同的生育阶段对光、热、水等气象要素有着不同的需求,究竟应该选择哪些气象因子进行相似性比较呢?通过农业气象条件对产量和品质的影响分析,进一步阐述了应该选择比较作物生长关键时期的关键因子。那么,怎么评判这些被选因子是否相似呢?接下来运用农业气象统计学的原理和方法,提出了进行农业气候相似距离计算的方法和相似程度判断的具体指标。农业气候相似理论和方法都明确和清晰之后,就要把这一理论和方法应用到生物引种的实践中去,同时进一步拓展其应用空间,论述该理论在未来农业气象应用领域的发展方向,并指出应用中要注意的问题。

这种由浅入深、从生产实践的需求出发产生理论,并运用理论指导实践的教学内容和教材编写方法,不仅便于课堂教师的教授和学生对知识的理解和掌握,而且也便于非课堂教学中相关人员的自学。

本教材主要作为农业院校非农业气象专业的教科书,也可供农业气象、地理、水文等其他有关专业及各级农、林、牧、渔等生产和管理部门的技术和管理人员参考。

在教材编写过程中,全体编委和审稿专家对编写大纲和教材内容进行了广泛交流,同时得到气象出版社和各编委所在单位的支持和帮助,在此一并表示感谢。此外,对教材中所引用的国内外教材、专著及科技期刊的资料和图片的作者表示诚挚的谢意,参考文献中如有遗漏和错误敬请见谅。

尽管我们力求全面系统地介绍农业气象学的基本概念和基本知识的同时,尽可能反映最新的研究进展,但一方面学科发展日新月异,另一方面编者水平有限,所以在内容上尚难尽人意。此外,文字、图表等方面虽几经核校审定,仍难免会有一些错误,敬请读者谅解。同时,也望读者将对本书的意见和建议反馈给我们,以便在本书重印和再版时予以修改。

编　者

2013 年 2 月

专用名词及符号

A	活动积温	Active accumulated temperature
A	土壤温波振幅	Amplitude of soil temperature wave
A	科里奥利力（地转偏向力）	Coriolis force
a	吸收率	Absorptivity
a	膨胀系数	Coefficient of expansion
a	大气透明系数	Atmospheric transmission coefficient
B(%)	土壤湿度	Soil moisture
C	光速	Speed of light (3×10^8 m/s)
C	热容	Heat capacity
$\vec{C}$	惯性离心力	Centrifugal force
C_p	空气质量定压热容	Massic heat capacity of air at constant pressure
C_V	质量定容热容	Massic heat capacity of air at constant volume
C_m	土壤质量热容	Heat capacity of soil at constant mass
C_{Vs}	土壤定容热容	Heat capacity of soil at constant volume
D	渗漏量	Percolation deep drainage
D	土壤衰减深度	Soil damping depth
$D_{日}$	土壤日衰减深度	Diurnal soil damping depth
$D_{年}$	土壤年衰减深度	Annual soil damping depth
d	饱和差	Saturation deficit
E	有效积温	Effective accumulated temperature
E	能量通量密度	Energy flux density
E	水分蒸发(蒸腾)率	Evaporation rate
Ei	爱因斯坦（6.02×10^{23}光量子数）	Einstein
ET	水汽蒸散	Evapotranspiration

ET_a	实际蒸散	Actual evapotranspiration
ET_p	潜在蒸散	Potential evapotranspiration
e	单个光量子能量	Quantum energy
e	水汽压	Water vapor pressure
e_a	实际水汽压	Actual water vapor pressure
e_s	饱和水汽压	Saturation water vapor pressure
e_{SL}	叶温下饱和水汽压	Saturation water vapor pressure of leaf
e_{sw}	湿球温度下的饱和水汽压	Saturation water vapor pressure of wet bulb
F	力	Force
G	土壤热通量密度	Soil heat flux density
$\vec{G}$	(水平)气压梯度力	Air pressure-gradient force
g	重力加速度(9.8 m/s^2)	Gravitational acceleration
H	危害积温	Harmful accumulated temperature
H	感热通量密度	Sensible heat flux density
h	普朗克常数 (6.63×10^{-34} J · s)	Planck's constant
h	土层厚度	Soil thickness
$h_\odot$	太阳高度角	Solar elevation angle
K	波尔兹曼常数 (1.38×10^{-23} J/K)	Boltzmann constant
K	作物植被消光系数	Crop canopy extinction coefficient
K	热扩散系数	Thermal diffusivity
K	大陆度	Continentality
K_T	植物蒸腾系数	Transpiration coefficient
k	摩擦系数	Friction coefficient
L	叶面积指数	Leaf area index
L	蒸发(蒸腾)潜热	Latent heat of evaporation
L_s	升华潜热	Latent heat of sublimation
LE	潜热通量密度	Latent heat flux density
M	大气质量	Air mass
M_W	水汽摩尔质量(18 g/mol)	Molecular weight of water
m	大气质量数	Air-mass number
P	大气压	Atmospheric pressure
P_0	海平面气压	Sea level atmospheric pressure

PAR	光合有效辐射	Photosynthetically active radiation
PI	降水及/或灌溉量	Precipitation and/or irrigation
R	普适气体常数 8.31 J/(mol·K)	Gas constant
R	摩擦力	Friction force
R_n	净辐射	Net radiation
R_s	太阳总辐射	Solar radiation
R_{Ld}	大气辐射	Long-wave radiation (down)
R_{Lu}	地面辐射	Long-wave radiation (up)
R_{sb}	太阳直接辐射	Direct beam solar radiation
R_{sc}	太阳常数(1367 W/m^2)	Solar constant
R_{sd}	太阳散射辐射	Diffuse solar radiation
RH	相对湿度	Relative humidity
RO	降水径流量	Runoff
r	反射率	Reflectivity
r	曲率半径	Radius of curvature
r_c	农田植被阻抗	Canopy resistance
r_H	热量输送阻抗	Resistance for heat transfer
r_t	水汽输送总阻抗	Total resistance for water vapor transfer [$r_t=r_m+r_s+r_b+r_a$,等式右边各项分别代表叶肉(mesophyll)、气孔(stomatal)、片流边界层(boundary layer)和大气(air)的阻抗(resistance)]
S	温度-饱和水汽压曲线斜率	Slope of the saturation vapor pressure curve
T,t	温度	Temperature (K,℃)
t_a	空气温度	Air temperature
t_d	露点温度	Dew-point temperature
t_w	湿球温度	Wet bulb temperature
t_L	叶面温度	Leaf temperature
t	时间	Time
t	透射率	Transmissivity
U	光能利用率	Efficiency utilization of light
U_w	水分利用率	Water use efficiency
u	水平风速	Horizontal wind speed

V	速度(矢量)	Velocity
W	土壤贮水量	Soil water storage
W_m	作物干物重	Crop standing dry mass
Y_d	单位面积收获的干物重	Dry yield per-unit area
Z	高度、深度	Vertical distance
α	短波反射率(反照率)	Short wave reflectivity (albedo)
β	鲍恩比	Bowen ratio (H/LE)
γ	测湿常数	Psychrometric constant
γ	气温直减率	Lapse rate of air temperature
γ_d	干绝热直减率	Dry adiabatic lapse rate
γ_m	湿绝热直减率	Moist adiabatic lapse rate
δ	太阳赤纬	Solar declination
ε	发射率	Surface emissivity
λ	波长	Wavelength
λ	热导率	Thermal conductivity
ν	电磁波频率	Frequency of electromagnetic radiation
ρ	密度	Density
ρ_a	空气密度	Air density
ρ_S	土壤容重	Soil density
ρ_w	绝对湿度(水汽密度)	Water vapor density
σ	斯蒂芬-波尔兹曼常数 [5.67×10^{-8} W/($m^2\cdot K^4$)]	Stefan-Boltzmann constant
τ	振荡周期	Period of oscillation
φ	纬度	Latitude
ω	(温波曲线)角频率	Angular frequency
ω	地转角速度	Angular velocity

目　录

绪 论

一、农业气象学的理论基础和研究方法

1. 大气和大气科学

农业气象学(Agrometeorology)是研究农业生产与环境气象条件相互关系和作用的学科，由农业科学与大气科学交叉、渗透形成。学习农业气象学首先需要了解大气与大气科学的基本概念。

大气(Atmosphere)是包围地球的空气的总称，是地球上一切生命赖以生存的重要的物质与环境条件。

气象是大气各种物理、化学状态和现象的统称。气象学(Meteorology)是研究气象变化特征和规律的科学，是农业气象学的基础之一。Meteorology 一词源自古希腊文，由 meteoroes(上空的)和 logos(推理)构成。

大气科学(Atmospheric science)是研究大气各种物理、化学现象及其演变规律，以及如何利用这些规律为人类服务的一门科学。现代大气科学大大超出了传统气象学的界限，研究对象不仅有覆盖整个地球的大气圈，还包括大气圈与水圈、岩土圈、生物圈等其他圈层之间的复杂关系和相互作用。现代大气科学吸收了大量雷达、卫星遥感、计算机模拟和数值计算等现代信息技术，在发展国民经济、提高人民生活质量和保护生态环境等方面发挥着越来越大的作用。

大气科学的主要分支有大气探测学、气候学、天气学、动力气象学、大气物理学、大气化学、应用气象学等。

天气和气候是大气科学的两个基本概念。天气是以气象要素值和天气现象表征的瞬时或较短时期的大气状况。天气学(Synoptic meteorology)是研究天气形成和演变规律的一门学科，包括天气系统、天气形势和天气现象形成演变规律及分析预报方法。气候则指一个地区多年的大气状况，包括平均状况和极端状况，通过各种气象要素的统计量来表示。气候学(Climatology)是研究气候的形成、分布、变化规律及其与人类活动的相互关系的一门学科。

小气候指局部环境由于下垫面影响形成的贴地气层和土壤上层的气候，其特点表现为小气候现象，小气候学(Microclimatology)就是研究这种现象的一门学科，农业小气候学(Agro-microclimatology)是农业气象学的重要理论基础之一。

天气学、气候学和小气候学都是气象学或大气科学的重要分支领域，也是学习和研究农业气象学必须掌握的理论基础知识。

2. 农学和生物科学

农业气象学是一门交叉学科，农学和生物科学是其学科基础。在生物科学中需要了解基础生物学、植物学、动物学、昆虫学、微生物学、植物生理学、动物生理学和生态学的基本知识，在农业科学中应了解基础农学、耕作学、农业生物学、农业生态学、园艺学、畜牧学、水产学、林学、农业工程学、动植物保护、农业系统工程学、农业经济学等方面的知识。此外，还应了解一些农业地质学、农业土壤学、农业水文学等地学知识。

生物气象学(Biometeorology)是研究生物圈与大气圈两大圈层相互关系的一门交叉学科，其中研究农业生物(包括农作物、林木、牲畜、鱼类、农用微生物等)与大气圈相互关系的农业生物气象学(Agro-biometeorology)构成了农业气象学的又一重要理论基础。

从农业科学的角度，农业气象学与农业生物学、农业物理学、农业化学、农业数学等学科一样，被认为是农业基础学科之一。研究农业生物及生产过程与气象条件的关系，可以为育种、栽培、饲养、动植物保护、机械作业和其他生产经营活动提供科学的依据。

从大气科学的角度，农业气象学属应用气象学的分支学科之一，也是气象为国民经济服务的重点领域。农业应用气象学(Applied agrometeorology)是大气科学的理论与方法在农业中的应用，是农业气象学的主要方法论之一。

二、农业生产与气象条件的关系

农业生产过程主要是在自然条件下进行的，气候和土壤条件是最基本、最重要的自然环境和资源因素。而土壤的形成、水热状况和微生物活动等，在很大程度上又受气候条件的制约。

1. 大气提供了农业生物的重要生存环境和物质、能量基础

农业生产的对象是植物、动物、微生物等生命有机体，其生长发育和一切生命活动都离不开温度、水分、光照、气体成分、气流等气象要素。特别是绿色植物光合作用的基本原料和能源都主要来自大气环境，农业动物和农用微生物的物质能量转换过程又都建立在消耗和分解绿色植物的基础上。

2. 大气提供了可供农业生产利用的气候资源

农业生物顺利完成生长发育或完成预定农事活动都需要一定的物质基础、能量积累或有利环境，其中有利的气象条件可称为农业气候资源。严重不利的大气环境条件往往形成农业气象灾害，是导致农业生产波动的最主要原因。

3. 气象条件还对农业设施和农业生产活动的全过程产生影响

气象条件还对温室、畜舍、仓库等农业设施的小气候及生产性能产生影响，对农机作业、化肥和农药等生产资料的使用效率，以及农产品加工、运输、贮藏等产后活动有很大影响。

4. 大气还影响着农业生产的宏观生态环境和其他自然资源

土壤、植被、水体等其他环境系统的形成演变很大程度上受到大气环境的影响和制约，土地、水资源、生物等其他自然资源的数量、质量及其与气候资源的相互配置关系到农业生产类型分布和经济效益，特别是人类活动产生的温室效应导致的全球气候变化及其应对措施直接关系到人类社会、经济的可持续发展。

5. 农业生产活动对大气环境的影响

大规模垦荒、植树造林、水利工程等人类活动对局地大气环境产生各种影响，稻田和饲养的反刍动物是一种温室气体——CH_4 的主要来源，但种植业又可吸收 CO_2、降低温室气体浓度。局地农业措施也会对周围小气候环境产生一定影响。

总之，气象条件是影响农业生产最活跃的因素，农业生产的对象是生命有机体并且主要是在露天条件下进行，决定了农业生产是受大气环境条件影响最大的产业部门。同时，农业生产活动对周围的大气环境也会产生一定影响。

三、农业气象学的研究对象与任务

农业气象学主要研究农业生产系统与大气环境系统的相互关系和相互作用，包括农业生物过程及生产过程与气象条件的关系，受气象条件制约的农业问题及解决途径，农业设施、农业生物群体、农业生产技术措施对周边气象和微气象环境的影响及调控途径等。

农业系统包括农业生物、农业设施、农业生产活动与农业生态环境四个子系统，其中农业生物又包括作物、林草、花卉、畜禽、昆虫、水生生物和微生物等；农业设施包括农田、温室、畜舍、农业机械、水利工程、仓库等；农业生产活动包括栽培、养殖、农机作业、产品加工、运输、贮藏、销售等；农业生态环境包括大气环境、水环境、土壤环境和生物环境。

农业气象学的研究内容与主要任务：

(1)农业气象监测　包括仪器研制、站网设置、观测和监测方法等，是农业气象的基础工作。除获取常规气象观测资料外，还要根据农业生产的需要设计土壤水分、温室气体含量、农业物候、农业气象灾害、农田及设施小气候等农业气象观测项目和应用航天、航空遥感探测技术。

(2)农业气候资源的开发、利用与保护　光、热、水、风能和二氧化碳等环境要素是重要的农业自然资源，研究其时空变化规律和开发、利用、保护对策与技术，可以为农业各产业、种植制度、作物和品种的合理布局，以及土地、水、生物等其他农业自然资源的优化配置和高效利用提供依据。研究地形气候及气候资源的分布规律，对于山区开发和生态环境建设具有特殊的重要意义。

(3)农业小气候利用与调节　研究农田、林地、水域、微地形和温室、畜舍、仓库等人工设施的小气候规律及调控措施，研究风障、林带、薄膜、耕作、灌溉、保墒增温剂等人为措施的小气候效应，可以为农业生物的生长发育和生产活动创造有利的环境条件，兼顾高产、优质、高效、安全和生态环保。

(4)农业气象减灾与生态环境建设　包括研究旱、涝、风、雹、冷、冻、热等农业气象灾害的发生机制、时空分布规律、危害指标、减灾对策与措施，研究生态脆弱和严重退化地区的灾害特征、气候资源与其他自然资源的配置状况及生态环境建设的途径。

(5)农业和农村气象信息服务　农业气象业务服务体系和农村气象灾害防御体系是气象部门服务“三农”的平台。农业气象业务服务领域已形成包括农业气象情报、作物产量预报、农业气象灾害监测预警与评估、生态气象监测评估、农用天气预报等系列服务；农村气象灾害防御以气象灾害监测预警网为基础，服务方式除书面形式外，还通过电视、广播、电话、手机、互联网等形式传递。目前各地气象部门将地面观测与遥感探测相结合，普遍建立了高效率的农业和农村气象信息服务系统。服务对象已从各级农业部门扩展到涉农企业和广大农户。有些台站还将服务范围扩展到受气象条件影响的农产品需求变化与市场价格信息的咨询与预测。

(6)农业气象基础理论研究　包括作物产量形成的农业气象基础、气候生产潜力、土壤—植物—大气连续体(SPAC)水分运动规律和高效利用途径、边界层物质传输与能量转化过程、农业生物对环境气象胁迫的响应与反馈机制等。

(7)应对气候变化的农业对策　包括气候变化对农业生物与生产的影响机制，农业源温室气体的产生机制、分布现状与减排措施，农业生产吸收温室气体的潜力与实现途径，农业生物与农业生产对于气候变化的适应能力与对策和农业气候灾害的风险管理等方面。

四、农业气象学的产生与发展

1. 古代的农业气象知识

狩猎和刀耕火种的远古时代，人们就已经注意到天气和气候对人类活动的影响，逐步积累了农业生产与气象条件关系的知识。3000多年前，古人已认识到春夏秋冬的季节变化及其农业意义。中国商代甲骨文就有关于季节和天气现象的象形文字和自然灾害影响收成的记载。春秋、战国时期的《尚书》和《吕氏春秋》有物候与农事关系的记载，西汉已形成完整的二十四节气并广泛应用于农业生产。公元前1世纪的《氾胜之书》记载了区田法和耕作保墒等抗旱技术。公元6世纪的《齐民要术》记载了霜冻发生规律和防霜措施。清代乾隆年间编撰的大型农书《授时通考》标志着古代根据农时与气象安排生产已初步形成系统化的认识。在西方，古埃及人已能根据雨季和洪水到来时间安排尼罗河流域的作物播种和收获。公元前希腊人能根据气候变化确定一年中的农事和航海时间，并有了两分两至的记述。

2. 近代农业气象学的产生和发展

1735年法国 De Réaumur 提出热量常数概念，指出各种作物完成每个发育期需要相应的温度总和。此后，欧美各国日益重视气象对农业的影响，美国与俄国等率先开展了农业气象业务。1854年，L. Blodge 在美国政府农业报告中发表一篇农业气象报告，同年俄国的 Д. Рутович 首次出版《农业气象学》。1872年起美国国家气象局开始发布每周天气与作物公报。1880年在奥地利举行了首次国际农业和森林气象学会议。1881年德国的 R. Assmann 发起成立了农业气象协会。1897年俄国的 И. И. Броунов 组建了农业气象机构和站网。1913年国际气象组织(IMO)设立了农业气象委员会(CAGM)。随着业务体系的日趋完备和观测资料大量积累，农业气象基础理论研究取得了重大进展。1854年 L. Blodge 提出农业气候相似理论。1919年美国的 W. W. Garner 和 H. A. Alard 发现光周期现象并逐步形成光周期理论。1927年德国的 R. Geiger 出版了《近地面气层气候》。1937年苏联的 Г. Т. Селянинов 出版了《世界农业气候手册》。1939年 G. Azzi 划分意大利小麦自然地理区，开创了农业气候区划的先河。1945年日本的大后美保发表了《日本作物气象的研究》。1947年起美国的 M. Y. Nuttonson 毕生研究世界范围气候与农业气候相似问题，作为美国与各国相互引种的依据。1948年英国的 H. L. Penman 综合辐射平衡和空气动力学方程得出蒸发量计算公式。到20世纪中叶，农业气象学理论和技术体系已基本确立。

3. 现代农业气象学的发展

第二次世界大战以后，随着各国经济恢复发展与新技术革命的兴起，农业气象科学的理论与方法、技术有更加广阔与深入的发展。热量平衡和空气动力学方法开始应用于农田水分平衡与灌溉管理。英国的J. L. Monteith在Penman公式的基础上1965年进一步提出可用于植被蒸散量估算的Penman-Monteith公式。20世纪50年代苏联系统编制了各类农业气候区划。60年代以后各国开展了土壤—植被—大气连续体(SPAC)和人工气候室模拟实验研究。70年代以来随着计算机技术、卫星探测技术、地理信息系统、全球定位系统及电子测试技术的发展和广泛应用,农业气象学在观测方法、实验手段、数据采集与数据分析到理论模式研究都有很大发展,成为农业气象预报和生态环境、植被状况及灾害监测与研究的有力工具。各国普遍建立了基于现代农业气象理论和信息技术的新型农业气象信息服务系统。农业气象业务产品生成和向用户提供服务的效率和效果极大提高。农业气候区划更加精准和细化,已能对复杂地形和群体内部的气象环境、要素分布和变化规律进行精确描述或区划,为生产布局、宏观调控提供切实有效的科学依据。人工气候箱和人工气候室等环境要素模拟实验手段的改进和普及大大缩短了农业气象研究周期。以荷兰瓦赫宁根大学C. T. de Wit等研发的WOFOST和美国密歇根州立大学T. J. Ritchie等研发的CERES为代表,作物模型研究取得了长足进展,机理性明显增强,并已广泛应用于栽培管理、产量预报和设施环境精确调控与优化。80年代以来以全球变暖为主要特征的气候变化更加凸显,各国开展了气候变化对农业影响和适应对策研究。为应对极端天气气候事件增加的挑战,在联合国国际减灾十年与国际减灾战略活动的推动下,农业气象减灾研究的重点由灾害机理与分布规律研究扩展到风险评估管理及减灾新技术研发。

五、中国农业气象学的进展与成就

中华人民共和国成立后,特别是改革开放以来,农业气象学的发展取得了巨大进步与显著成就。

1. 作物光能利用潜力理论在高产稳产栽培和耕作改制中的应用

针对20世纪50年代生产中出现的问题,卓越的气象和地理学家竺可桢、黄秉维及植物生理学家汤佩松等率先提出了光能潜力理论,农业气象学家在此基础上进一步提出了作物气候生产潜力理论,并在生产实践中深刻影响了耕作与种植制度的改革,指导了多熟种植、间套复种、合理密植与吨粮田建设,为中低产田改造与作物高产优质做出了重大贡献。

2. 广泛开展的农业气候资源考察和农业气候区划

农业气象工作者提出了中国农业气候界线和作物生态适应性理论,将生长界限温度和积温理论应用于农业实践,为作物合理布局、农业区划和气候资源利用提供了科学依据。20世纪90年代以来,运用遥感、地理信息系统、全球定位系统及计算机模拟技术已能较精细测算绘制山区复杂地形的主要气候要素分布。对不同农业气候区域与全球各地的农业气候相似分析，为作物引种与合理布局及防止有害生物入侵提供了理论依据和时空规避措施。

3. 季风气候条件下的气候波动与农业气象灾害防御技术

农业气象专家研究了若干重大气象灾害的发生规律与减灾途径，提出利用气候区划与灾害风险评估成果、地形气候与农业小气候资源及具有中国特色的趋利避害减灾对策与技术，不同程度地克服或缓解了农业的灾害障碍，如农田节水保墒技术，水稻防烂壮秧技术，蔬菜、水稻与冬小麦的安全播种期、移栽期和齐穗期，作物种植适宜性区划等。20 世纪 80 年代以来我国首创的黄腐酸在水分调控上具有开源节流的双重功能，居世界领先水平。

4. 农田辐射、水分、热量、二氧化碳传输调控理论的应用

20 世纪 50 年代初期，开始农田水分动态、水热传输过程试验，以后又关注作物水分胁迫及其机制利用，较早提出了农田水热平衡与作物光能利用模式及水分利用调控途径，建立了水热联系方程，并扩展到广大区域；测量光能与水分利用率在国际上起步较早，颇有建树；为 20 世纪 90 年代以来在半湿润和半干旱地区发展旱作节水农业和精准农业提供了科学基础。

5. 在热带、亚热带区域引种橡胶和发展多种经济作物

20 世纪 50 年代，在热带和亚热带南缘利用有利地形和坡地逆温带成功引种橡胶树，突破了国际封锁，打破 17°N 以北为橡胶种植禁区的传统认识，有力地支持了国防建设。20 世纪 90 年代亚热带丘陵山区气候资源考察提出山区不同作物种植上限、立体种植模式和行之有效的防寒避冻技术，扩大了柑橘、茶树等多种经济作物的种植区域，取得丰硕成果和重大经济效益。

6. 作物产量与灾害监测预报及农业气象信息服务系统建设

20 世纪 70 年代末到 80 年代中期，农业产量气象预测预报研究取得重大进展并迅速在全国推广应用，气象卫星冬小麦长势和遥感监测综合估产研究成果迅速形成了业务能力，精度、时效均达国际先进水平。80 年代中后期起，开展了作物生长模拟和气候变化对农业生态影响的研究，基本达到与国际前沿接轨。遥感技术成功应用于干旱、洪涝、冻害、寒害等农业气象灾害的监测，国家气象中心建立了干旱监测系统进行各地干旱逐日逐月监测。20 世纪 90 年代以来，已建成世界先进水平的农业气象信息服务系统。21 世纪，农业气象业务体系和气象灾害监测预警体系的建设和发展，为气象服务农业和农村的战略目标提供了基础技术支撑。

7. 农业应对气候变化的对策与技术

近20年来中国农业气象学家广泛开展了气候变化对农业影响评估、农业源温室气体排放规律与减排途径、低碳农业理论与技术、农业适应战略与适应技术等研究,在许多地方取得了显著减灾增产效果,并为中国应对气候变化的环境外交提供了有力的科技支撑。

六、农业气象学的社会需求与发展趋势

1. 农业气象学的发展趋势

进入21世纪,各国都在思考未来科学技术发展趋势及其给人类带来的机遇和挑战。1999年2月,世界气象组织结合农业气象委员会第十二届会议召开了"21世纪的农业气象——需求与前景"国际学术研讨会。2010年7月农业气象委员会第十五届会议确定了在区域、国家和局地三个层面支持农业气象培训和为农业、畜牧业、林业、渔业以及合作伙伴机构开发出更优质服务的战略目标。

21世纪人类面临经济全球化和新技术革命浪潮,信息技术和生物技术等高新技术产业迅猛发展。另一方面又面临人口增加、资源短缺和环境恶化的严峻形势,以气候变暖为主要特征的全球变化日益引起人们的关注,极端天气和气候事件对社会可持续发展构成巨大威胁,尤其是对占世界人口70%以上的发展中国家。面对巨大的机遇和挑战,国际农业气象学发展出现以下趋势。

(1)更加关注全球变化及其对农业系统的影响,特别是气候波动与变化对发展中国家农业生产的影响,在农业气象适应对策和技术方面将取得重要的突破;加强有关生态恢复与优化的农业气象研究,保护和恢复脆弱农业生态系统。

(2)大力培训发展中国家农业气象高级专业人才,形成比较完整和具有特色的科技体系,加强区域性学术交流与技术合作,提高气象为农业服务的广度和深度。

(3)现代信息技术在农业气象研究与业务中广泛应用,全球农业气象观测和业务基本实现自动化、信息化和智能化,主要服务对象由政府机构转移到农户并部分实现市场化。农业微气象调控技术在精准农业中发挥重要作用。

(4)农业气象研究与现代生物技术紧密结合并取得重大突破,动物、昆虫和微生物等薄弱领域的生物气象研究明显加强。农业生物气象指标鉴定和气候区划将为生物技术新物种、新品种快速繁育和合理布局提供可靠的科学依据。

(5)减轻自然灾害的影响成为最优先的业务领域。建立在现代信息技术基础上的农业气象灾害风险评估形成完整技术体系,并形成系列化的物理、化学和生物调控减灾实用技术。

2. 中国21世纪对农业气象的需求与发展前景

中国在改革开放以来的40年里，经济有了飞速的发展，但另一方面，我们也要清醒地认识到，我国的经济、社会发展水平与发达国家还有很大差距，特别是长期以来的城乡分割二元经济结构严重阻碍着经济效益的提高和社会的全面发展。我国绝大多数自然资源的人均值远低于世界平均水平，人口增长与资源、环境的矛盾十分尖锐。我国的农业基础还十分薄弱，尤其是气候变化导致极端天气、气候事件频繁发生，严重制约着社会、经济的可持续发展。

我国农业和农村经济发展进入了一个新的发展阶段：农产品供给由长期短缺变为总量基本平衡，丰年有余；由于市场化程度的提高，农业发展由受资源约束转为资源和需求双重约束；人民生活水平的提高使农业生产由解决温饱需求转向适应小康社会需求；农村人口的城镇化、加入世界贸易组织和经济全球化使农村经济与整个国民经济乃至世界经济的关系更加密切，促进了我国农业产业结构的进一步调整与优化。农业产业化将带来农业生产力的新飞跃。在传统农业和计划经济体制下，由于缺乏经营自主权及经营规模狭小，农民对于包括农业气象在内的农业科技缺乏需求动力，这是农业科技成果转化率低的根本原因。农业发展的新阶段将使农民具有完全的经营自主权和市场意识，农业科技事业的黄金时期即将到来。

农业气象工作者必须适应市场需求，调整科研和技术服务的内容。从主要为粮食生产服务转变成为大农业的各个产业全方位地服务；从主要为增产服务转变成首先为优质高效服务；从主要提高资源利用率转变为在利用资源的同时规避灾害和降低风险；从主要为各级政府服务转变成主要为经营主体服务；从仅研究国内的农业气象问题扩展到研究全球气候变化的影响与应对、世界农业气候资源的开发利用、世界农产品产量预报与贸易策略等。

全球变化与经济全球化给世界发展中国家的农业发展带来了许多新问题，虽然现代农业气象学的理论体系主要是由发达国家建立的，但由于国情与利益不同，它们对于解决广大发展中国家面临的农业气象问题贡献甚微。中国农业气象工作者在研究解决本国农业气象问题，为贯彻绿色发展理念，在生态治理、防灾减灾、重建秀美山川、建设美丽乡村和美丽中国服务的同时，也要关注世界发展中国家，尤其是“一带一路”沿线国家的农业气象问题，促进各国的农业可持续发展，为构建人类命运共同体做出自己的贡献。

第一章　大　气

地球表层是由大气圈、水圈、冰冻圈、生物圈及岩石圈组成。大气是指包围在地球表面的空气层,整个空气层称为大气圈。

地球大气是随着地球的形成而逐步演变的,经过几十亿年的不断更新,才变为今天的状态。一般认为,今天的地球大气是经过原生大气、次生大气和现代大气三个阶段演变而成的。

原生大气:在地球凝聚诞生的早期,氢、氦、氖等气态物质组成了早期的原生大气层。原生大气寿命很短,在地球形成后不久就消失了,这是因为被强烈的太阳辐射向外不断放射的粒子流形成的太阳风吹得无影无踪了;再一个原因是地球刚形成时,质量还不大,引力较小,加上内部放射性物质衰变和物质熔化引起能量转换和增温,使分子热运动加剧,氢、氦等低分子量的气体便逃逸到宇宙空间去了。一般认为,早期地球上曾有一个阶段不存在大气圈。

次生大气:地球刚形成时,温度比较低,并无分层结构。后来由于地球的重力收缩和放射性衰变致热等,才使地球内部温度升高,出现熔融现象,在重力作用下,物质开始分离,地球内部较轻的物质逐渐上升,外部一些较重的物质逐渐下沉,形成一个密度较大的地核。后来地球温度不断下降,地球冷凝成固体。这时内部高温促使火山频频爆发,产生出二氧化碳、甲烷、氮、水汽、硫化氢和氨等具有较重分子量的气体,在地球引力的作用下逐渐积蓄在地球周围,形成了围绕地球的次生大气。地球的水圈,也正是在这个阶段由水汽凝结降落而形成的。大约在地球形成10亿～15亿年,岩石圈、大气圈和水圈已经演化成形。

现代大气:在地热、太阳能的作用下,简单的无机物和甲烷等化合生成氨基酸、核苷酸等有机物并逐步演化为蛋白质。大约在35亿年前,海洋中形成了简单的原始生物(细菌),属于厌氧型的生物,并逐渐演化产生叶绿素,进行光合作用,这就是水体中出现的最早自养生物藻类。随着紫外线的光解和光合反应,大量的氧生成了,使地球上开始了生命活动的历程。此时海洋有效地阻挡了致命的紫外线辐射,使原始生命在海洋中繁衍起来。最后高空氧逐渐增多,在光解作用下产生了臭氧层,它使透过大气的紫外线大为减少,促使植物进入海洋上层,又增加了光合反应的机会，更促进植物生命的大大发展。随着这种相互间的协调和增益过程，直到4亿年前，生命终于跨过了漫长的岁月，从海洋登上了陆地。大气也演变成今天的样子。可见，生命也正是在大气的参与和保护下，通过以光合作用为主的复杂的过程而形成的。

第一节　大气的组成和垂直结构

一、大气的组成

现代大气是由一些干洁大气、水汽、雾滴、冰晶和尘埃等混合组成的，这种混合物一般分为三类：干洁大气、水汽和气溶胶粒子。

1. 干洁大气

不含水汽和气溶胶粒子的混合空气称为干洁大气。干洁大气平均分子量保持在28.966左右，其主要成分是氮气，约占78%，氧气约占21%，第三位是氩气，约占0.9%，其他气体加在一起也不过占0.1%，详细情况见表1.1。其中除二氧化碳、臭氧和一些微量气体在时间和空间上有些改变外，干洁大气成分的比例基本上是不变的。

表1.1　干洁大气的成分

气体名称	平均分子量	含量
氮(N_2)	28.016	78.08%
氧(O_2)	32.000	20.94%
氩(Ar)	39.944	0.93%
二氧化碳(CO_2)	44.010	0.04%(变动)
氖(Ne)	20.183	1.818×10^{-3}
甲烷(CH_4)	16.042	2.0×10^{-4}
氪(Kr)	83.700	1.14×10^{-4}
氢(H_2)	2.016	0.5×10^{-4}
氙(Xe)	131.300	0.087×10^{-4}
臭氧(O_3)	48.000	地表附近$(0\sim0.07)\times10^{-4}$ 20～30 km高度$(1\sim3)\times10^{-4}$
氡(Rn)	222	6.0×10^{-18}
干空气	28.966	100%

由于大气中存在着空气的对流、湍流及扩散作用，除水汽、二氧化碳、臭氧及悬浮杂质外，各种主要气体在约 90 km 以下的大气层中混合得相当均匀。干洁大气中对人类活动影响比较大的是氮、氧、臭氧和二氧化碳。

(1)氮和氧

氮是大气中含量最多的气体，是地球上生命体的基本成分，并以蛋白质的形式存在于有机体中。氮是一种不活泼的气体，大气中的氮，不能被植物直接吸收，但可同土壤中的根瘤菌结合，变成能被植物吸收的氮化物。另外，大气中的闪电可将氮、氧结合起来，形成氮氧化物并随着降水进入土壤，被植物吸收利用。

氧是维持人类及动物生命极为重要的气体，因为动植物都需要呼吸，并在氧化作用中获得热量，以维持生命。氧还决定着有机物质的燃烧、腐败及分解过程。

(2)臭氧

大气中的臭氧主要是氧分子在太阳紫外线辐射的作用下形成。另外，有机物的氧化和雷雨闪电作用也能形成臭氧。在近地面空气层中，臭氧含量很少，自 5～10 km 高度，含量开始增加，在 20～25 km 处达最大浓度，形成明显的臭氧层，再往上则逐渐减少，至 55 km 逐渐消失。其原因是臭氧一般是由氧分子与氧原子结合而成，在大气上层太阳紫外辐射很强，氧分子解离多，使氧原子很难遇到氧分子，不能形成臭氧，所以高层空间臭氧逐渐消失；相反，在低层大气中太阳紫外辐射大为减弱，氧分子不易被分解，氧原子数量极少，也不能形成臭氧。而在 20～25 km 左右氧分子和氧原子都有相当数量，是形成臭氧的最适环境。大气中的臭氧浓度是很低的，可是它却可以吸收太阳紫外辐射短波紫外线(UVC)(波长 0.20～0.28 μm)的全部和中波紫外线(UVB)(波长 0.28～0.32 μm)的绝大部分。短波紫外线(UVC)如果到达地面，可以杀灭地球表面一切生物；紫外 B 也能杀死或严重损伤地面上的生物。臭氧层不能吸收的长波紫外线(UVA)(波长 0.32～0.42 μm)恰恰是对人类有用处的，例如杀灭细菌，防止佝偻病，促进植物的细胞壁和纤维素的合成等。另外，臭氧层因吸收紫外线而引起的增暖，可影响大气温度的垂直分布。

(3)二氧化碳

大气中二氧化碳来源于海洋及陆地上有机物的腐烂、分解，以及动植物的呼吸作用和石油、煤等矿物的燃烧、火山喷发等。因此，二氧化碳多集中于大气底部 20 km 以下的气层内。二氧化碳含量随时间和地点而不同，一般夏季含量少，冬季多；白天少，夜间多；农村少，城市、工矿区多。某些大工业城市二氧化碳含量可达 0.05%以上，而农村可低至 0.02%。随着全球人口迅速增长，木材需求大量上升，使森林面积急剧减少，对二氧化碳的吸收能力降低，而随着工业化进程的加快，排到大气中的二氧化碳却越来越多，浓度日趋升高。据观测，大气中的二氧化碳浓度 1800 年仅为

260～285 ppm*，2018年4月已达409.5 ppm。二氧化碳属于温室气体，它能强烈吸收和放射长波辐射，对空气和地面有增温效应。如果大气中二氧化碳含量不断增加，将使全球气候发生明显的变化，这一问题已引起全世界的重视。

2. 大气中的水汽

大气中的水汽来自江、河、湖、海及潮湿物体表面的水分蒸发，主要集中在低层大气中，水汽密度随高度的增加而迅速减少。在1.5～2 km高度上，水汽密度仅为近地气层的一半；在5 km的高度上，仅为地面的1/10；在10～15 km高度处，水汽的含量就极少了。大气中的水汽在水平方向上的分布也是不均匀的。在炎热干燥的沙漠上空，其含量几乎接近于零；在温暖潮湿的洋面上空，其含量可达4%；在极地平均为0.02%，而在热带平均为2.5%。

大气中水汽含量虽然不多，但由于它在大气温度变化范围内可以进行相变，变为水滴或冰晶，因而它对大气中的物理过程起着重要作用，是天气变化的主角，大气中的雾、云、雨、雪、雹等天气现象都是水汽相变的产物。水汽在相变过程中要吸收或放出潜热，所以大气中水汽含量的多少能直接影响地面和空气的温度，影响天气的变化。它还是自然界中水分由海洋转移到陆地的使者，由于它制约着云的形成和雨的降落，通过地面和植被的蒸发、蒸腾作用，调节着大气的湿度并完成热量的转移。

大气中的水汽能强烈吸收长波辐射，参与大气温室效应等。大气中水汽含量的多少，对动植物的生长发育有着重要作用，对农作物的产量有明显的影响，因为它能影响植物蒸腾和土壤蒸发的速率，并间接制约着植物对CO_2的吸收、病菌的萌发和流行。水汽的凝结物——露、雾、雨、雪等对农业生产的影响更大。

3. 气溶胶粒子

气溶胶是指大气中处于悬浮状态的土壤、肥料、浓烟、盐等的小颗粒，以及火山和宇宙尘埃、微生物、植物孢子和花粉、小水滴、冰晶等。许多城市的空气中，固体杂质微粒的数量可达到每立方厘米几十万个。通常，在近地面大气中城市多于乡村，冬季多于夏季，陆地多于海洋。

气溶胶粒子的来源可分为人工源和自然源两大类。人工源为人类活动所产生，像煤、木炭、石油的燃烧和工业活动，产生大量固体烟粒和吸湿性物质；核武器试验所引起的微粒和放射性裂变产物等。自然源为自然现象所产生，像土壤微粒和岩石的风化，森林火灾与火山爆发所产生的大量烟粒和微粒；海洋上的浪花溅沫进入大气形成的吸湿性盐核；由于凝结或冻结而产生的自然云滴和冰晶，另外，还有宇宙尘埃以及陨石进入大气层燃烧所产生的物质等。

---

* 1 ppm表示百万分之一。

大气中的气溶胶粒子浮游空际,会使大气能见度变坏,还能减弱太阳辐射和地面辐射,影响地面空气的温度。当固体颗粒沉降在叶片上时,它可以强烈地吸收太阳辐射,产生高温,灼伤叶片。这些物质还对叶片造成遮光,堵塞气孔,影响光合作用的正常进行。

有些气溶胶粒子还是大气中的污染物质。如烟中的烟黑是致癌物质,粉尘中有大量的镉、铬、铅等金属,以及许多有机化合物,都对人体有一定的危害。气溶胶粒子还在大气的许多化学过程中起作用,像燃烧排出的氧化亚氮、二氧化氮、二氧化硫等气体,在紫外线的照射下会氧化,遇水滴或在高温下生成硝酸、亚硝酸、硫酸及各种盐类,造成严重的污染。

但气溶胶能充当水汽凝结核的作用。

二、大气的垂直结构

自古以来,“天高地厚”是个神秘的词。然而,随着现代探测科学技术的发展,这个谜正在被揭开。

天,是相对地而言的,“天”的高度有几种不同的概念:如果以宇宙空间算起,“天”的高度是无法测量的,闪烁的繁星和运转的日月都处在天底下不同的高度上;若指地球大气层的厚度,则日月星辰便是天外之物了。但是人们常说的“天”,一般是指蓝色的天穹,它的高度离地面只有 10 km 的范围。在这个高度之内,聚集着空气中绝大部分甚至几乎全部的水汽,风云雨雪、气象万千的变化都发生在这里。在这个高度以上,空气便很稀薄了,既没有蔚蓝色的天空,也没有漂浮的云彩;既没有雨雪冰霜,也不见雷鸣电闪,这便是所谓的天顶了。人们根据对空气密度的测定,发现 800 km 高空的空气已很稀薄,认为地球大气圈的厚度是 800 km;但经过对“极光”光谱的分析,人们又发现 800 km 以上的空中仍有较少的空气,主要成分是氮和氧,因而确认地球大气圈的厚度为 1000～1100 km;后来,随着火箭和人造地球卫星的发射,探测技术又有了进一步的提高,得出新的结论,地球大气层的上限位置大约在 3000 km,再向上便进入了星际空间。

大气总质量约为 5.3×10^{15} t,其中有 50%集中在离地 5.5 km 以下的气层内,在离地 36～1000 km 的大气层只占大气总质量的 1%。大气压和温度随高度的分布如图 1.1 所示。尽管空气密度愈到高空愈小,到 700～800 km 高度处,空气分子之间的距离可达数百米远,但即使再向上,也达不到真空状态,所以地球大气圈顶部没有截然的界线,而是逐步过渡到星际空间的。

观测证明,大气在垂直方向上的物理性质是不均匀的。根据温度、成分、电荷等物理性质,同时考虑到大气的垂直运动等情况,可将大气从地面到大气上界分为 5 层。即,对流层、平流层、中间层、热层和散逸层。

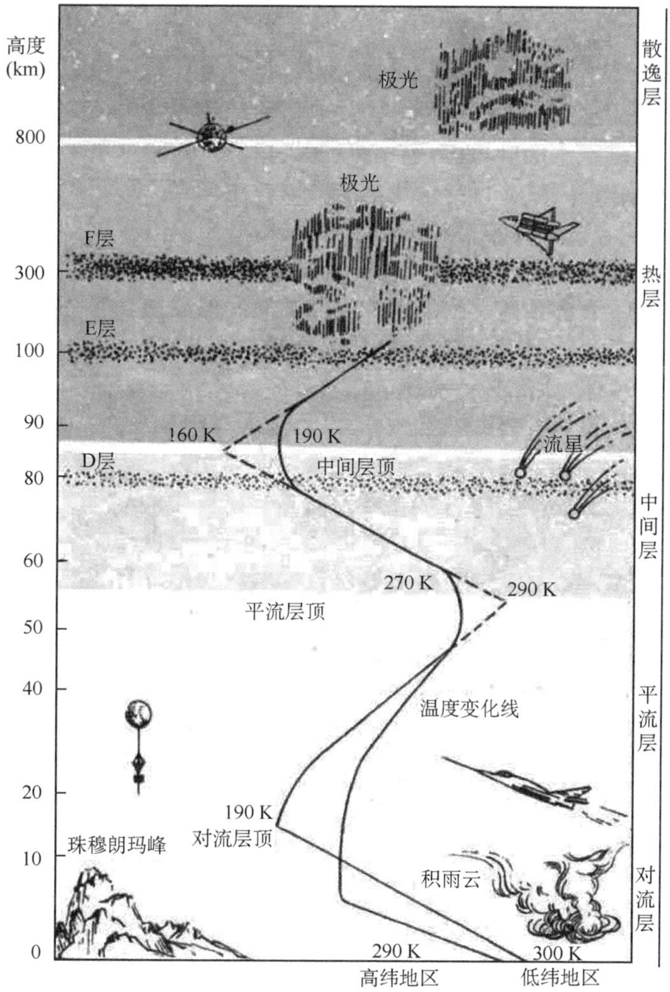

图 1.1 大气的垂直结构

1. 对流层

对流层是靠近地表的大气最底层。它的厚度随纬度和季节的不同而有所变化。就纬度而言,低纬度平均为 17～18 km,中纬度为 10～12 km,高纬度只有 8～9 km。就季节而言,夏季厚、冬季薄。

对流层的厚度同整个大气层相比,虽然十分薄,不及整个大气层厚度的 1%。但由于地球引力,使大气质量的 3/4 和几乎全部的水汽都集中在这一层。云、雾、雨、雪、风等主要大气现象都发生在这一层中,它是天气变化最为复杂的层次,因而也是对人类生产、生活影响最大的一层。

对流层的主要特征：

(1)气温随高度增加而降低。由于对流层与地面相接触，空气从地面获得热量，温度随高度的增加而降低。在不同地区、不同季节、不同高度，气温降低的情况是不同的。平均而言，每上升 100 m，气温约下降 0.65℃，因此，在赤道对流层的上界气温甚至可达－70℃左右。高山上常年积雪，高空云多为冰晶或过冷却水滴组成，也充分说明了这一点。

(2)空气具有强烈的对流运动。由于地面的不均匀加热，产生空气的垂直对流运动，高层和低层的空气能够进行交换和混合，使得近地面的热量、水汽、固体杂质等向上输送，对成云致雨有重要作用。

(3)气象要素水平分布不均匀。由于对流层受地表影响最大，而地表有海陆、地形起伏等性质差异，使对流层中温度、湿度、二氧化碳等的水平分布极不均匀。在寒带大陆上空的空气，因受热较少和缺乏水源，就显得寒冷而干燥；在热带海洋上空的空气，因受热多，水汽充沛，就比较温暖而潮湿。温度、湿度等的水平差异，常引起大规模的空气水平运动。

另外，对流层和平流层之间，有一厚度为数百米到 1～2 km 的过渡层，称为对流层顶。这里气温不再随高度上升而降低，而是基本不变，这一特征对垂直气流有很大的阻挡作用，上升的水汽和尘埃多聚集其下，对流层里的天气影响不到这儿来。这里经常晴空万里，能见度极高，空气平稳，非常适宜喷气客机的飞行。

2. 平流层

平流层位于对流层顶到距地面 50～55 km 的高度。在该层内，最初气温随高度的增高不变或微有上升；到 25～30 km 以上，气温随高度上升有显著升高；到平流层顶气温约升到－3℃。平流层也是地球大气中臭氧集中的地方，尤其在 20～25 km 高度上臭氧浓度最大，所以这个层又称臭氧层。

平流层的特征：

(1)气温随高度的上升而升高，这种分布特点是由于受地面温度影响很小，特别是由于此层存在的大量臭氧能直接吸收太阳紫外线的缘故。

(2)空气以水平运动为主。由于平流层的下层温度低、上层温度高，空气失去了受热膨胀上升的动力，垂直混合作用明显减弱，气流比较平稳。

(3)水汽含量极少，大多数时间天气晴朗。有时对流层中发展旺盛的积雨云也可伸展到平流层下部。在高纬度 20 km 以上高度，有时在早晚可观测到珠母云(又称珍珠云)。另外，此层气溶胶粒子含量极少，但当火山猛烈爆发时，火山尘也可到达此层，影响能见度和气温。

3. 中间层

中间层是从平流层顶到距地面 85 km 的高度。这一层的特征是气温随高度的增加迅速降低,气流有强烈的垂直运动,故又称高空对流层。其顶部的气温可降至 −113～−83℃。其原因是这一层中几乎没有臭氧存在,但能直接吸收波长更短太阳辐射的氮和氧又大部分被其上层大气(热层)吸收了。层内的二氧化碳、水汽等更稀少,几乎没有云层出现。仅在 75～90 km 高度有时能见到一种薄而带银白色的夜光云,但机会很少。这种夜光云有人认为是由极细微的尘埃组成。在此层的 60～90 km 高度上,有一个只在白天出现的电离层叫 D 层。

4. 热层

热层又称暖层,位于中间层顶以上。该层气温随高度增加而迅速增高,这是由于波长小于 0.175 μm 的太阳紫外辐射都被该层的大气(主要是原子氧)吸收的缘故。热层没有明显的顶部,通常认为在垂直方向上,气温从向上增温转为等温时为其上限。有人观测热层顶部约在 250～500 km,也有人认为可达 800 km。

热层的主要特征:

(1)气温随高度的增加迅速升高。其增温幅度与太阳活动有关,当太阳活动加强时,温度随高度增加很快,这时 500 km 处的气温可增至 2000 K;当太阳活动减弱时,温度随高度的增加增温较慢,500 km 的温度只有 500 K。

(2)空气处于高度电离状态。据探测,暖层中各高度上的空气电离的程度是不均匀的。其中最强的有两层,即 E 层和 F 层。E 层位于 90～130 km,F 层位于 160～350 km。F 层在白天还可分为 F_1 和 F_2 两区。据研究,高层大气(60 km 以上)由于受到太阳的强烈辐射,迫使气体原子电离,产生带电离子和自由电子,使高层大气中能产生电流和磁场,并可反射无线电波。从这一特征来说,这种高层大气又可称为电离层,正是由于高层大气中电离层的存在,人们才可以收听到很远地方的无线电台的广播。

此外,在高纬地区的晴夜,热层中可以出现彩色的极光。这可能是由于太阳发出的高速带电粒子使高层稀薄的空气分子或原子激发后发出的光。这些高速带电粒子在地球磁场的作用下,向南北两极移动,所以极光常出现在高纬度地区的上空。

5. 散逸层

这是大气的最高层,又称外层,是大气圈与星际空间的过渡带。这一层中气温随高度的增加很少变化。由于温度高,空气粒子运动速度很快,又因距地心很远,受地心引力很小,所以大气粒子常可散逸至星际空间。同时也有宇宙空间的气体分子闯入大气,二者可保持动态平衡。

第二节　大气污染

由于人类活动或自然过程,使排放到大气中的物质的浓度及持续时间足以对人类及动植物的健康、设施或环境产生不利影响,破坏了生态系统和人类及动植物的生活生存条件的现象,称为大气污染。

世界观察研究所发布的世界环境状况报告指出:世界环境正在恶化,大气污染已成为全球十大环境问题之一。环境专家已测出500余种危害人体的挥发性有机物。如果让这种趋势继续发展,自然界将失去供养人类的能力。

引起大气环境污染的物质主要来自两方面:一是自然界各种自然过程如火山爆发、森林大火等产生的,即“自然源”;二是人类生产和生活过程产生的,即“人工源”。引起大气污染广泛而严重的主要是“人工源”,因此,人们所指的污染源通常指的是“人工源”。

一、大气污染源

1. 工业污染源

工业生产过程中产生的大气污染物是大气中污染物的主要来源,这类排放源的特点是大而集中。据统计,我国工业企业的烟尘和SO_2排放量占全国总排放量的84%。表1.2是各工业企业生产过程中产生的主要污染物。

表1.2　工业各行业主要大气污染物

行业类别	主要大气污染物	行业类别	主要大气污染物
黑色金属冶炼	SO_2、NO_x、氰化物、硫化物、CO、粉尘、氟化物	橡胶	H_2S、苯、粉尘、甲硫醇等
有色金属冶炼	SO_2、NO_x、汞、氟化物、CO、粉尘(铜、砷、铅、锌、镉)	油脂化工	氯、HCl、HF、SO_2、NO_x、粉尘等
炼焦	SO_2、CO、苯、苯并芘、氨、烟尘、H_2S、酚等	制药	氯、H_2S、SO_2、苯、HCl、NH_4等
石油化工	SO_2、NO_x、Pb、氟化物、烃、H_2S、酚等	电镀	酪酸雾、氰化氢、NO_x、粉尘等
火力发电	SO_2、NO_x、苯并芘、CO、烟尘、碳氢化合物等	水泥	粉尘等
有机化工	酚、氰化氢、氯、苯、HF、酸雾、粉尘等	砖瓦	氟化物等
氮肥	CO、NH_4、H_2S、酸雾、粉尘等	铸造	CO、NO_x、SO_2、氟化物、铅、粉尘等

续表

行业类别	主要大气污染物	行业类别	主要大气污染物
磷肥	粉尘、氟化物、SO_2、酸雾等	油漆	苯、酚、铅、粉尘、醛、醇、酮类等
硫酸	SO_2、NO_x、粉尘、氟化物、硫酸雾等	造纸	H_2S、粉尘、甲醛、硫醇等
化纤	H_2S、CS_2、氨、粉尘等	纺织印染	H_2S、粉尘等
染料	氯、HCl、SO_2、氯苯、苯胺类、H_2S、硝基苯类、汞等	皮革及制品	H_2S、粉尘、甲醛等

2. 交通运输污染源

汽车、火车、轮船、飞机等交通运输工具与工厂相比，具有小型、分散、流动等特点，但其数量庞大，污染物排放总量也相当可观。特别是对人体危害极大的一氧化碳和氮氧化物，交通运输的排放量占总排放量的一半以上。例如，美国 1970 年统计全国排放一氧化碳 1.47 亿 t，其中交通运输排放量占 76%。

飞机排放的污染物，目前虽然还不算很大，但随着航空事业的发展，在平流层飞行的飞机将不断增加，喷射的污染物会在平流层长期滞留，并逐渐进入臭氧层，从而将会对臭氧层产生不利影响。

3. 农业污染源

农业生产过程中，因农药、化肥等使用不当，也会对大气产生严重的污染，对农业产品及产品质量也有不良影响。例如，农药一般以粉尘或气溶胶喷洒，喷洒过程中药剂随风飘浮或从土壤、植物表面挥发进入大气。

使用化肥也有类似情况。例如，氮肥施入土壤后，由于在土壤中发生的反硝化作用、氨化作用和硝化作用，这些过程导致了分子氮、NH_3、N_2O、NO、NO_2 的产生，并从土壤向大气中散发。

家畜饲养时，粪尿本身及其分解物产生的 H_2S、醇、酚、醛、氨、酰、胺类、吲哚、氨苯类物质及病原微生物等都进入大气中。据观测，国外一个 10.8 万头的大型养猪场，每小时能释放 15 亿微生物个体、159 kg NH_3（氨气）、14.5 kg H_2S。在距养猪场 100 m 远的空气中 NH_3 的浓度仍高达 3.4 mg/m^3，H_2S 的浓度仍高达 0.112 mg/m^3。所以农业作为大气污染源的作用是不可忽视的。

4. 生活污染源

生活污染源主要是指家庭炉灶及取暖设备在燃烧过程中向大气排放的污染物质。由于其数量大、分布广、排放高度低，使排放的污染物常弥漫于居住区周围。污染物基本上是燃料（主要是煤）燃烧产生的烟尘、CO_2、SO_2 等。特别是由于工业发展带来的城市人口集中，生活用煤产生的污染物数量相当可观，成为城市低空中大气污染不可忽视的污染源。我国北方城市，冬季取暖用煤是城市大气污染的重要原因。

二、大气污染物

大气中除水汽在0～5%之间变化外，微小尘埃和微生物在大气中逐年增多，特别是近百年来，大工业的兴起、现代化生产的发展，把大量有害物质排放到大气中。它们可以是气态、液态或固态的微粒，通常分为七大类。

1. 含硫化合物

大气中含硫化合物有 SO_2、SO_3、H_2SO_4、H_2S、硫醇、亚硫酸盐、硫酸盐和有机硫化合物等，其中危害最大的是 SO_2、H_2SO_4、H_2S。

就大气污染物排放量看，SO_2 仅次于 CO 而居第二位，就危害性看，SO_2 则占首位，是全球大气污染中的一个严重问题。

SO_2 是一种具有强烈辛辣窒息性臭味的无色有毒气体，能溶于水，在干燥的大气中可存在1～2周，在潮湿空气中只能存在1～2 h。它能刺激眼睛，损伤器官，引起呼吸道疾病；接触植物后，由气孔、水孔侵入植物体内，与体内有机酸分解产物的醛类发生反应，使光合强度下降；在低浓度(5 ppm)下，使呼吸作用加快，在高浓度下则抑制呼吸，最终导致花、叶、茎等变色，植物生长受阻；SO_2 在大气中，尤其是在污染的大气中易被氧化并与水分子结合生成硫酸分子，同时发生化学反应生成硫酸盐。硫酸和硫酸盐可形成硫酸烟雾和酸雨，造成更大的危害。

SO_2 在自然界中分布广，排放量大，通常以它作为大气污染的重要指标，国家规定大气中 SO_2 的标准为日平均值 0.15 mg/m^3，一次最大值为 0.50 mg/m^3。

H_2S 进入大气后可被氧原子、氧分子和臭氧氧化成 SO_2，一般认为在大气中的寿命仅为几个小时。

2. 含氮化合物

大气中含氮化合物有 NH_3、N_2O、NO、NO_2 等，氮氧化合物是大气中主要污染物之一，通常以 NO、NO_2 危害最大。

大气中产生氮氧化物的途径有三：一是由含氮的有机物燃烧生成；二是在燃烧、闪电过程中，温度高达2100℃时，空气中有1%的氮被氧化成氧化亚氮；三是在紫外线的作用下，大气中的游离氮被氧化成氮氧化物。此外，硝酸、氮肥、炸药、硝基苯等工业生产过程及交通工具排放的废气中含有大量的氮氧化物。

NO是无色无刺激性和不活泼的气体，毒性不大，但它能与人体血红蛋白结合使血液输氧能力下降。NO若参与光化学烟雾的形成，则其危害程度加重。

NO_2 是红棕色有刺激性臭味的气体，其毒性很强，为NO的4～5倍。它对呼吸器官有强烈的刺激作用，能迅速破坏肺细胞。NO_2 还能使大气中的 SO_2 催化氧化成

SO_3,并能强烈吸收紫外线,激发光化学反应产生对动植物有害的烟雾。

3. 碳氧化合物

大气中碳氧化合物主要来源于燃料的燃烧,污染物主要包括 CO 和 CO_2。

CO 是一种无色、无味、无臭的窒息性气体,在常温下化学性质不活泼,但对血红蛋白的亲和力比 O_2 大 200~300 倍,所以 CO 的毒性表现在与 O_2 争夺血红蛋白,引起窒息。空气中 CO 浓度达 50 ppm,2 h 可使人头痛,浓度达 1000 ppm 可使人死亡;植物对 CO 浓度的变化表现不敏感,但目前发现 CO 对植物的光合作用也有抑制作用;CO 的另一危害在于能参与光化学烟雾的形成。CO 在大气中停留时间大约为一个月。主要来自燃料的不完全燃烧,其中 55.3%来自汽油的燃烧。

CO_2 是大气的组成成分,它是动植物生理代谢的产物,是无毒气体。大气中 CO_2 的来源有三:一是火山爆发、动植物呼吸、有机质分解、森林火灾等;二是海洋中溶解的 CO_2 和碳酸盐分解释放;三是人类活动导致的化石燃料的大量燃烧。CO_2 浓度增加可能引起的环境效应有温室效应、光合作用增强、海洋中沉积物增多等。

4. 碳氢化合物

由碳元素和氢元素组成的化合物称为碳氢化合物。大气中的碳氢化合物通常是指可挥发的碳氢化合物,又称烃类。它们主要是烷烃、烯烃、炔烃、芳香烃等,其中甲烷(CH_4)和苯并芘($C_{20}H_{12}$)是主要污染物。

CH_4 的来源有两个:一是由厌氧细菌发酵产生,如沼泽、泥塘、水稻田底部等;二是汽油燃烧、溶剂蒸发、石油蒸发、氮肥使用和运输工具排放废气等产生的。CH_4 是重要的温室气体之一,其温室效应要比 CO_2 大 20 倍,全球大气中 CH_4 的平均浓度已达 165 ppm,仅次于 CO_2。

苯并芘是一种多环芳香烃类化合物的衍生物,简称 BaP,是一种非常活跃的强致癌物质。BaP 在自然界主要存在于煤、石油、页岩油、焦油和沥青中,也可由一切碳氢化合物燃烧产生。食品中的 BaP 主要来自各种燃料的燃烧和内燃机排放的尾气中所含的 BaP 在大气中的沉降积聚,以及食用油煎炸食品产生。

在紫外线的作用下,碳氢化合物可参与光化学烟雾的形成。

5. 含卤素化合物

大气中以气态存在的含卤素化合物大致可分为三类:卤代烃、其他含氯化合物和氟化物。

卤代烃是烃分子中的氢原子被卤素原子取代形成的化合物。天然卤代烃种类不多,大多数卤代烃是合成产物。卤素是强毒性基,卤代烃一般比母体烃类的毒性大。卤代烃经皮肤吸收后,侵犯神经中枢或作用于内脏器官,引起中毒。根据取代卤素的不同,分为氟代烃、氯代烃、溴代烃和碘代烃,且其毒性依次增强。

在大气污染问题中,特别引起关注的是氟氯甲烷,即氯氟烃类化合物。其中最重要的是一氟三氯甲烷 $CFCl_3$(F-11)和二氟二氯甲烷 CF_2Cl_2(F-12)。它们被广泛用于冰箱制冷剂、喷雾器中的推进剂、塑料起泡剂等。近年来,通过系统研究氟氯甲烷在大气中的去向和归宿,发现它们在对流层中,既不能通过化学反应被分解,也不易被降水清除(因不溶于水)。因此,由人类活动排入大气中的氯氟烃类化合物,其唯一的去除途径是扩散到平流层,并在平流层光解。光解产生的氯原子将会进一步引发损耗平流层的臭氧,造成臭氧空洞,从而引起全球性的环境问题。

其他含氯化合物主要是氯气(Cl_2)和氯化氢(HCl)。氯气主要由化工厂、塑料厂、自来水净化厂等产生。由于氯气在大气中一般情况下浓度较低,对动植物毒性不大。氯化氢主要来自盐酸制造、废物焚烧等。氯化氢在空气中可形成盐酸雾,也是构成酸雨的成分。

氟化物包括氟化氢(HF)、氟化硅(SiF_4)、氟(F_2)等。氟化物是一类对动植物及人类毒性很强的大气污染物。氟化物主要来源于钢铁、电解铝、磷肥、陶瓷等工业,以氟化氢为主。氟化氢是一种无色有刺激性气味的气体,属于累积性毒物,即使在大气中浓度较低,也可通过植物的吸收而富集,然后通过食物链影响动物和人类健康。我国有些城市的氟化物污染较严重,例如包头、兰州、抚顺等。尤其是包头,全城氟化物日平均值超标高达 1.1 倍。

6. 光化学氧化剂

光化学氧化剂是由天然源和人工源排放的氮氧化物和碳氢化物在阳光照射下,发生光化学反应生成的。它主要包括臭氧(O_3)、过氧乙酰硝酸酯(PAN)、二氧化氮(NO_2)、醛类、过氧化氢(H_2O_2)等能危害人类和动植物,并具有刺激性(如引起眼睛酸痛、流泪等)、氧化性的物质,其中臭氧和 PAN 是最主要的。

作为光化学烟雾主要成分的 O_3,是衡量光化学烟雾的指标。经长期研究,目前已确认的 O_3 的人工污染源主要包括汽车尾气、石油化工、火力发电、燃煤厂等。天然污染源主要是平流层的 O_3 在一定的大气条件下可被输送到对流层来,导致局部地区 O_3 浓度升高。自然界的光化学过程也会产生 O_3,例如在紫外线的照射下,可使许多物质发生光解或氧化作用,如 $O_2 \rightarrow 2O$、$O + O_2 \rightarrow O_3$。另外,植物(包括森林)排放的某些物质经光化学反应也可产生 O_3。一般情况下,臭氧的环境本底浓度平均值为 0.025 ppm,但在城区会高很多。

过氧乙酰硝酸酯(PAN)是除 O_3 外,被视为光化学烟雾的又一特征物质。PAN 没有天然源,全部是人工源,即全部是由污染产生的。PAN 的浓度通常随氧化剂的总浓度变化,一般在 O_3 浓度高时,PAN 的浓度也高。

7. 颗粒物

颗粒物是气溶胶、总悬浮颗粒物(TSP)、飘尘、降尘、可吸入颗粒物的统称。

大气中除了包含有各种气体成分外，还悬浮有各种不同尺度的液态和固态的微粒。这种气体和粒子共存的体系称为气溶胶，一般用气溶胶代指大气颗粒物。大气中的烟、尘乃至悬浮的微生物、花粉等皆可为大气气溶胶粒子，其粒径在 0.002～100 μm。表 1.3 是各类气溶胶粒子的形态、粒径、形成特点及主要效应。

表 1.3 各类气溶胶及其特征

名称	形态	粒径(μm)	形成特点	主要效应
轻雾(Mist)	液滴	5～1000	冷凝、雾化	净化空气
雾(Fog)	液滴	2～30	冷凝	影响健康、降低能见度
尘埃(Dust)	固体微粒	>1	机械分散	形成水核
煤烟(Soot)	固体微粒	<1	燃烧	影响健康
烟雾(Smog)	固、液微粒	<1	化学反应、冷凝	影响健康，降低能见度
烟(Smoke)	固体微粒	<1	燃烧、升华、冷凝	同上
霾(Haze)	固、液微粒	<0.1		有吸水性，其他同上
凝结核(Condensation nuclei)	固、液微粒	<0.1	光化学反应、燃烧、冷凝	形成云、雨、气溶胶粒子

大气中空气动力学直径小于 100 μm 的所有颗粒物称为总悬浮颗粒物(Total Suspended Particles，TSP)，按其自身重力作用和自然沉降特性分为降尘和飘尘，粒径>10 μm 称为降尘，粒径≤10 μm 的是飘尘。飘尘能通过鼻和嘴进入人体呼吸道，也称可吸入颗粒物(Inhalable Particles)，用 PM_{10} 表示；PM_{10} 中粒径介于2.5～10 μm 之间的为粗粒子；粒径≤2.5 μm 的为细粒子，称为 $PM_{2.5}$，$PM_{2.5}$ 称为可入肺颗粒物，能够进入人体肺泡甚至血液系统中去。

粒径小的颗粒在大气中稳定程度高，沉降速度慢，一般 10 μm 粒径的颗粒物沉降到地面需要 4～9 h，而 1 μm 粒径的颗粒物需 19～98 d，0.4 μm 粒径的颗粒物需 120～140 d，<0.1 μm 粒径的颗粒物需 5～10 a，颗粒物在大气中停留时间愈长，被吸入人体的概率愈高。因此，目前 $PM_{2.5}$ 和 PM_{10} 已取代 TSP，成为大气环境质量标准的主要指标之一。

三、大气污染的影响

大气污染给人类和自然界带来了极大的危害，其危害除了前面在“污染源”和“污染物”中提到的对人类健康等方面的危害外，还涉及许多其他方面。

1. 对农业生产的危害

农业生产的正常进行需要一定质量的大气为基本条件。各种来源的污染物输入大气,使大气质量发生相应变化。如果大气污染物浓度超过了农业的允许水平,对农业生产将造成不良影响,如农作物减产、产品品质下降、价值降低等。

常见的危害农业生产的污染物,按其毒副作用过程的不同,大体可分为氧化类、还原类或酸性类、碱性类或有机类、无机类等几大类。

氧化类:臭氧、过氧乙酰硝酸酯(PAN)、NO_2、Cl_2 等。

还原类:SO_2、H_2S、CO、甲醛等。

酸性类:HF、HCl、HCN、SO_3、SiF_4 等。

碱性类:NH_3 等。

有机类:C_2H_4、甲醇、苯、酚等。

无机类:重金属及其氧化物、粉尘、烟尘、尘土等。

各类大气污染物对植物不仅毒副作用的过程不同,而且毒性强弱也有很大差别,可分为从强到弱的 A、B、C 三级。如 A 级有 HF、SiF_4、C_2H_4、PAN 等,B 级有 SO_X、NO_X、硫酸烟雾、硝酸烟雾等,C 级有甲醛、H_2S、CO、NH_3、HCN 等。一般而言,就全世界范围来看,对植物影响最大的大气污染物主要是:SO_2、O_3、PAN、Cl_2、HF、C_2H_4 和 NO_X 等。

大气污染物对植物的危害除了与污染物的浓度和接触时间有关外,还与植物本身对污染物的抗性有关。一般把对某种大气污染物抗性最小的即最敏感的植物作为此种污染物的指标植物。如 SO_2 的指标植物是紫苜蓿,氟化物和臭氧的指标物分别是唐菖蒲和烟草等。当然,大气污染物对植物是否造成危害及严重程度还与所处环境有关,如与气温、光照、水分、风向、风速、逆温、地形地貌等影响污染物扩散的环境因素有关。

2. 对全球气候的影响

人类每年向大气中排放数亿吨的污染物,在一定程度上改变了低层大气的结构和性质,影响了地球表面对太阳辐射的收支状况,对天气、气候产生影响。

(1)酸雨

酸雨是指 $pH<5.6$ 时的降水。空中降水本来是中性的,而酸雨含酸量一般超过正常含量几十倍,最低时 pH 值可达 1.5。

酸雨主要是由于大量的二氧化硫在潮湿而污浊的空气中与水膜接触后形成亚硫酸水溶液,进一步被大气中的金属离子催化氧化成硫酸而形成酸雨。它的毒性比 SO_2 和氮氧化物大好多倍,被称为“天空中的死神”。

欧洲大气化学监测网近 20 年连续监测结果表明,欧洲雨水的酸度每年增加

10%，很多西北欧国家的酸雨 pH 值多为 4.0～4.5，日本的降雨 pH 值也已达 4.3～4.4。我国酸雨也日趋加重。

酸雨的危害是多方面的。首先，它使河流、湖泊酸化。挪威南部有 1.3 万 km^2 的湖面无鱼，北欧和北美有 2000 个左右湖泊的物种绝迹。其次是危害植物生长，双子叶作物受害大于单子叶作物，尤其是根类作物，pH 值在 2.0～3.0 可引起叶片伤害。欧洲国家被酸雨损害的森林已超过 50%。我国每年有近 260 万 hm^2 多农田遭受酸雨污染，使粮食减产约 10%。第三，降低土壤肥力，使土壤酸化。瑞典一些森林土壤的 pH 值降低了 0.3～0.7，北欧和北美在半个世纪前已发现土壤酸化。第四，严重腐蚀城市建筑物、机器、桥梁和艺术品。

(2)温室效应加剧

温室效应是指大气吸收地面长波辐射之后，也同时向所有方向，包括向地面发射辐射，对地面起保暖增温作用。

大气中能够强烈吸收地面长波辐射，从而引起温室效应的气体称为温室气体，它们主要有二氧化碳、甲烷、臭氧、一氧化碳、氯氟烃类化合物以及水汽等；除水汽以外，其他温室气体在自然大气中含量都极少(氯氟烃类化合物还是人类制造出来的)，因此，人为释放如不加以限制，便容易引起全球大气迅速变暖。

根据对南极和格陵兰冰盖中密封气泡的 CO_2 浓度测定，工业革命以前 CO_2 浓度一直是比较稳定的，大约是 280 ppm 左右，如按现在 CO_2 浓度增长速度(年增长率大于 1.0 ppm，有的年甚至增长了 1.5 ppm)，大约到 2100 年前后可达到 560 ppm，即比工业革命前增加了一倍。气温也将上升 1.0～3.5℃，升温将主要集中在高纬度地区，南北两极的冰将加快融化。图 1.2 是夏威夷地区 1958—2017 年，大气中 CO_2 浓度月平均值变化曲线。2018 年 4 月观测到的夏威夷 CO_2 浓度为 409.47 ppm，2018 年 1 月全球平均 CO_2 浓度为 407.54 ppm。

但是温室效应加剧也并非全是坏事，因为最寒冷的高纬度地区增温最大，因而中纬农业区可以向高纬区大幅度推进。二氧化碳浓度增加也有利于增加作物的光合作用强度，提高有机物产量。

(3)臭氧层遭破坏

臭氧主要分布在平流层的 10～50 km 的范围内，尤其在 15～30 km 高度上臭氧浓度较大。目前由于人类制造出来的氯氟烃化合物正在大量破坏臭氧层中的臭氧分子，使两极地区臭氧层明显变薄，南极上空春季甚至出现臭氧空洞(臭氧浓度只有正常值的 1/3 左右)，紫外线大量通过大气层，使人患皮肤癌和白内障的机会增大。此外，紫外线还能严重伤害植物，降低海洋生物的繁殖能力。

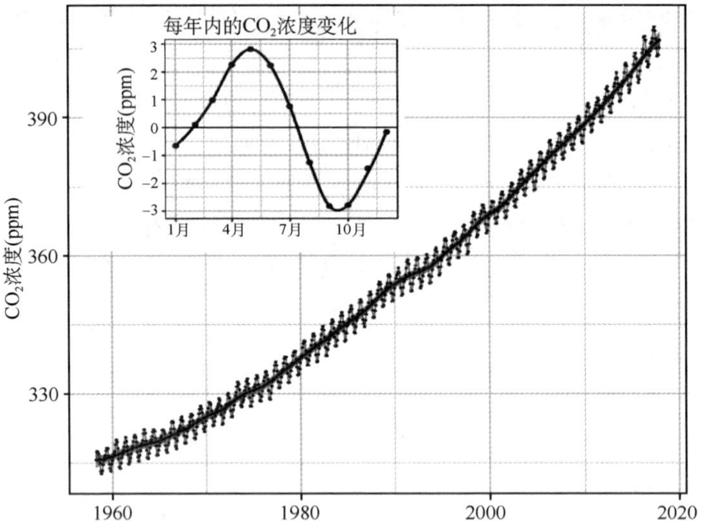

图 1.2　1958—2017 年大气中 CO_2 浓度月平均值变化曲线(夏威夷)
(较平滑曲线为经过季节修正后的数据,较曲折的曲线为实测值)

目前已知影响臭氧层的化学反应物大约有一万种。广泛用于各种雾化剂、除臭剂和制冷剂的氯氟烃化合物($CFCl_3$ 和 CF_2Cl_2),对臭氧层的破坏特别严重。其中,与农业关系密切的是甲基溴与氧化亚氮。其中,与农业关系密切的是甲基溴和氧化亚氮。甲基溴是一种被广泛用于控制虫害、杂草和啮齿动物的农药,也用作土壤和建筑熏蒸剂与商品和检疫处理。任何应用中,都有 50%至 95%的气体最终进入大气层。目前约有 10%的臭氧损耗是甲基溴引起的。

一氧化二氮是具有极高的全球变暖潜力且造成地球大气层的臭氧层消耗的温室气体。森林砍伐、动物粪便以及土壤和河流中植物物质的细菌分解排放了大气中三分之二的一氧代二氮 (N_2O)。来自人类排放量导致目前大气中的 N_2O 浓度每 4 年大约提高一个百分点,如果不采取措施限制其排放,N_2O 成为破坏性最大的消耗臭氧层物质。

四、大气污染的防治

1. 优化功能区布局和调整能源结构

根据区域自然光照和风分布特点,优化生活区、工业区、对外交通运输和仓库区等功能区的布局。利用空气的扩散和自净功能,工业区应当按当地主导风向配置在生活区的下风向,并结合地形尽量把生活区安排在光照条件较好的南侧。同时,以调整能源结构,减少污染物排放作为大气污染防治的根本措施。

2. 改进燃烧方法和燃料构成

目前,我国工业和生活用燃料中煤的比例大,烟尘污染突出。由于煤烟尘颗粒小,一般除尘设备难以清除,应改进燃烧设备,尽可能充分燃烧和除硫。有条件的地区可推广天然气,加快城市燃气化的速度,调整城市燃料构成。

3. 采用区域采暖集中供热

家庭采暖是北方冬季烟尘污染的主要原因。利用城市大型热电厂的余热供暖,或回收企业排放的可燃性气体集中起来供居民使用,既能保护环境,又能节约能源。

4. 减少交通废气污染

对机动车辆实行严格检控,禁止尾气不合格车辆行驶。

5. 合理使用农药和化肥

掌握好施药有效期,提高防治效果,减少用药剂量,隐蔽施药,尽量避免喷雾。为减少对农业环境的污染,对化肥也必须合理使用,把氨态氮肥与硝化抑制剂配合使用,这样既可提高氨态氮肥的利用率,还可延长作物对其利用的时间。

6. 造林绿化

森林和其他绿色植物在净化大气和防治污染方面有很大作用,主要有吸碳、制氧、吸尘、吸毒、杀菌和降噪音等作用。

全球绿色植物每年光合作用可吸收大量CO_2,根据测定每公顷阔叶林,生长期一天可吸收 1 t CO_2,释放 730 kg O_2,每年吸尘 32～64 t;1 hm^2 柳杉林每年可吸收 720 kg SO_2;很多树木能产生杀菌素,起到直接杀菌的作用;一般规模的林带像一堵墙,能吸收声波和降低噪声。

第三节 大气与农业

在大气中,对农业生产影响较大的气体成分有二氧化碳、氮、氧、臭氧、水汽等。这里主要介绍一下 CO_2 对农业生产的影响。

CO_2 是植物光合作用制造有机物的主要原料,植物在光合作用过程中吸收CO_2,又通过呼吸作用释放出 CO_2。地球上,每年参与光合作用的 CO_2 大约有 1100 亿 t。科学家很早就发现光合作用在低光强下受光的限制,而在高光强下却要受CO_2 的限制。如果田间 CO_2 浓度过低将对作物的光合作用产生不利影响。在光合作用旺盛时,农田植被群体中常出现 CO_2 不足的问题。农田中 CO_2 的来源主要是大气和土壤。作物光合作用所需的 CO_2 主要靠大气供给。

一、CO_2浓度变化对农作物的影响

1. CO_2浓度增高对不同类型植物的影响

光合作用固定C元素的途径有C_3、C_4和景天科酸代谢型。世界上绝大多数为C_3植物，全部热、温、寒带森林的树种，除个别外，都是C_3植物，自然条件下，当大气中CO_2浓度加倍，即增加到约800 ppm时，C_3植物的同化率将明显增加。

C_4植物的CO_2补偿点低，利用CO_2比C_3植物也更完全。C_4植物可从CO_2浓度很低的大气中有效地吸收CO_2。所以在有限的CO_2浓度下，C_4植物具有优越性，但在高的CO_2浓度下，它顶多能略增加一点CO_2吸收率。在作物中，玉米、高粱、甘蔗属C_4植物。

综上所述，增加CO_2浓度，C_3类植物无论在弱光还是强光下，光合作用均能得到促进，因此理论上森林底层受荫蔽的植物、群体过密的作物都能增加产量。但实际上，在自然条件下，CO_2浓度升高必然导致温度升高，在高温下C_4植物对氮素利用效率高，更有利于C_4植物增产。所以CO_2浓度升高后对C_4和C_3植物产量增加影响因素复杂。

2. CO_2浓度增高对植物光合率与生产力的影响

增加CO_2浓度，从长期来看可以延迟叶片衰老，使叶片有较长的时间维持活跃的光合作用，这对增产是有利的。多数温室实验表明，增加CO_2能使叶增产42%，果实增产23%，种子增产49%，块茎增产最高，为64%。但上述实验没有说明CO_2浓度值是多少，故只能说是高CO_2浓度增产效应的一般性概括。

3. CO_2浓度增高对植物水分利用率的影响

植物每获得1个分子的CO_2，叶片将通过同一扩散路径，失去几百个分子的水，光合作用吸收CO_2同蒸腾失去水分的比值称为光合水分利用率。

增加CO_2浓度可减少小麦蒸腾约80%，减少玉米、高粱蒸腾约68%。对14种作物的398次观测表明，平均减少蒸腾36%。一方面减少用水，另一方面增加光合率，结果使水分利用率相应地提高了。在CO_2浓度增加时，C_3植物的光合率增加50%，光合水分利用率比正常空气下增加1倍多。对C_4植物来说，虽然对光合的促进小得多，但光合水分利用率也增加了1倍。

总之，增加CO_2浓度将大大增加单位用水所产生的生物量，故在缺水的地区，增加CO_2将起到增产的效果。不过这些分析与估计都是根据植物单叶与单株的反应而作出的，还缺乏田间试验的验证。

二、CO_2 浓度增加后对农业计划与措施的调整

1. 作物类型的调整

根据专家研究，增加大气中 CO_2 浓度，块茎是受益最大的，其次是籽粒。因此，作物类型将要做相应改变。增加 CO_2 浓度，C_4 植物受益较少，所以 C_4 植物如玉米、高粱、甘蔗等的地位将可能相应下降。

2. 作物育种的考虑

培育抗倒伏、不分蘖过多的作物(如小麦)品种等，因为增加 CO_2 后作物的生物量将增加，易发生倒伏现象。

3. 耕作措施的考虑

(1)旱地作物因增加 CO_2 而促进了早期生长，将更早地耗尽土壤中的水分，故在耕作措施上应相应地调整。

(2)由于 CO_2 充分，水分利用率高，作物的种植密度可以相应提高。

(3)增加 CO_2 后作物对肥料的要求更高，故应增加肥料的供应。

4. 作物的分布区域

CO_2 浓度的增加，使水分利用率提高，作物生长所需水量将减少，因此在缺水或缺少灌溉的地区，可以种植一些原来不能种植的作物，并能获得高产。

增加 CO_2 浓度将增加植物的耐盐性。因为 CO_2 浓度高可使作物多固定 C 元素，以增加碳水化合物的供应，从而缓解盐害，使某些植物在中等盐渍地区能比原来长得快些，在原来不能生长的盐渍地能够生存下来。换言之，增加 CO_2 浓度，可使植物略向多盐的地区扩展。如果某地含盐量逐年增加，则该植物能在该地区多种植几年。

第二章 辐 射

第一节 辐射的基本知识

一、辐射与辐射能

1. 辐射

自然界中的一切物体,只要其温度高于绝对零度,就会不停地以电磁波的形式向外传递能量,这种传递能量的方式称为辐射。以辐射方式传递的能量称为辐射能,简称辐射。辐射是能量传播方式之一,也是太阳能传输到地球的唯一途径。

电磁波可用波长(λ)、频率(ν)表示。波长为在一个波列上,连续两个相同的位相点之间的最短距离,常采用单位为 μm(微米)或 nm(纳米);频率为每秒振动次数或循环次数,单位为 Hz(赫兹)。

各种频率的电磁波在真空中传播的速度(c)相等,称为光速 $c=3\times10^8$ m/s。电磁波的波长、振动频率和传播速度的关系为:

$$\lambda = c/\nu \tag{2.1}$$

从(2.1)式可看出,频率高的电磁波的波长较短,频率低的电磁波的波长较长。

2. 辐射能

辐射的粒子学说认为,电磁辐射是由许多具有一定质量、能量和动量的微粒组成。这些微粒称为量子或光量子(Quantum)。每个量子所具有的能量 e(Energy)与其频率成正比,与其波长成反比。它们之间的关系为:

$$e = h\nu \quad 或 \quad e = hc/\lambda \tag{2.2}$$

式中:h 是普朗克常数,$h=6.63\times10^{-34}$ J·s。由(2.2)式可知,波长越短的光每个光量子所具有的能量越大,反之波长越长的光每个光量子所具有的能量越小。根据(2.2)式可计算出各波长每个光量子所具有的能量。表 2.1 为不同波长每个光量子具有的能量。

表 2.1 不同波长光量子的能量

波长(μm)	0.20	0.40	0.50	0.76	1.60
频率(Hz)	15×10^{14}	7.5×10^{14}	6.0×10^{14}	3.95×10^{14}	1.8×10^{14}
每个光量子能量(J)	9.9×10^{-19}	4.97×10^{-19}	3.97×10^{-19}	2.62×10^{-19}	1.25×10^{-19}

从表 2.1 可看出，单个光量子所具有的能量非常小，量级是 10^{-19}，在实际应用中非常不方便，因此，爱因斯坦(A. Einstein)提出采用每 mol(阿伏伽德罗常数 6.02×10^{23})的光量子为单位，用 Ei 表示。例如波长 0.4 μm 和 0.5 μm 的一个爱因斯坦(Ei)所具有的能量，分别为 299.2 kJ 和 239.4 kJ。

在气象学中，通常以焦耳(J)作为辐射能的单位。自然界物体在单位时间、单位面积上发射或吸收的辐射能量称辐射通量密度 E(Energy)，单位是 W/m^2。

3. 物体对辐射的吸收、反射和透射

自然界中，不论何种物体，在向外发射辐射的同时，必然会受到周围物体向它投射过来的辐射。但投射到物体上的辐射并不能全部被吸收，其中一部分将被反射。如果物体是透明的，则还有一部分将透过物体。物体吸收的辐射与投射于其上的辐射之比，称为吸收率 a(Absorptivity)；物体反射的辐射与投射于其上的辐射之比，称为反射率 r(Reflectivity)；物体透过的辐射与投射于其上的辐射之比，称为透射率 t(Transmissivity)。对均匀介质而言，它们之间的关系为：

$$a + r + t = 1 \tag{2.3}$$

式中：a，r，t 是 0～1 之间无量纲数，分别表示物体对辐射吸收、反射和透射的能力。

同种物体对不同波长的辐射有不同的吸收率、反射率和透射率，这种特性称为物体对辐射吸收、反射和透射的选择性。

吸收率等于 1 的物体称为黑体。如果某物体对所有波长的辐射都能全部吸收，即 $a=1$，则称此物体为绝对黑体；如果只对某一波长的辐射全部吸收，即 $a_\lambda=1$，则此物体对该波长为黑体。如果某物体的吸收率是小于 1 的常数，并且不随波长而改变，这种物体称为灰体。自然界并不存在绝对黑体和绝对灰体，但为了研究方便，可将某些物体在一定的波长范围内，近似地看做黑体或灰体，例如在 8～14 μm 波段内，黑而潮湿的土壤具有大约 0.97～0.99 的吸收率，故可近似地把它看为黑体。

应当注意，这里定义的黑体与一般所谓的黑颜色物体是有区别的。物体的颜色只表明它反射太阳短波辐射中可见光的性质，所以不能根据物体的颜色来判断它对非可见光的吸收率。我们说太阳近于黑体是因为它对各种波长的辐射吸收率均接近 1。而洁白的雪对红外线的吸收远比一般的黑颜色物体更接近黑体。

二、辐射光谱

辐射能是通过电磁波的方式传输的。电磁波的波长范围很广，从波长 10^{-10} μm 的宇宙射线到波长达几千米的无线电波。肉眼看得见的是由红、橙、黄、绿、青、蓝、紫等各种颜色组成的光带，其中紫光波长最短，红光波长最长，其他各色光的波长则依次介于其间。波长短于紫色光波的有紫外线、X 射线、γ 射线等；波长大于红色光波的有红外线和无线电波，这些射线虽然肉眼看不见，但可以用仪器测量出来。见图 2.1。

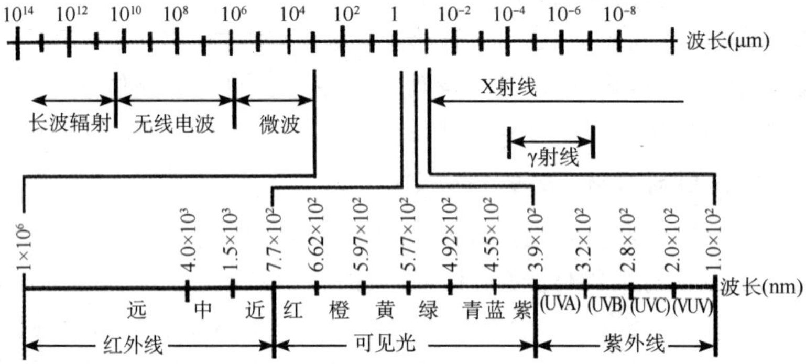

图 2.1　各种辐射的波长范围

(UVA:长波紫外线;UVB:中波紫外线;UVC:短波紫外线;VUV:真空紫外线)

气象学所研究的仅仅是整个辐射光谱中的一小部分，包括太阳、大气和地球表面的辐射，它的波长范围基本上在 0.15～120 μm，也就是紫外线、可见光和红外线波段。太阳辐射的波长范围主要在 0.15～4 μm，地面和大气的辐射波长范围在 3～120 μm。因此，气象学中习惯把太阳辐射称为短波辐射，而把地球表面和大气的辐射称为长波辐射，并以 4 μm 为其分界线。

辐射与分子传导、对流等传播方式不同，它不需要任何媒介物质，可以在真空中传播。

三、辐射的基本定律

1. 基尔霍夫(Kirchhoff)定律

基尔霍夫定律是表明在一定温度下，物体的辐射能力与吸收率之间关系的定律。该定律由基尔霍夫在 1859 年提出。物体的辐射能力用发射率表示，发射率为在某波长的一个微小波长间隔内，真实物体的辐射能量与同温度下的黑体的辐射能量之比。此定律的表达式为：

$$a_{\lambda T} = \varepsilon_{\lambda T} \tag{2.4}$$

式中：a 是某物体的吸收率；ε 是某物体的发射率；下标 λ 和 T 分别是某波长和某温度。

此定律表明：在一定温度 T 下，物体对某波长 λ 的吸收率 $a_{\lambda T}$ 等于该物体在同温度下对该波长的发射率 $\varepsilon_{\lambda T}$。即对不同物体，辐射能力强的，其吸收能力也强；辐射能力弱的，其吸收能力也弱。黑体吸收能力最强，所以它也是最好的发射体。

基尔霍夫定律的意义在于它把物体的发射与吸收联系起来了，只要知道某物体的吸收率就可以知道其发射率，反之亦然。

2. 普朗克(Planck)定律

1900 年普朗克根据辐射过程具有量子特性的假设，导出了与实验相符合的普朗克公式，求出了黑体辐射能力与黑体温度及波长的关系，其公式为：

$$E_B = \frac{2\pi hc^2}{\lambda^5 e^{\left(\frac{hc}{\lambda KT}-1\right)}} \tag{2.5}$$

式中：E_B(Black)是绝对黑体发射的辐射通量密度，单位是 W/m^2；c 是光速，$c=3\times 10^8$ m/s；h 是普朗克常数，$h=6.63\times10^{-34}$ J·s；K 是波尔兹曼(Boltzmann)常数，$K=1.38\times10^{-23}$ J/K；T 指的是物体的绝对温度，单位为 K。

根据此公式可以做出不同温度下绝对黑体的辐射能力随波长变化的分布曲线(图 2.2)。从图 2.2 可看出：(1)温度高的物体在任何波长所发射的辐射通量密度都比温度低的物体发射的大；(2)温度高的物体发射的辐射波长范围比温度低的更宽；(3) 物体温度越高，辐射分布曲线以下的面积越大，发出的总辐射就越多；(4)物体发射辐射通量密度最大值所对应的波长随着温度下降向右偏移，即发射辐射的波长峰值随温度降低而增大。

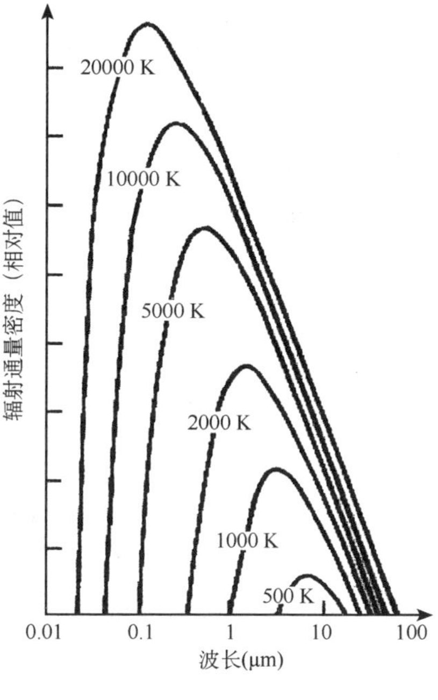

图 2.2 不同温度的黑体发射辐射光谱
(Rosenberg 1983)

按太阳和地球表面平均温度分别为 6000 K 和 288 K 计算可知，虽然太阳发出的长波辐射比地球发射的长波辐射多得多，但太阳辐射主要是短波辐射，地球辐射则属长波辐射。

由图看出：(1)理论上，任何温度的绝对黑体都发射波长 0～∞μm 的辐射，但温度不同，辐射能力不同，辐射能集中的波段也不同。例如，温度为 6000 K 的物体总辐射能力比 288 K 大得多。而且 6000 K 温度的物体的辐射能量主要集中在 0.17～4 μm 波段内，而 288 K 温度的物体的辐射能量主要集中在 3.3～80 μm 波段内。(2)每一温度下，黑体辐射都有一辐射最强的波长,称为这个温度下发射的辐射峰值,并用 λ_{max} 表示,即光谱曲线的极大值。物体温度越高,其辐射峰值所对应的波长 λ_{max} 越短。

3. 斯蒂芬-波尔兹曼(Stefan-Boltzmann)定律

1879 年斯蒂芬由实验发现,物体的发射能力是随温度、波长而改变的。由图 2.2 可见,随着温度的升高,黑体对各波长的发射能力都相应地增强。因而物体发射的总能量(即曲线与横坐标之间包围的面积)也会显著增大。据研究,绝对黑体的积分辐射能力与其绝对温度的四次方成正比。1884 年波尔兹曼用热力学理论证明了这一点。在全部波长范围内对普朗克公式进行积分就可以得到斯蒂芬-波尔兹曼公式。

$$E_{TB} = \int_0^\infty E_B \mathrm{d}\lambda$$

积分后的公式表达式是:

$$E_{TB} = \sigma T^4$$

式中:E_{TB} 是温度为 T 的绝对黑体发射的辐射总能量;σ 是斯蒂芬-波尔兹曼常数,$\sigma = 5.67\times10^{-8}$ W/(m² · K⁴)。

对于非黑体或称灰体物质来说,只要在公式的右边增加物体的发射率 ε,它们的辐射能力就可以确定了。公式可写成:

$$E_T = \varepsilon\sigma T^4 \tag{2.6}$$

4. 维恩(Wein)位移定律

1893 年维恩从热力学理论导出了黑体辐射光谱的极大值所对应的波长与温度的关系。从图 2.2 可以看到黑体辐射极大值所对应的波长(λ_{max})是随温度的升高而逐渐向波长较短的方向移动的。据研究,黑体辐射极大值所对应的波长与其绝对温度成反比,这个定律同样可以由普朗克公式通过对波长求导得到。求导后的维恩位移公式表达式是:

$$\lambda_{max} = \frac{2897}{T} \tag{2.7}$$

式中:λ_{max} 是 T(K)温度下的辐射峰值所对应的波长,单位为 μm;2897 是常数,单位为 μm · K。从式中可看出,物体温度越高,发射的辐射峰值 λ_{max} 越短,发出的光也越白。由维恩定律求出的温度称为颜色温度(色温)。例如太阳发射的辐射峰值的波长约为 0.475 μm,用维恩定律可计算出太阳的色温为 6100 K;同样,已知地面、大气和对流层顶大气发射的辐射峰值分别是 9.7 μm、11.6 μm 和 14.5 μm,用维恩定律算出的色温分别为 300 K、250 K 和 200 K。这与用普朗克定律计算的结果完全一致。温度在 3800~7600 K 的物体,其发射的辐射峰值波长在可见光区,高于 7600 K 时辐射峰值波长位于紫外线区,低于 3800 K 时辐射峰值波长位于红外线区。

第二节 太阳辐射

一、太阳辐射光谱和太阳常数

1. 太阳辐射光谱

太阳辐射中辐射能按波长的分布，称为太阳辐射光谱，见图 2.3。从图中可看出，大气上界太阳光谱能量分布曲线与用普朗克黑体辐射公式计算出的 6000 K 的黑体光谱能量分布曲线非常相似。因此，可以把太阳辐射看作黑体辐射。

太阳是一个炽热的气体球，其表面温度约为 6000 K，内部温度更高。根据维恩位移定律可以计算出太阳辐射峰值的波长 λ_{max} 为 0.475 μm，这个波长在可见光的青光部分。太阳辐射主要集中在可见光部分(0.4～0.76 μm)，波长大于可见光的红外线(>0.76 μm)和小于可见光的紫外线(<0.4 μm)的部分相对少。在全部辐射能中，波长在 0.15～4 μm 的占 99%以上，且主要分布在可见光区和红外区，前者占太阳辐射总能量的约 50%，后者占约 43%，紫外区的太阳辐射能很少，只占总量的约 7%。

2. 太阳常数

太阳辐射通过星际空间到达地球大气上界。当日地距离为平均值，在被照亮的半个地球的大气上界，垂直于太阳光线，每秒每平方米的面积上，获得的太阳辐射能量称为太阳常数，用 R_{sc}(Solar constant)表示，单位为 W/m^2。太阳常数是一个非常重要的常数，一切有关研究太阳辐射的问题，都要以它为参数。

关于太阳常数的研究已有很长历史了，早在 20 世纪初，人们就已经通过各种观测手段估计它的取值，认为大约应在 1350～1400 W/m^2。太阳常数虽然经多年观测，由于观测设备、技术以及理论校正方法的不同，其数值常不一致。据研究，太阳常数的变化具有周期性，这可能与太阳黑子的活动周期有关。

目前已有许多无人或有人操作的空间实验对太阳辐射进行直接观测，并在宇宙空间实验站设计了名为“地球辐射平衡”的课题，其中一个重要项目就是对太阳辐射进行长期监视。这些观测数据将对进一步了解大气物理过程及全球气候变迁的原因有很大帮助。1981 年世界气象组织推荐的太阳常数值 $R_{sc}=1367\pm7(W/m^2)$，通常采用 1367 W/m^2。

二、太阳辐射在大气中的衰减

太阳辐射通过大气层后到达地球表面。由于大气对太阳辐射有一定的吸收、散射和反射作用,使投射到大气上界的辐射不能完全到达地表面。图 2.3 最下面的实曲线表示太阳辐射通过大气层被吸收、散射、反射后到达地表的太阳辐射光谱。

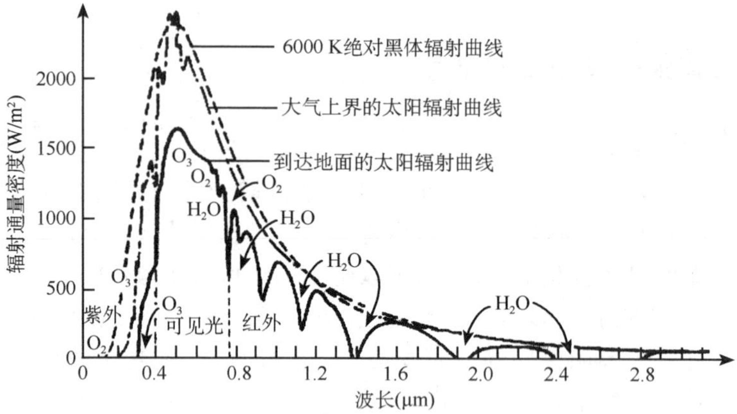

图 2.3 大气上界和地面的太阳辐射光谱(Gates,1962)

与大气上界的太阳辐射光谱相比较,可以看出:通过大气层后,太阳总辐射能有明显的减弱;波长短的辐射能减弱得最为显著;辐射能随波长的分布变得极不规则。产生这些变化有以下几方面原因:

1. 大气对太阳辐射的吸收

太阳辐射穿过大气层到达地面时,要受到一定程度的减弱,这是因为大气中某些成分具有选择吸收一定波长辐射能的特性。大气中吸收太阳辐射的成分主要有水汽、液态水、二氧化碳、氧、臭氧及尘埃等固体杂质等。太阳辐射被吸收后变成了热能,因而使太阳辐射减弱。

水汽吸收最强的波段是位于红外区的 0.93～2.85 μm,据估计,太阳辐射因水汽的吸收可减弱 4%～15%。

氧只对波长小于 0.2 μm 的紫外线吸收很强,在可见光区虽然也有吸收,但较弱。

臭氧在大气中的含量很少,但在紫外区和可见光区都有吸收带,在 0.2～0.3 μm 波段的吸收带很强,由于臭氧的吸收,使小于 0.29 μm 波段的太阳辐射不能到达地面,因而保护了地球上的一切生物免遭紫外线过度辐射的伤害。臭氧在 0.44～0.75 μm 还有吸收,虽不强,但因这一波段正好位于太阳辐射最强的区域内,所以吸收的太阳辐射量相当多。

二氧化碳对太阳辐射的吸收比较弱,仅对红外区 2.7 μm 和 4.3 μm 附近的辐射吸收较强,但该区域的太阳辐射较弱,被吸收后对整个太阳辐射的影响可忽略。

悬浮在大气中的水滴、尘埃、污染物等杂质，对太阳辐射也有吸收作用，大气中这些物质含量越高，对太阳辐射吸收越多，如在工业区或森林火灾、火山爆发、沙尘天气等条件下，太阳辐射都有明显减弱。

总之，大气对太阳辐射的吸收，在平流层以上主要是氧和臭氧对紫外辐射的吸收，平流层至地面主要是水汽对红外辐射的吸收。被大气成分吸收的这部分太阳辐射，将转化为热能而不再到达地面。由于大气成分的吸收多位于太阳辐射光谱两端，而对可见光部分吸收较少，因此，可以说大气对可见光几乎是透明的。

2. 大气对太阳辐射的散射

太阳辐射进入大气时将遇到空气分子、尘粒、云雾滴等质点，都要产生散射现象。散射不像吸收那样是把辐射转变为热能，而只是改变辐射的方向，使太阳辐射以质点为中心向四面八方传播，使原来传播方向上的太阳辐射减弱。

如果太阳辐射遇到的散射质点的直径比入射辐射的波长要短（如空气分子），则对入射辐射中波长较短的辐射的散射强，也即辐射波长愈短，散射愈强；而对波长较长的辐射散射弱。对于一定大小的分子来说，散射能力与波长的四次方成反比。这种散射是有选择性的，称为分子散射，也叫雷利（Rayleigh）散射。当大气中的水汽、尘粒等杂质较少时，主要是空气分子散射，太阳辐射中波长较短的蓝紫光被散射得多，所以晴朗的天空呈蔚蓝色。日出、日落时，因光线通过大气路程长，可见光中波长较短的光被散射殆尽，所以看上去太阳呈橘红色。

当太阳辐射遇到的散射质点的直径是比入射的波长大的粗粒质点，辐射虽然也被散射，但这种散射是没有选择性的，即辐射的各种波长都同样地被散射。这种散射称粗粒散射，也称米（Mie）散射。例如当空气中污染较严重或存在较多的雾粒或尘埃等杂质时，一定范围的长短波都同样地被散射，使天空呈灰白色。

3. 大气云层及颗粒物对太阳辐射的反射

大气中的云层和较大颗粒物能将部分太阳辐射反射回宇宙空间。其中云的反射能力最强。云的反射能力随云状、云量和厚度的不同而不同。一般情况下云的平均反射率为 0.50～0.55。如果按地球平均云量为 5 成计算，太阳辐射就有近 25%被云反射回空间，因此，云的反射作用对太阳辐射影响很大。

上述提到的大气对太阳辐射的衰减三种方式中，以反射作用最为重要，尤其以云层对太阳辐射的反射最为明显，散射作用次之，吸收作用相对最小。

三、到达地面的太阳辐射

到达地面的太阳辐射由两部分组成：一是太阳以平行光的形式直接投射到地面上的，称为太阳直接辐射，用 R_{sb}(Direct beam solar radiation)表示；另一个是经过散射后到达地面的，称为散射辐射，用 R_{sd}(Diffuse solar radiation)表示，两者之和就是到达地面的太阳总辐射，用 R_s(Solar radiation)表示，$R_s = R_{sb} + R_{sd}$。

1. 直接辐射

太阳以平行光形式投射到地面的直接辐射 R_{sb} 是地球表面获得太阳辐射最主要来源。它的强弱由下式表示：

$$R_{sb} = a^m \cdot R_{sc} \cdot \sin h_{\odot} \tag{2.8}$$

式中：R_{sc} 是太阳常数 1367 W/m^2；$h_{\odot}$ 是太阳高度角；a 是大气透明系数；m 是大气质量数。从式中可以看出，太阳直接辐射与太阳高度角、大气质量数和大气透明系数有关。

(1)太阳高度角

太阳平行光线与水平面之间的夹角称为太阳高度角。太阳直接辐射随太阳高度角的增大而增大。一方面是由于太阳高度角($h_{\odot}$)愈小时，等量的太阳辐射能散布的面积愈大，则单位面积上接收到的能量就愈少，见图 2.4；另一方面，因为太阳高度角愈小时，太阳光穿过的大气层就愈厚，大气对太阳辐射的减弱作用就愈强，所以到达地面上的辐射就愈少。

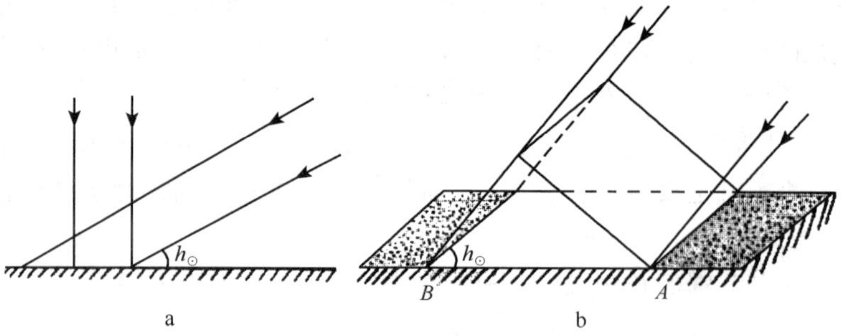

图 2.4　太阳高度角与受热面积大小的关系

太阳高度角的计算式为：

$$h_{\odot} = \arcsin[\sin\varphi\sin\delta + \cos\varphi\cos\delta\cos 15^{\circ}(t-12)] \tag{2.9}$$

式中：φ 是当地的纬度；δ 是太阳赤纬(也称太阳倾角)，可根据天文年历查到，见附录 2；t 是地方时，按 24 h 计算每小时 15°。例如：北京(φ=40°N)6 月 22 日(夏至 δ=23.4°)下午 1:30(t=13.5)的太阳高度角：

$$h_{\odot} = \arcsin[\sin 40^{\circ}\ \sin 23.4^{\circ} + \cos 40^{\circ}\ \cos 23.4^{\circ}\ \cos 15^{\circ}(13.5-12)] = 65^{\circ}$$

各地经度不同，存在着地方时差，为方便应用，中国统一使用北京时间，求算中国各地太阳高度角时可统一使用下面的公式：

$$\sin h_{\odot} = \sin\varphi\sin\delta + \cos\varphi\cos\delta\cos(15^{\circ}t + \lambda - 300^{\circ}) \tag{2.10}$$

式中：t 为北京时间；λ 为当地经度。

(2)可照时数

通常所说的昼长指的是从日出至日落的时间长度，称为太阳可照时数。可照时数是时空的函数(见附录1)，具体表现为：在北半球相对同一日期，夏半年可照时数随着纬度升高而延长，冬半年随着纬度升高而缩短；而相对同一纬度，可照时数随着太阳直射点的北移而延长，随着太阳直射点的南移而缩短(图2.5)。南半球可照时数变化规律与北半球道理相同。

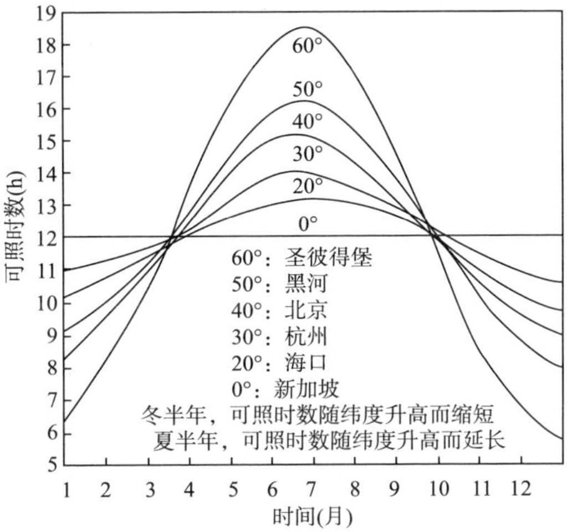

图2.5　可照时数的时空分布图(北半球)

地球一天自转一圈，即24 h旋转360°。假设正午时角 $\omega=0°$，顺时针方向为正，变化范围为0°～180°；逆时针方向为负，变化范围为－180°～0°。则某地某天任意时刻对应的时角为 $\omega=15°(t-12)$。日出与日落时刻，太阳正好位于地平圈上，此时，太阳高度角 $h=0°$，其时角可由公式(2.9)推导出：

$$\cos\omega_0=-\tan\varphi\tan\delta \tag{2.11}$$

从上式可求算出某地某天日出时刻时角 $-|\omega_0|$ 和日落时刻时角 $+|\omega_0|$。从而计算得到该地当天的太阳可照时数 $t=2|\omega_0|/15°$，即为日长(白昼长度)，也称昼长。

【例】分别计算北京(40°N)冬至、夏至和春秋分的可照时数及其正午12点的太阳高度角。

已知：夏至 $\delta=23.5°$，冬至 $\delta=-23.5°$，春秋分 $\delta=0°$，求 $t=?$ $h=?$

解：夏至正午 $h=90°-|\varphi-\delta|=90°-16.5°=73.5°$

日出日落时角 $\omega_0=\arccos(-\tan\varphi\tan\delta)=\arccos(-\tan40°\tan23.5°)=111.4°$

$$\text{可照时数 } t=\frac{2|\omega_0|}{15°}=\frac{2\times111.4°}{15°}=14.85(\text{h})$$

冬至正午 $h=90°-|\varphi-\delta|=90°-63.5°=26.5°$

日出日落时角 $\omega_0=\arccos(-\tan\varphi\tan\delta)=\arccos(\tan40°\tan23.5°)=68.6°$

$$可照时数\ t=\frac{2|\omega_0|}{15°}=\frac{2\times68.6°}{15°}=9.15(\text{h})$$

春秋分正午 $h=90°-|\varphi-\delta|=90°-40°=50°$

日出日落时角角 $\omega_0=\arccos(-\tan\varphi\tan\delta)=\arccos(-\tan40°\tan0°)=90°$

$$可照时数\ t=\frac{2|\omega_0|}{15°}=\frac{2\times90°}{15°}=12(\text{h})$$

答:北京夏至、冬至和春秋分的可照时数分别为 14.85 h、9.15 h 和 12 h,对应日期最大太阳高度角分别为 73.5°、26.5°和 50°。

由于中国纬度的差异,南北太阳高度角和可照时数季节差别很大。漠河和广州两地,正午时刻的太阳高度角相差 30°左右。海口一年内最短可照时数约 11 h,最长为 13.3 h,相差仅约 2 h;而漠河一年内最短可照时数约 7 h,最长达 17 h,相差约 10 h。

(3)大气质量数

在标准状况下,海平面气压为 1013 hPa、气温为 0℃时,太阳光垂直投射到地面所经路程中,单位截面积空气柱的质量称为一个大气质量数 m。不同太阳高度角,阳光经过的大气质量数也不同,见表 2.2。

表 2.2 不同太阳高度角的大气质量数

太阳高度角($h_\odot$)	90°	60°	40°	30°	20°	10°	5°	3°	2°	1°	0°
大气质量数(m)	1	1.15	1.55	2.00	2.90	5.60	10.40	15.36	19.79	26.96	35.40

由表 2.2 看出,当太阳高度角很小时,m 值很大,随着太阳高度角的增大,m 值很快减少。太阳在地平面时所通过的 m 值是其在天顶时的 35.4 倍。

在计算大气质量数时需要考虑如下几个问题:(a)地球是一个弯曲的表面,所以地球大气上界是一条曲线;(b)光线在大气中传播的路径也是一条曲线,这是由于大气密度随高度增加而递减,光线穿过不同密度的介质时发生折射而形成的;(c)空气密度在水平方向上也是不均匀的。为解决上述困难,要作如下假设:(a)光线在大气中传播的路径是一条直线;(b)大气上界的表面设为平面;(c)水平方向上的密度是均一的。常用的大气质量数计算式为:

$$m=\frac{P/P_0}{\sin h_\odot} \tag{2.12}$$

式中:P/P_0 代表观测地气压与经过纬度订正的海平面气压之比,$h_\odot$ 是太阳高度角。

(4)大气透明度

太阳辐射从大气上界进入大气层后还要受大气透明度的影响。大气透明度的特

征量用透明系数 a 表示。它是指透过一个大气质量数后的辐射强度与透过前的辐射强度之比。也就是当太阳位于天顶时，到达地面的太阳辐射通量密度 R_s 与在大气上界的太阳辐射通量密度即太阳常数 R_{sc} 之比值。

$$a = R_s / R_{sc} \tag{2.13}$$

a 值表明辐射通过大气后的削弱程度。实际上，不同波长的削弱也不相同，a 仅表征对各种波长的平均削弱情况。

大气透明系数与大气中的水汽、水汽凝结物、尘埃杂质等有关。这些物质越多，大气透明程度越差，透明系数越小。因而太阳辐射受到的减弱越强，地面获得的太阳辐射也越少。a 是一个小于 1 的数，其取值是：当天空特别晴朗、污染较少时，$a=0.9$；当污染特别严重、天空特别混浊时，$a=0.6$；一般情况下，$a\approx 0.84$。

由于太阳直接辐射主要是由太阳高度角决定的，所以有明显的日变化、年变化和随纬度的变化。一天中，无云的天气条件下，一般是中午太阳高度角最大，直接辐射最强；日出、日落时太阳高度角最小，直接辐射最弱。

一年中，对一个地区来说，直接辐射夏季最大，冬季最小。但如果夏季，大气中的水汽含量增加，云量增多，会使直接辐射减弱很多，使得直接辐射的最大月平均值出现在春末夏初季节。如表 2.3 所示，北京直接辐射的月平均最大值出现在 5 月，最小值出现在 12 月。

表 2.3 北京直接辐射的月平均值

月份	1	2	3	4	5	6	7	8	9	10	11	12
直接辐射(W/m^2)	202	279	314	453	460	419	384	342	349	258	188	167

太阳直接辐射还随纬度而改变。一年中低纬地区比高纬地区的太阳高度角大，所以获得的直接辐射也多，但全年直接辐射的最大值出现在回归线附近，而不在赤道的原因是赤道上空云雨较多，太阳被遮蔽时间长。

2. 散射辐射

大气对太阳辐射有散射作用，其中散射向地面的那部分称为散射辐射 R_{sd}，在真实大气中影响散射辐射的因素多且复杂，在理想大气条件下，散射辐射的近似公式为：

$$R_{sd} = 0.5R_{sc}(1 - a^m)\sin h_{\odot} \tag{2.14}$$

式中各项意义同前。散射辐射是一种短波辐射，其能量分布，比直接辐射更集中于波长较短的光区。从(2.14)式可以看出，散射辐射的大小也与太阳高度角、大气透明度、大气质量数等因素有关。当太阳高度角增大时，直接辐射增加，散射辐射也增大。在太阳高度角一定时，如果大气透明度不好，散射质点多，散射辐射增强；而大气透明度好，散射质点少，散射辐射减弱。

散射辐射的日、年变化也主要取决于太阳高度角的变化。一天中散射辐射的最大值出现在正午前后,一年中散射辐射的最大值出现在夏季。图 2.6 是重庆市散射辐射的日变化曲线。

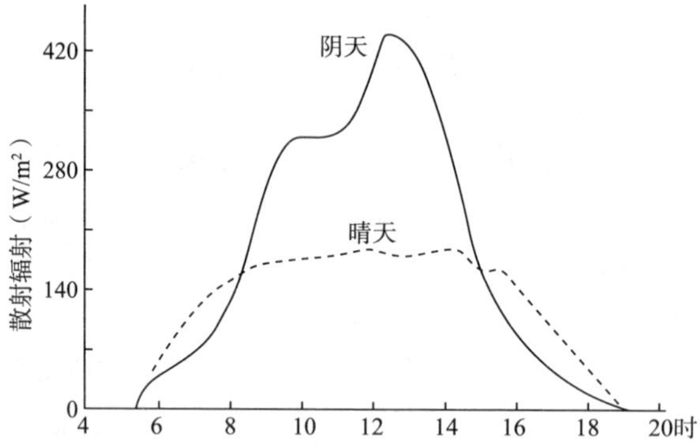

图 2.6 重庆市散射辐射的日变曲线

3. 总辐射

穿过星际空间到达大气上界的太阳辐射称为天文辐射,天文辐射通量密度与日地距离的平方成反比。日地距离非常遥远(1470 万～1520 万 km),平均 1496 万 km,天文辐射只占太阳辐射的亿分之几,即太阳辐射只有极窄一束光投射到大气上界,因此,可以把到达地球的太阳光当作平行光处理。太阳直射点的变化产生了不同纬度的各地得到的天文辐射通量密度随时间而出现日变化。同时由于地球自转时地轴是倾斜的,各地一天中受太阳照射的时间随纬度而发生变化。因此,各地得到的天文辐射是地理纬度(空间)和日期(时间)的函数,随着时空的变化而变化(图 2.7)。虽然对全球而言,一年中所获得的太阳辐射总量变化很小,但对南北半球不同地点的时空差异是比较大的。各地得到的太阳辐射的差异是产生一年四季变化的原因。各地天文辐射的时空变化与太阳高度角和可照时数有关。

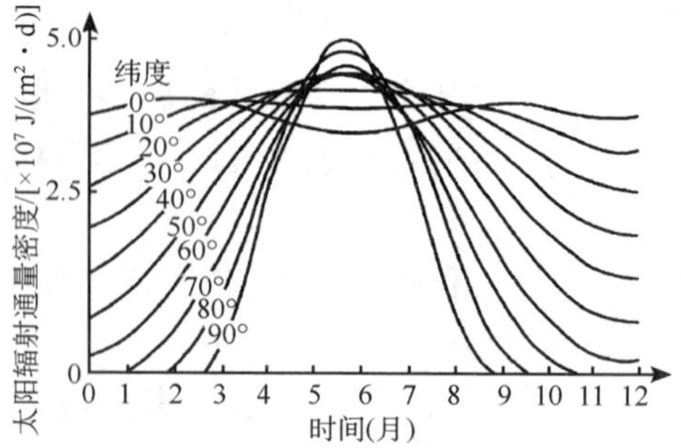

图 2.7 北半球不同纬度上太阳总辐射日总量随时间的变化(Gates,1962)

到达地面的太阳直接辐射和散射辐射之和称为总辐射 R_s，理想大气条件下，它的表达式如下：

$$R_s = R_{sb} + R_{sd} = 0.5R_{sc}(1 + a^m)\sin h_\odot \tag{2.15}$$

总辐射的日变化与直接辐射的日变化基本一致。日出以前，地面上获得的总辐射不多，只有散射辐射；日出以后，太阳高度角不断增大，当太阳高度角增到 20°以前，散射辐射大于直接辐射，以后由于直接辐射增加得较快，使散射辐射在总辐射中所占比例逐渐减小；当太阳高度角达到 50°左右，散射辐射只占总辐射的 10%～20%；到中午时，直接辐射和散射辐射均达最大值；中午以后二者又按相反的次序变化。有云时总辐射一般会减少，因为这时直接辐射的减弱比散射辐射的增强要多。只有当云量不太多，太阳视面无云，直接辐射未受到影响，而散射辐射因云的增加而增大时，总辐射才比晴空时稍大。

中国 1975—1997 年全国平均年太阳辐射总量为 5648.6 MJ/m²，空间分布呈现以内蒙古中西部—宁夏—甘肃西北部—四川西部—云南西北部为分界线的西高东低特征(如图 2.8 所示)，分界线以西太阳辐射在 6000 MJ/m² 以上，东部以华北太阳辐射为最高；西部地区年太阳辐射总量呈南高北低的纬向分布特征，以西藏南部(除东南部的山南地区)、青海柴达木盆地的太阳辐射最高，这一特征主要受地理纬度、海拔高度双重因素影响。西藏、青海、新疆是太阳辐射最丰富的省份，其中，西藏平均年太

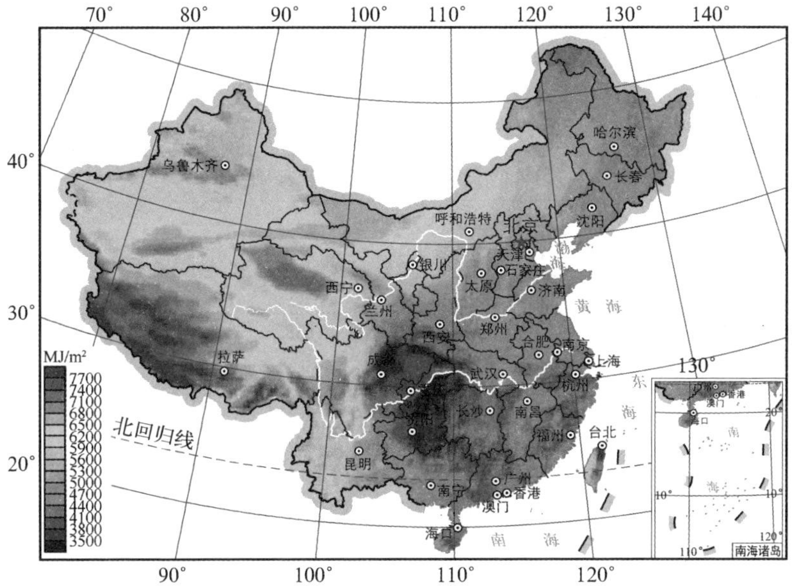

扫码见彩图

图 2.8 1975—1997 年中国年平均太阳辐射总量分布(吴其重等，2010)

阳辐射总量在 6900 MJ/m^2 以上。太阳辐射最丰富的西藏西南部(阿里等地区)年太阳辐射总量高达 8520 MJ/m^2,这是由于该地区海拔高度高,通过大气的光学路径短,太阳辐射在大气层传输过程中的损失少,因而到达地面的太阳短波辐射较强。青海柴达木盆地太阳辐射次之,而后是新疆塔里木盆地—吐鲁番盆地一带,而准噶尔盆地太阳辐射相对较低,但年太阳辐射总量依然在 5000 MJ/m^2 以上,可开发价值依然较大。新疆天山附近地区、西藏山南地区南部是西部地区太阳辐射低值区。其中,山南地区南部处于喜马拉雅山脉南麓,海拔高度变化大,潮湿的印度季风分支经过,暖湿气团遇山爬升形成强烈降水,该地区云雨天气较多,云雨天气带来的大量中低云削弱了太阳辐射到达地面的总量。

四、地面对太阳辐射的反射

到达地面的太阳总辐射不能完全被地面吸收,有一部分将被地面反射。地面反射辐射的大小与地面对太阳辐射或称短波辐射的反射率 α 有关。短波辐射反射率主要与下垫面的颜色、湿度、粗糙度、不同植被、土壤性质及太阳高度角等因素有关。

1. 颜色对反射率的影响

颜色不同的各种下垫面,对太阳辐射可见光部分有选择反射的作用。各种颜色表面的最强反射光谱,就是它本身颜色的波长。白色表面具有最强的反射能力,黑色表面的反射能力较小,绿色植物对黄绿光的反射率大。表 2.4 为各种下垫面对短波辐射的平均反射率。

表 2.4 各种下垫面对短波辐射的平均反射率 α

下垫面性质		反射率(%)	下垫面性质	反射率(%)
黑钙土	干燥	12	大多数农作物	18～30
	潮湿	5	绿草地	26
黄　土	干燥	27	大草原	22
	潮湿	14	葡萄园	18～19
浅灰土	干燥	32	落叶林	15～20
	潮湿	18	针叶林	10～15
白沙土	干燥	40	沼泽地	12
	潮湿	18	新雪	80～95
水　面	$h_\odot=5°$	58	陈雪	42～70
	$h_\odot=90°$	2		

由表可看出,颜色不同,反射率有很大差别,例如新白雪的反射率可高达 80%～95%,而黑钙土的反射率只有 5%～12%。

2. 土壤湿度对反射率的影响

反射率将随土壤湿度的增大而减小。例如白沙土，随着湿度的增加其反射率从40%降到18%，减少了22%。这是因为水的反射率比陆面小的缘故。有试验指出，地面反射率与土壤湿度呈负指数关系。

3. 粗糙度对反射率的影响

反射率随下垫面粗糙度的增加而减小。这是由于太阳辐射在起伏不平的粗糙地表面，有多次反射，另外，太阳辐射向上反射的面积相对变小，所以导致反射率变小。

4. 太阳高度角对反射率的影响

当太阳高度角比较低时，无论何种表面，反射率都较大。随着太阳高度角的增大，反射率减小。一日中太阳高度有规律的日变化，使地面反射率也有明显的日变化，中午前后较小，早、晚较大。

5. 几种下垫面的反射率

植被反射率的大小与植被种类、生长发育状况、颜色和郁闭程度有关。植物颜色愈深，反射率愈小，绿色植物在20%左右。作物苗期与裸地相差不多，反射率较大；生长盛期反射率变小，多在20%左右；作物成熟期，茎叶枯黄，反射率又增大。

水面的反射率一般比陆面小，波浪和太阳高度角对水面的反射率有很大的影响。一般太阳高度角愈大，水面愈平静，反射率愈小，例如当太阳高度角大于60°时，平静水面的反射率小于2%，高度角为30°时，反射率增至6%，高度角为2°时，反射率可达80%。

新雪面的反射率可高达90%以上，脏湿雪面的反射率只有20%～30%，冰面的反射率大致为30%～40%。

由于反射率随各地自然条件而变化，所以它在季节上的变化也是很大的。由此可见，即使总辐射的强度一样，不同性质的地表真正获得的太阳辐射仍有很大差别，这也是导致地表温度分布不均匀的重要原因之一。

第三节 地面和大气辐射

一、地面和大气的辐射

水、陆、植被等地球表面（又称下垫面）按其本身的温度不断向外发射长波辐射，称为地面辐射，用 R_{Lu}（Long-wave radiation-up）表示。

大气按其本身的温度向外发射长波辐射，称为大气辐射，用 R_{Ld}（Long-wave radiation-down)表示。

地面辐射和大气辐射总称为地球辐射,正是由于地球的长波辐射,地面和大气之间以及气层和气层之间相互交换着热量并将部分热量向宇宙散发。

1. 地面辐射

地面的平均温度约为 288 K,对流层大气的平均温度约为 250 K,它们发射辐射中 95%以上的能量集中在波长 3~120 μm 的范围内,属于红外、远红外辐射。它们发射的辐射峰值在 10~15 μm 范围内。

地面向外发射辐射,其发射量可以用斯蒂芬-波尔兹曼定律得到。由于不是黑体,所以公式的形式为:

$$R_{Lu} = \varepsilon\sigma T^4 \tag{2.16}$$

式中:ε 代表地面发射率,根据基尔霍夫定律在数值上等于其吸收率 a。

例如,某地面的温度是 20℃,ε=0.91,则可算得:

$$R_{Lu} = 0.91 \times 5.67 \times 10^{-8} \times (273 + 20)^4 = 380(\mathrm{W/m^2})$$

同样,地面发射的辐射峰值波长可以根据维恩位移定律求得:

$$\lambda_{max} = 2897/293 \approx 9.89(\mu\mathrm{m})$$

由于下垫面的性质不同,向外发射辐射的能力也不同,表 2.5 为不同下垫面的发射率 ε。

表 2.5 不同下垫面的发射率 ε

下垫面性质	黄土	砂土	灰石	黑土	浅草	麦地	果园	森林	新雪	海水
发射率 ε	0.98	0.91	0.91	0.90	0.90	0.93	0.96	0.98	0.99	0.96

由表 2.5 看出,新雪的发射率最大为 0.99,因此,可以说在红外波段内,新雪几乎是一种黑体。一般情况下,自然界下垫面的发射率在 0.90~0.95。

2. 大气辐射

大气对长波辐射的吸收非常强烈,吸收作用不仅与吸收物质的分布有关,而且还与大气的温度、压强等有关。大气成分中的水汽、液态水、二氧化碳及臭氧是长波辐射主要吸收者,它们对长波辐射的吸收均具有选择性。图 2.9 是大气的吸收和发射光谱。根据基尔霍夫定律,大气的发射光谱与吸收光谱基本相似。

由图 2.9 中看出,大气在整个长波辐射段,除 8~12 μm 段外,其余的吸收率基本都接近 1。8~12 μm 处吸收率最小,透射率最大,所以这一波段被称为“大气天窗”。这个波段的辐射,正好位于地面辐射能力最强处,所以地面辐射有 20%的能量透过这一窗口射向宇宙空间。

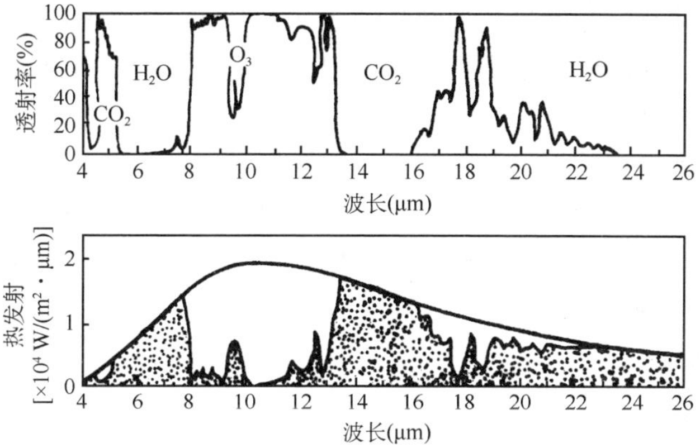

图 2.9 大气吸收光谱和发射光谱

大气吸收了地面辐射以后,又以辐射方式向外发射辐射。大气发出的长波辐射与大气温度有关,与天空云量有关。有研究者发现云量每增加 1/10,大气长波辐射就会增加 6 W/m^2。当天空全部被云遮蔽后,地面获得的辐射中,大约有 30%是来自大气长波辐射。

在比较晴朗的天空,大气长波辐射也主要是由大气中的水汽、二氧化碳及少量臭氧发射的。因此如果能知道它们的温度,就可以直接用斯蒂芬-波尔兹曼公式计算出大气长波辐射量,但这非常困难。因此许多科学家研究出了一些采用气象台站百叶箱内的空气温度,直接估算大气长波辐射的经验公式,其理论根据是:绝大部分的大气长波辐射是来自距地面最近的 100 m 大气层中,这里集中了绝大部分的水汽、二氧化碳等,而它们的温度在很大程度上是随近地层空气温度的变化而变化的。

这些公式可分为两种类型:天空晴朗型和天空多云型。估算大气长波辐射的经验公式很多,这里仅介绍英国著名气象学家蒙梯斯(J. L. Monteith)在他的有关著作中提到的经验公式:

(1)天空晴朗型:

$$R_{Ld} = 208 + 6t_a (W/m^2) \tag{2.17}$$

式中:t_a(℃)是百叶箱内的空气温度。此经验公式适于温度为 $-5℃ < t_a < 25℃$ 时运用。

(2)天空多云型:

$$R_{Ld} = (1 - 0.1C)\varepsilon_a(0)\sigma T_a^4 + C(\sigma T_a^4 - 9)(W/m^2) \tag{2.18}$$

式中:C 是天空云量,取值从 1～10;$\varepsilon_a(0)$是晴天时的大气发射率,它等于:

$$\varepsilon_a(0) = 0.655 + 0.007t_a \tag{2.19}$$

值得注意的是,与天空晴朗型不同,在公式(2.18)的天空多云型中,因公式中包含有斯蒂芬-波尔兹曼公式,所以 T_a 要采用绝对温度(K)。而公式(2.19)中的 t_a 仍用摄氏温度(℃)。上述公式是通过长期大量的观测数据,并采用统计方法得到的,因此,更适合于在研究长期的辐射平衡状况时使用。如果想用它分析某几个小时内的辐射平衡状况就不很准确了。

大气辐射指向地面的部分又称为大气逆辐射。大气逆辐射使地面获得一部分能量,由此可见大气对地面有保暖作用,这种作用称为大气的保温效应。据计算,如果没有大气,近地面的平均温度应为-23℃,但实际近地面的平均温度是15℃,也就是说大气的存在使近地面的温度提高了38℃。

3. 地面有效辐射

地面发射的辐射(R_{Lu})与地面吸收的大气逆辐射(R_{Ld})之差,称为地面有效辐射(R_{Ln}),可用下式表示:

$$R_{Ln} = R_{Lu} - R_{Ld} \tag{2.20}$$

地面有效辐射表明地面能量在长波辐射交换过程中的得失。当$R_{Ld} < R_{Lu}$时,地面有效辐射R_{Ln}为正值,这意味着地面从大气逆辐射所获得的能量并不能完全补偿自身辐射所损失的能量,也可以说,通过长波辐射的放射和吸收,地面失去热量。通常情况下,地面温度高于近地面气层的大气温度,相应地R_{Ln}为正值。而当$R_{Ld} > R_{Lu}$时,R_{Ln}为负值,当近地面气层有很强的逆温和空气湿度很大的情况下,近地面气层的大气温度才会高于地面温度,这时大气逆辐射也就大于地面辐射值。

地面有效辐射受地面温度、大气温度、空气湿度和云等因素影响。

地面温度高时,地面辐射增强,有效辐射增大;大气温度高时,大气逆辐射加强,地面有效辐射减小。大气湿度增大时,大气逆辐射加强,地面有效辐射减小,反之亦然。云量多、云层厚,大气逆辐射增强,有效辐射减小。浓厚的低云,甚至可使地面有效辐射为零。大气中水汽含量减少,大气逆辐射变小,有效辐射增大。

土壤表面的性质对有效辐射也有较大影响,平滑的土表比粗糙表面的有效辐射小,这是由于粗糙表面的辐射面积较大所致。潮湿土壤的表面比干燥土表有效辐射大,因为潮湿土表的相对辐射率比干燥土表的大。

夜间有效辐射的大小,可决定地温的高低和地温降低的快慢。有效辐射强,地面温度降低得剧烈,容易出现露、霜或形成雾,在早春和晚秋能导致霜冻危害作物。

晴天,有效辐射有明显的日变化,其最大值在午后出现,最小值在日出前后。云往往能破坏其变化规律。年变化以夏季最大,冬季最小。

二、地面净辐射

地面由于吸收太阳总辐射和大气逆辐射而获得能量,同时又以其本身的温度不断向外发射辐射而丢失能量。单位时间、单位面积地面吸收的太阳总辐射和大气逆

辐射与本身发射辐射之差称为地面净辐射 R_n(Net radiation),用地面辐射平衡公式表示:

$$R_n = (R_{sb} + R_{sd})(1 - \alpha) + R_{Ld} - R_{Lu}(W/m^2) \quad (2.21)$$

式中:R_{sb}和 R_{sd}分别代表太阳直接辐射和散射辐射;α 代表对太阳辐射的反射率;R_{Ld}和 R_{Lu}分别代表大气和地面长波辐射。

当地面吸收的太阳辐射和大气逆辐射大于地面发出的辐射时,地面净辐射 $R_n>0$,地面将有热量积累;当地面因向外发射辐射而有热量亏损时,$R_n<0$。

地面净辐射有明显的日变化和年变化。其日变化具有与温度日变化相似的特征;一般白天地面吸收的太阳辐射大于支出的辐射,所以 R_n 为正值,白天太阳辐射起了主导作用,正午时 R_n 达最大值。夜间,地面得不到太阳辐射,地面发出的辐射大于大气返回的辐射,所以 R_n 为负值,一般在凌晨达到最小。R_n 由负值转为正值的时间大约是在日出后 1 小时左右;而由正值转为负值的时间大约在日落前 1 小时左右。无论白天还是夜间,有云时地面净辐射的绝对值将减小。这是因为白天云能减少太阳总辐射;夜间,云能增加大气逆辐射,因而补偿了部分地面辐射损失的能量。总之,有云时会使地面净辐射的日变化振幅大大减小。

地面净辐射的年变化也与气温的年变化相似,夏季为正值,冬季为负值。但由于水汽和云的影响使地面净辐射的最大值不一定出现在盛夏。我国秦岭、淮河以南地区的地面净辐射秋季最大,春季最小;华北、东北等地区地面净辐射则是春季最大,夏季最小,这是由于水汽和云况的影响。

全球各纬度绝大部分地区地面净辐射的年平均值都是正值,只有在高纬度和某些高山终年积雪的地区才是负值。就整个地球表面平均来说是收入大于支出的。也就是说地球表面通过辐射的方式获得能量,但地面并不因此而逐年增暖,这是因为有一部分能量通过湍流热交换(感热方式)传递给大气;有一部分能量通过分子传导方式传递给土壤;还有一部分能量通过地面、水面、植被等下垫面的水分蒸发、蒸腾作用,以潜热方式传递给大气。因此,地面净辐射不仅决定了地面温度的分布,还影响到地表以下土壤温度的变化,以及近地面大气温度和湿度的变化。这种关系可以用地面能量平衡公式表示:

$$R_n = H + LE + G(W/m^2) \quad (2.22)$$

(2.22)式中 H(Sensible heat)是通过湍流热交换传递给大气的能量,称为感热通量密度,其表达式是:

$$H = C_V(\Delta t / r_H)(W/m^2) \quad (2.23)$$

式中:C_V 是空气质量定容热容,一般取 1300 J/(m^3 · ℃);Δt 是下垫面温度与空气温度之差($t_s - t_a$),t_s 是下垫面温度(地面、植被表面、叶面、水面等),t_a 是空气温度(℃);r_H(Resistance for heat transfer)是热量输送阻抗(s/m)。

(2.22)式中 LE 是通过地面、水面、植被等下垫面的水分蒸发或蒸腾作用，以潜热方式传递给大气的能量，称为潜热通量密度。裸地、水面、冰面、稀疏植被地、茂密植被表层的潜热通量密度表达式各不相同，与农业最相关的茂密植被或叶片表面的潜热通量密度表达式是：

$$LE = \frac{LM_W}{RT} \cdot \frac{(e_s - e_a)}{r_t} (\mathrm{W/m^2}) \tag{2.24}$$

式中：L(Latent heat)是蒸发(蒸腾)潜热，即蒸发(蒸腾)单位重量的水分所需的能量。它是温度的函数，在农作物生长季节(20℃左右)$L=2450$ J/g；E(Evaporation)是水分蒸发(蒸腾)率(g/(m^2·s))；M_W 是水的摩尔质量(18 g/mol)；R 是普适气体常数[8.31 J/(mol·K)]，T 是空气绝对温度(K)；(e_s-e_a)是下垫面与空气的水汽压差(Pa)，r_t(Total resistance for water vapor transfer)是水汽输送总阻抗(s/m)。

(2.22)式中 G(Ground)是通过分子传导方式传递给土壤的能量，称为土壤热通量密度，其表达式是：

$$G = -\lambda \cdot \Delta t / \Delta Z \quad (\mathrm{W/m^2}) \tag{2.25}$$

式中：λ 是土壤热导率(J/(m·s·℃))，Δt 和 ΔZ 分别代表地表或其以下两个不同深度土壤的温度之差与深度之差。式中负号表示热流方向，白天从地表指向土壤深层，G 为正值；夜间从土壤深层指向地表，G 为负值。

三、地-气系统的辐射平衡

为了对地-气系统中短、长波辐射的吸收、反射、散射及地面净辐射的能量分配等各种大气过程在大气及地球的热量平衡中的作用有一个定量的了解，图2.10给出了全球地-气系统多年平均辐射及能量平衡模式。图中将进入大气上界的太阳辐射能的全球全年平均辐射通量密度342 W/m^{2}①作为100%，由图2.10可看出：

1. 对于短波辐射部分

大气吸收21%，反射6%；云吸收3%，反射20%，总的来说，大气和云共吸收24%，反射26%；地面吸收46%，反射4%。

2. 对于长波辐射部分

地面将发射114%(按342 W/m^2 为100%计算)的长波辐射(因整个地球都在向外发射辐射，所以超过342 W/m^2)，其中108%被大气吸收，6%从“大气天窗”飞向宇宙空间。

---

① 342 W/m^2 大约相当于太阳常数1367 W/m^2 的1/4，这是因为投射到地球表面的太阳辐射量等于投射到垂直太阳光线且与地球半径相同的圆面积的辐射量，球表面积是相同半径圆面积的4倍，因而图2.8中平均辐射强度是太阳常数的1/4。

大气将发射163%的长波辐射，其中99%返回地面，64%飞向宇宙空间。

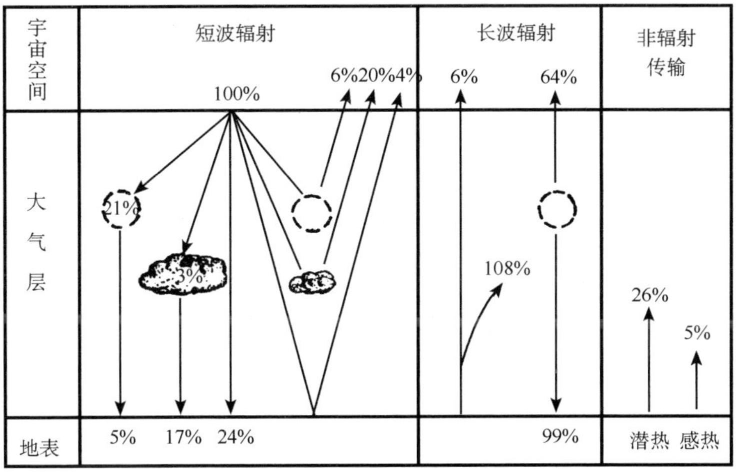

图2.10　全球的地-气系统多年平均的辐射及能量平衡模式
(潘守文等，1994)

3. 对于地面

地面从太阳短波辐射中获得46%的能量，从大气长波辐射中获得99%的能量，从本身发射的长波辐射中失去114%的能量。最终地面净得31%的辐射能量。

4. 对于大气

大气从太阳短波辐射中获得24%的能量，从地面长波辐射中获得108%的能量，从本身发射的长波辐射中失去163%的能量。最终大气失去31%的辐射能量。

5. 地-气热交换

地面获得31%的辐射能量，大气失去31%辐射能量，依此结果，根据地面和大气各自的热特性分析，地球将以每天25℃的速度增温，大气将以每天1℃的速度冷却。但实际地球表面并没有出现不断增温，大气也没有出现慢慢冷却的现象。这是因为地面获得的31%的净辐射，通过感热和潜热方式传给大气、通过分子传导传给土壤。其中通过感热传给大气和通过分子传导传给土壤的辐射能总量是5%，通过蒸发、蒸腾，以潜热方式传给大气的辐射能是26%。由此可见，水分蒸发(蒸腾)消耗了绝大部分地面净辐射能。

通过以上分析可知，地面的主要热量来源是太阳，大气的主要热量来源则是地面。关于全球辐射平衡，随着科技的不断发展，气象卫星观测资料的不断增多，将有条件更准确地估算大气中各种辐射及热量交换过程。

第四节　辐射与农业

一、光谱成分与农业生产

1. 光谱各成分对植物的作用

不同波段的辐射对植物生命活动起着不同的作用,它们在为植物提供热量、参与光化学反应及对植物生理变化的影响等方面,各起着重要作用。

(1)波长大于1.00 μm的辐射,被植物吸收转化为热量,影响植物体温和蒸腾作用,可促进干物质的积累,但不参加光合作用。

(2)波长在1.00～0.72 μm的辐射,只对植物细胞伸长起作用,其中0.78～0.80 μm的远红外光对光周期及种子形成有重要作用,并控制开花与果实的颜色。

(3)波长在0.72～0.61 μm的红光和橙光,可被植物体内的叶绿素强烈吸收,光合作用最强。并表现为强光周期作用。

(4)波长在0.61～0.51 μm的绿光,表现为低光合作用和弱成形作用。

(5)波长在0.51～0.40 μm的蓝紫光,可被叶绿素和黄色素较强烈地吸收,表现为次强的光合作用与成形作用。

(6)波长在0.40～0.32 μm的紫外线,它主要起成形和着色作用,如使植物变矮、颜色变深、叶片变厚等。

(7)波长在0.32～0.28 μm的紫外线对大多数植物有害。

(8)波长小于0.28 μm的远紫外线可立即杀死植物。

植被对绿光部分(0.51～0.61 μm)吸收较少,而对蓝光部分(0.40～0.51 μm)和红光部分(0.61～0.72 μm)吸收较多。这种特性在幼嫩的健康树叶上表现尤为突出,所以人们看到刚发芽的叶子是那么翠绿漂亮就是这个道理。植被对波长大于可见光的红外辐射(0.72～1.00 μm)几乎不吸收,但波长超过1.00 μm后,叶片的吸收率又有所增加,而这部分辐射主要是由叶子内部的水分吸收的。

2. 光合有效辐射PAR

太阳辐射中对植物光合作用有效的光谱成分称光合有效辐射(PAR, Photosynthetically Active Radiation),波长范围0.4～0.7 μm,与可见光基本重合。光合有效辐射占太阳直接辐射的比例随太阳高度角的增加而增加,最高可达45%。而在散射辐射中,光合有效辐射的比例可达60%～70%之多,所以多云天反而提高了PAR的比例。光合有效辐射平均约占太阳总辐射的50%。在光合有效辐射波长范围内,决定植物光化学反应的不是叶片吸收了多少辐射能量,而是吸收了多少辐射光量子个数。因此，在研究辐射与植物光合作用的关系时，实验所用观测仪器宜采用光量子辐射仪，其单位宜采用光量子通量密度较合理。

太阳辐射到达作物叶片后，一部分被反射，一部分被透射，剩下部分被吸收。作物群体内的光照分为两部分：一是穿过上部叶片间隙的直射光，呈“光斑”；另一种是透过叶片以后的透射光和部分散射光，呈“阴影”。两部分光照的强度和光谱成分均不同，对光合作用的效应也不同，起作用的主要靠光斑部分。因此，在研究作物群体光合作用时，建议把植被分成全光照区（光斑部分）、全阴区（阴影部分）和半阴区（介于前述两者之间）三部分来研究。

二、光照时间与植物生长

1. 光照时间

光照时间是指可照时数与曙暮光的总和，即，光照时间＝可照时数＋曙暮光时数。

在天文学上常把日出到日没太阳可能照射的时间长度称为可照时数，即昼长。日出前及日落后的一段时间内，虽然太阳直射光不能直接投射到地面上，但地面仍能得到高空大气的散射辐射，使昼夜的更替不是突然的，天文学上称为晨（曙）光和昏（暮）光，习惯上合称为曙暮光。一般民用曙暮光是指太阳在地平线以下 0°～6°的一段时间内。曙暮光持续时间长短因季节和纬度而异，全年以夏季最长，冬季最短，高纬地区长于低纬地区。例如，赤道上曙暮光持续时间变化于 24～46 min；纬度 30°地区冬夏曙暮光的变化为 52～56 min；纬度 50°地区冬夏曙暮光的变化为 76～90 min；纬度 60°地区夏季曙暮光长达 3.5 h，冬季也有 1.5 h。

2. 植物的感光性

昼夜交替及其延续时间长度不仅影响作物开花，也影响落叶、休眠和地下块茎等营养贮藏器官的形成。植物对光暗时间长短的这些反应，称为光周期现象。按植物对光周期的反应分为三类：短日照植物、长日照植物和中性植物。

短日照植物：只有在光照长度小于某一时数才能开花，如果延长光照时数，就不开花结实，例如水稻、大豆、玉米、高粱、棉花、甘薯等原产于热带、亚热带的植物属于此类。

长日照植物：只有在光照长度大于某一时数后才能开花，如果缩短光照时数就不开花结实，如小麦、大麦、燕麦、亚麻、油菜、甜菜、胡萝卜、菠菜等原产高纬度的植物属于此类。

中性植物：这类植物开花不受光照长度的影响，在长短不同的任何光照下都能正常开花结实。例如西红柿、水稻及大豆的某些特早熟品种等都属于此类。也有人试验证明许多棉花品种也属于中性植物。

一般认为，要求光照时间大于 12～14 h 才能开花的为长日照植物，小于这一界线的为短日照植物。但这个临界光照时数彼此有较大的重叠，如在 12～14 h 左右的光照下,不少长日照和短日照植物都能开花,不过当光照延长或缩短时,二者的发育有的加快,有的却延缓,它们的差别就显现出来了。

植物的感光性在同一类型的植物和品种间,有感光性强弱之分。感光性的强弱一般有两个标准,第一表现在植物的"临界光照长度"上,所谓临界光照长度,就是可以使植物通过光照阶段而开花结实的光照时间的临界值。对短日照植物是指其上限值,长日照植物是指其下限值。所以对短日照植物来说,所谓感光性强,是指其临界光照长度短,感光性弱则临界值较长;长日照植物正好相反。例如,短日照植物水稻,感光性较强的晚粳的临界光照长度在 13～14 h,感光性较弱的早粳为 13.5～18 h,感光性最弱的早籼与中籼为 24 h,即等于没有临界光照长度。第二个标准是发育速度随光照时数而变化的大小。感光性强则光照时数稍有变化就对发育速率有较大的影响;感光性弱则相反。

暗期间断处理实验表明:在植物的光周期诱导成花中,暗期的长度是诱导植物成花的决定因素,尤其是短日植物,要求超过一个临界值的连续黑暗。短日植物对暗期的光敏感,对中断暗期仅几分钟低强度的光即有效,这种光仅是一种光信号,不同于光合作用的光反应。

虽然植物开花,暗期起决定作用,但光期也是必不可少的。只有在适当的光暗交替条件下,植物才能正常开花。

3. 光照时间与作物引种

由于不同纬度与季节的光照时间不同,因此,原产于不同纬度地区的作物与品种具有不同的光周期反应和感光性,所以在不同地区之间的引种工作中,应注意作物与地区之间光照时间的供求对应关系。一般引种工作,从光照时间考虑,应注意以下几点:

(1)纬度相近地区之间,因光照时间相近,引种成功的可能性较大。但应注意,从相同纬度来说,同一日期,两地光照时数应相等,但通常东西两地温度并不相同,如我国东部濒海地区春温比内地低,较低的温度会使作物发育延迟,使后来两地作物的相同发育期出现于不同日期,由于日期前后相错,所遇到的日照时数自然有了差异。例如,如果两地某发育期出现时间前后错开 5 d,其所遇到的日照时数的差异,约相当于纬度相差 3°～4°的日照差异,这就必然使两地作物后来各发育期受到不同的光照时数的影响而出现不同的反应。

(2)对短日照作物来说,南种北引,由于北方生长季内日照时间长,将使作物生育期延长,严重的甚至不能抽穗与开花结实。为了使其能及时成熟,宜引用早熟品种或感光性较弱的品种;反之,北种南引,由于南方春夏生长季内日照时间较短,使作物加速发育,生育期缩短。如果生育期缩得太短,过多地影响了营养体的生长,将减低作物产量。因此北种南引时,宜选用迟熟或感光性弱的品种。

(3)对长日照作物来说,北种南引,由于日照时间短,将延迟发育与成熟,南种北引则反之。从实际情况看,长日照作物的引种比短日照作物遇到的困难少。因为如果不考虑地势影响,中国南方温度一般比北方高,长日照植物由北南引,温度高使之加快发育,光照短使之延迟发育,所以光温对发育速度的影响有"互相抵偿"的作用,南种北引类似。反之,短日照作物之南北引种,光温对发育速度的影响有"互相叠加"的作用,因而增加了南北引种的困难。

三、光照强度与作物生产

1. 光饱和点和光补偿点

在一定的光照强度范围内,光合作用随光照强度的增加而增加,但超过一定的光照强度以后,光合作用便保持一定的水平而不再增加了,这种现象称为光饱和现象,这个光照强度临界点称为光饱和点,在光饱和点以上的光照强度对光合作用不再起作用。在光饱和点以下,当光照强度降低时,光合作用也随之降低,当植物通过光合作用制造的有机物质与呼吸作用消耗的物质相平衡时的光照强度称为光补偿点(图 2.11)。低于光补偿点时,植物的消耗将大于积累。

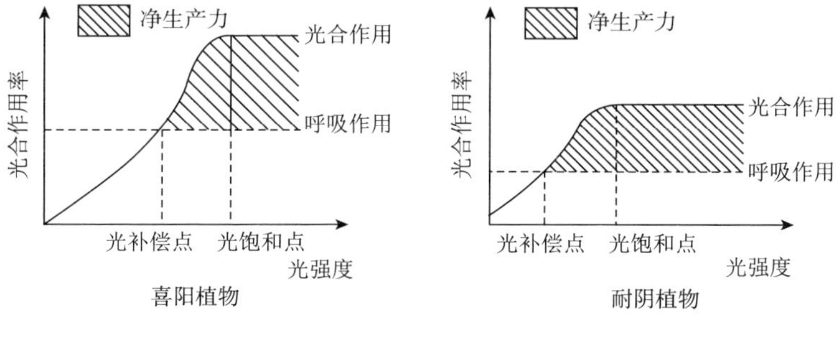

图 2.11 植物的光补偿点和光饱和点位置示意

作物群体的光饱和点与补偿点都比单叶指标高,这是因为当光照强时,在作物群体上层的叶片(单叶)虽已饱和,但下层叶片的光合作用仍随光强的增加而增加。另外,在同一自然光照下,上层叶中不同叶片因方位与角度不同,并非一律达到了光饱和点。对于群体的光补偿点来说,它应该是上层叶片光合作用的产物与下层叶片的呼吸消耗相抵消时的光照强度,其数值自然会比单叶的指标值高。在衡量光照强度对作物整体的影响时宜采用群体指标。

作物群体的光饱和点与补偿点并不是一个常数,它随叶面积指数、CO_2 含量、温度、土壤有效水分等许多因子而变化。根据植物对光照强度的反应,可分为喜阳植物和耐阴植物。最喜阳植物的光合作用水平随光照强度可一直增加到等于全部太阳光照时(即不存在光饱和现象)。而耐荫植物在光照强度仅及晴天时的 1/10 时,光合作用就不再增加了。

栽培农作物多属喜阳植物,如水稻、小麦、花生、玉米、棉花等,林果中如甘蔗、香蕉、荔枝、椰子、腰果、芒果、桦树、落叶松、桉树等。由于喜阳植物的光饱和点较高,所以植物对太阳能的利用率也较高,生产潜力较大。另外,强光有利于作物果实和籽粒的生长,产品蛋白质、含糖量等也都较高。耐荫植物虽然也要求较充分的阳光,但可忍耐不同程度的荫蔽,对光照条件有较大适应性的植物如茶叶、烟草、人参、柑橘、龙眼、菠萝、咖啡、胡椒、生姜、田七、橡胶树、竹柏、杉木等。相对较弱的光照条件有利于植物营养器官的生长,一般植物生长较细长、嫩弱,蛋白质含量较少,水分含量较高。这对于以植物营养部分为收获对象的作物是很有利的。

2. 光强与光能利用率

不同植物对光照强度的要求不同,光照过强或不足都会引起植物生长不良,产量降低,出现过热、灼伤、黄化、倒伏等,甚至导致死亡。因此,正确地调节光照强度以提高对太阳能的利用率,是作物栽培的重要课题之一。

植物在进行光合作用的同时进行着光呼吸作用,这种“光呼吸”与一般呼吸作用不同,只有在光合作用下才发生,而这种光呼吸作用是不产生能量的,它消耗了光合作用生产的一部分有机物质(有时可高达 1/3 以上)。水稻、小麦、棉花、油菜等 C_3 植物的光呼吸作用很强,因而光合效率大大降低了。玉米、高粱、甘蔗等 C_4 植物的光呼吸作用却很弱,甚至没有光呼吸,因此在光、温、水、CO_2、矿物质营养适宜的条件下,将有利于创造高产。

多数植物的光饱和点在 500～1000 μmol/(m^2 · s),但不同植物的光饱和点有很大差异,一般阳性植物高于阴性植物,C_4 植物高于 C_3 植物。在一般阳光下,C_4 植物没有明显的光饱和现象,而 C_3 植物仅为全光照的 1/4～1/2。在光强超过光饱和点的晴天中午,C_3 植物都呈现光抑制,出现“光合午休”现象。这种午休现象可使光合生产损失 30%。要想提高作物产量,从光量方面可考虑如何降低作物的光补偿点,而提高光饱和点,以最大限度地利用日光能。

光能利用率一般是指单位土地面积上,农作物通过光合作用所产生的有机物中所含的能量与这块土地所接收到的太阳能之比。理论计算值一般可达 6.0%～8.0%,而实际生产中仅为 0.3%～1.0%,一般农田光能利用率平均只有 0.4%。有些实验田光能利用率很高,北京郊区亩产 1000 kg 的实验地块,光能利用率达到 4.0%,长江流域亩产 1500 kg 的试验田,光能利用率为 5.0%。

这里需要指出的是,光能利用率与光合作用效率具有不同的概念。光合作用效率是指绿色植物通过光合作用制造的有机物中所含有的能量与光合作用所吸收的光能的比值。因此,提高光合作用效率能够提高光能利用率,提高光能利用率不一定能提高光合作用效率。

3. 提高作物光能利用率的途径

限制光能利用率的自然因素主要有：作物生长初期覆盖率小、作物群体内光分布不合理、光合作用效率低、中高纬度地区农业受冬季低温的限制、不良的水分供应与大气条件使气孔关闭而影响 CO_2 的有效性与植物的其他功能、光合作用受空气中 CO_2 含量的限制、作物营养物质的缺乏和自然灾害（气象与病虫等）的影响等。如果能设法解决上述矛盾，就可以大大提高光能利用率，从而大大提高作物产量。提高作物光能利用率的途径很多，总的说，就是要使作物既有适当的叶面积指数、有尽可能长的光合时间，又使单位叶面积有高的光合生产率。这可从改革种植制度与方法、改进栽培管理措施、选育优良品种和充分利用地区的光能资源等方面来考虑。

第三章 温 度

地球表面对太阳辐射的吸收不仅使其自身温度升高,同时也是对流层空气的主要热量来源。然而,因地球表面的性质差异,对大气温度产生了不同的影响。地球表面温度的变化,也很大程度上影响着对流层空气温度的变化。

第一节 土壤温度

一、土壤热交换方式

土壤温度的变化取决于与外界热量交换的状况。土壤表面的温度变化主要是由于土壤表面热量收支不平衡引起的。土壤表面热量交换方式包括辐射、分子传导、潜热交换、对流和湍流交换等多种,而土壤中热量交换则主要是分子传导。受太阳辐射影响,白天和夜晚土壤表面的热量收支差别较大。地面热量收支情况可参考本书第二章公式(2.22)。

白天地面净辐射 R_n 为正值,土壤表面吸收的辐射能转化为热能,使土壤表面温度高于贴地气层和下层土壤,于是热量从温度高的土壤表面向外传递,一部分以乱流热交换方式进入空气,热通量为 H(又称感热通量或显热通量);一部分以分子传导方式进入下层土壤,热通量 G;还有一部分热量用于土壤蒸发(称为潜热通量),热通量为 LE。

夜间地面净辐射 R_n 为负值,土壤表面因地面有效辐射丢失热量而不断降温,使土壤表面温度低于贴地气层和下层土壤,于是空气及下层土壤以热通量 H 及 G 的方式向土壤表面输送热量,同时,与地面接触的空气湿度达到饱和状态时,又会释放凝结潜热 LE 给地面,如图 3.1 所示。

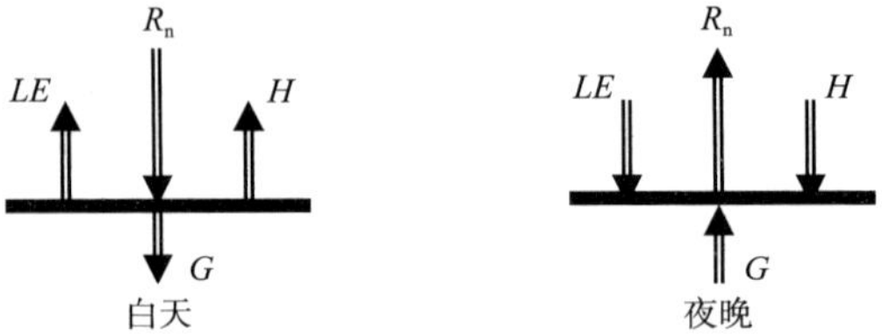

图 3.1 地表面热量收支示意图

白天土壤通过分子传导的方式把能量从地表往下传送到地中，晚上则把热量从地中往上传导到地表。由此可见，地表白天是热源，晚上则是热汇。

公式(2.22)是把土壤表面看成为一个几何平面，但实际上土壤表面是有一定厚度的薄层土壤。故可将上式中 G 项分解为表层土壤的热量收支 Q_s 和下层土壤的热量收支 G'，见图 3.2。则公式(2.22)可写为：

$$Q_s = R_n - (H + G' + LE) \tag{3.1}$$

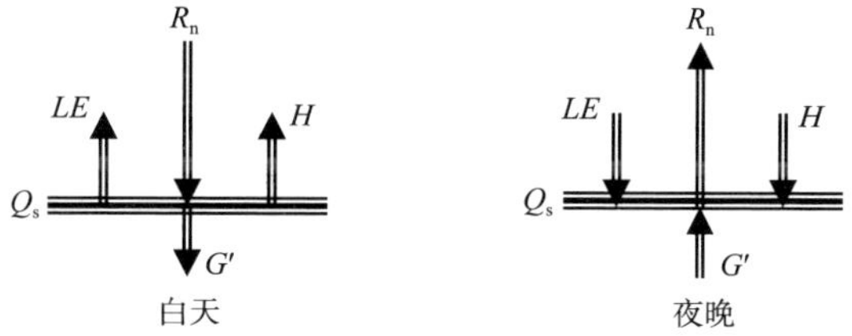

图 3.2 分解后的地表面热量收支示意图

式(3.1)表明了地表面热量收支情况，当 $Q_s>0$ 时，表明表层土壤得热大于失热，地面温度升高；$Q_s<0$ 时，表层土壤得热小于失热，地面温度降低；$Q_s=0$ 时，表层土壤热量收支相等，地面温度保持不变。地面热量平衡方程式中，各项的大小在不同时间和不同性质的下垫面上表现出较大的差异，从而引起土壤温度发生变化。例如，白天，当土壤比较干燥时，地面净辐射 R_n 用于空气增热的热量 H 较多，而用于土壤蒸发消耗的热量 LE 和传给下层土壤的热量 G' 较少，所以，土壤表层热量收入 Q_s 较多，地面增温较快；当土壤比较潮湿时，地面净辐射中用于土壤蒸发消耗的热量 LE 较多，同时传给下层土壤中热量 G' 也较多，因此，土壤表层热量收入 Q_s 较少，地面温度较低。

二、土壤热特性

当获得或失去相同的热量时，对于不同性质的土壤，比如干燥土壤和潮湿土壤，它们升温和降温的幅度是不相同的，主要原因是土壤的热特性的差异。土壤的热特性包括土壤热容、热导率和热扩散率。

1. 热容(Heat capacity)

热容(C)：物体温度升高或降低 1℃ 所需吸收或放出的热量，单位为 J/℃。分质量热容和质量定容热容两种。

质量热容(C_m)：单位质量的物质温度变化 1℃ 所需吸收或放出的热量，单位为 J/(kg · ℃)。

质量定容热容(C_V)：单位体积的物质温度变化 1℃ 所需吸收或放出的热量，单位为 J/(m³ · ℃)。

质量热容和质量定容热容的关系为:

$$\rho C_m = C_V \tag{3.2}$$

式中:ρ 为土壤密度。

从定义可以看出:热容越大的物体,得到热量升温和失去热量降温的速度越慢,温度变化越和缓;热容越小的物体得到热量升温和失去热量降温速度越快,温度变化越剧烈。

在研究土壤温度变化时,多采用质量定容热容。土壤质量定容热容可用下式表示:

$$C_V = \frac{\Delta Q}{\Delta T} \tag{3.3}$$

式中:ΔQ 为单位体积的土壤在单位时间内获得或失去的热量;ΔT 为单位时间内土壤温度的改变量;C_V 为土壤质量定容热容。

土壤热容的大小,与土壤的组成成分有关。表 3.1 给出了土壤不同组成成分的热容,土壤固体成分的热容差别不大,空气的热容最小,水的热容最大,为空气的3000多倍。因此,影响土壤热容的主要因素是土壤中水和空气所占比例。在土壤孔隙度不变的情况下,土壤湿度增大时,土壤中空气含量减少,热容增大;土壤湿度减小时,土壤中空气含量增多,热容减小。另外,在土壤含水量不变的情况下,热容还随土壤孔隙度的增大而减小。例如耕翻后的土壤,土壤孔隙度增加,如果土壤水含量没有增加,则热容变小,得热后升温迅速。

表 3.1 自然界物质的热特性值

物质		密度 ρ ($\times 10^3$ kg/m³)	质量热容 C_m [$\times 10^3$ J/(kg·℃)]	质量定容热容 C_V [$\times 10^6$ J/(m³·℃)]	热导率 λ [W/(m·℃)]	热扩散系数 K ($\times 10^{-6}$ m²/s)
沙壤土	40%孔隙度	1.60	0.80	1.28	0.30	0.24
	饱和	2.00	1.48	2.96	2.20	0.74
黏土	40%孔隙度	1.60	0.89	1.42	0.25	0.18
	饱和	2.20	1.55	3.10	1.58	0.51
泥炭土	80%孔隙度	0.32	1.92	0.58	0.06	0.10
	饱和	1.10	3.65	4.02	0.50	0.12
空气	10℃静止	0.0012	1.01	0.0012	0.025	20.50
	湍流	0.0012	1.01	0.0012	125	10×10^6
水	4℃静止	1.00	4.18	4.18	0.57	0.14

2. 热导率(Thermal conductivity)

热导率也称导热率(λ),指当物体的温度垂直梯度为 1 ℃/m,单位时间通过单位水平截面积的热量，单位为 W/(m · ℃)或 J/(m · s · ℃)。

因土壤具有导热性能，其传递热量的能力可用土壤热导率来表示。土壤热导率越大，说明土壤传递热量的能力越强，传递热量的速度越快，在同一时间内传递的热量就越多。当温度垂直梯度相同时，热导率大的土壤，热量容易传入深层或从深层得到热量，因而表层土壤温度变化小。如潮湿土壤和干燥土壤相比，潮湿土壤表层昼夜温差小。若土壤的热导率小，则情况相反。

土壤热导率的大小取决于土壤组成成分及其所占比例。由表 3.1 可知，土壤中固体成分的热导率最大，空气最小，水的热导率居中。通常情况下，土壤固体成分很少变化，所以在一定的土壤条件下，土壤中空气含量和水分含量是影响热导率最主要的因子。土壤热导率随土壤孔隙度的增加而减小，随土壤湿度的增加而增加；此外，土壤中有机质含量也影响热导率，一般有机质含量增多，热导率变小，原因是有机质含量增多使土壤孔隙度增大。

3. 热扩散系数(Thermal diffusivity)

热扩散系数 K 表征在一定热量得失情况下物体温度趋于均匀一致的能力，也称导温率。其大小与物体的热导率 λ 成正比，与物体的质量定容热容 C_V 成反比，单位是 m^2/s。可用下式表示：

$$K = \frac{\lambda}{C_V} \tag{3.4}$$

物体的热扩散系数越大，表明热量由物体表面向深层或者由深层向物体表面的扩散的能力越强，温度变化所及深度越深，各深度的温度差消除越快；物体的热扩散系数越小，则反之。

对于热扩散系数大的土壤(如湿润的黏土)，白天当有太阳辐射能的收入时，它可以很快地将表层得到的热量传递到土壤深层，这样土壤表层温度就不会过高；夜间当土壤表面由于地面有效辐射失去热量时，它又可以把土壤深层的热量很快传递到土壤表层来，使土壤表层的夜间温度不致太低。因此，这种土壤的地面温度不易出现极端值。相反，如果土壤热扩散系数很小(如干燥的泥炭土)，白天它不易将地表的热量迅速传递到土壤深层，使白天地表温度过高，夜间它又不易将土壤深层的热量传递到土壤表面，致使夜间地表面温度过低。所以这种土壤很容易出现极端温度，使生长在它上面的作物极易受到冻害或热害的威胁，但在适宜的温度范围内则有利于干物质的积累。

三、土壤温度的日变化和年变化

由于地球的自转和公转，使到达地面的太阳辐射出现周期性的日变化和年变化，因而土壤温度也相应地表现出周期性的日变化和年变化。温度的这种周期性变化，可以用较差和位相来描述。较差是指一定周期内,最高温度与最低温度的差值。位相则是指最高温度和最低温度出现的时间。

1. 土壤温度的日变化

土壤温度在一昼夜间随时间的连续变化,称为土壤温度的日变化。观测表明,一天中土壤表面的最高温度一般出现在13时左右,落后于太阳辐射最大值出现的正午。因为正午以后,虽然太阳辐射逐渐减弱,但土壤表面吸收的太阳辐射能仍大于其由长波辐射、分子传导、蒸发等方式所支出的热量,即土壤表面的热量收支差额仍为正值,所以温度仍继续上升,直到13时左右,热量收支达到平衡,土壤表面热量累积达到最大,出现最高温度。此后,土壤表面得热少于失热,温度逐渐下降,至次日将近日出时,热量收支再次达到平衡,热量累积值最小,出现一天中的最低温度。

一天中土壤温度最高值与最低值之差为土壤温度日较差,指的是一天中温度的变幅,也可称为日变幅。地表作为土体的热源和热汇,是土壤中温度变化最大的一层。从图3.3a可以看出,随着土壤深度增加,温度变幅逐渐减小,土深0.8 m处温度的日变幅几乎为0。

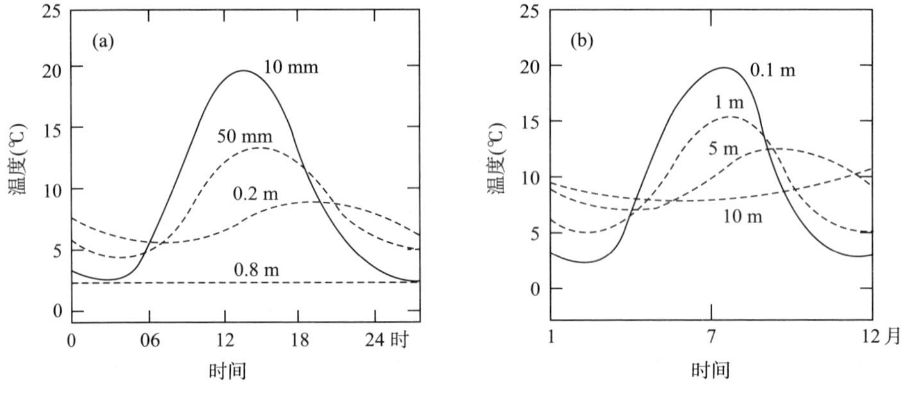

图3.3　不同深度的土壤温度日变化(a)和年变化(b)曲线(Oke,1987)

影响土壤表面温度的日较差的主要因子有:

(1)太阳高度角　是影响土壤表面温度的最主要最基本的因子。凡正午时刻太阳高度角大的季节和地区,因太阳辐射的日变化大,土壤表面温度日较差就大。一般正午太阳高度角随纬度的增高而减小,所以土壤表面温度日较差也随纬度的增高而减小。由于中纬度地区,正午太阳高度随季节的变化较大,因此,该地区土壤表面温度日较差随季节的变化也较大。

(2)土壤热特性　热导率大的土壤,当表面获得热量时,有较多的热量传向深层;

表层冷却时，又会有较多的热量自深层传至土表，因而使土表日较差小；热导率小的土壤则表层温度日较差大。热容大的土壤，温度日较差小；相反，热容小的土壤温度日较差大。

(3)土壤颜色　深色土壤表面比浅色土壤表面的温度日较差大。这是由于深色土壤表面吸收率大于浅色土壤表面而引起的。

(4)地形　地形主要影响乱流热交换。与平地相比，凸起地由于通风良好，乱流交换旺盛，白天温度不易升高，夜间温度不易降低，因而土壤温度日较差比平地小，凹地则相反，其乱流交换弱，白天热量不易散失，夜间除辐射冷却外，冷空气沿坡下滑汇集到凹地，更加剧了地面的冷却，故凹地土壤表面温度日较差大于平地。

(5)天气　晴天时土壤表面温度日较差比阴天时大。因为云层的存在，白天起到削弱太阳辐射的作用，使地面增温减少；夜间使大气逆辐射增强，减少了地面有效辐射，故阴天的土壤表面温度日较差小。

总之，土壤温度日较差的大小是由上述各种因子综合影响的结果。

2. 土壤温度的年变化

土壤表面温度的年变化，主要取决于太阳辐射的年变化。在北半球中、高纬度地区，土壤表面月平均最高温度，一般出现在 7 月；月平均最低温度出现在 1 月。它们分别落后于太阳辐射最强的夏至和最弱的冬至月份。一年中，土壤最热月平均温度和最冷月的平均温度之差，称为土壤温度年较差，即土壤温度的年变幅。从图 3.3b 可以看出，土壤温度年变幅随着深度增加而降低，一年中不同土层中最高温度出现的时间随着深度的增加而滞后。这是因为热量从地表向下输送过程中，每层土壤都要吸收一部分热量，所以越往下获得的热量就越少，增温幅度就越小。同时，热量传导需要一定时间，所以下层土壤温度位相比上层要滞后一些。

此外，土壤温度年较差随纬度增高而增大，例如，广州(23°08′N)年较差为 15.9℃，北京(39°57′N)为 34.7℃，齐齐哈尔(47°20′N)为 47.8℃。这是由于太阳辐射的年变化随纬度增高而增大的缘故。土壤的自然覆盖(植被和雪的覆盖)对土壤温度年较差也有很大影响。裸露土壤的温度年较差比夏季和冬季处于自然覆盖下的土壤温度年较差大。

其他如土壤热特性、地形、天气条件等因子对年较差的影响与日较差大体相同。

四、土壤温波方程

从图 3.3 可以看出，对某一层热特征相同的土壤，其温度的时空变化曲线类似正弦波。这是因为受太阳高度角的影响，到达地表的太阳辐射通量密度具有随时间而呈现类似正弦波的变化规律，土壤热通量的上下传输也出现相应的波动。因此，土壤温度随着时间和空间的变化规律可用具有正弦函数位相滞后和温度变幅衰减的方程来模拟,这种描述土壤温度时空变化的方程称为土壤的温波方程,用数学公式表述为:

$$T(Z,t) = \overline{T}_0 + A_{(0)} e^{-\frac{Z}{D}} \sin\omega\left(t - \frac{Z}{D \cdot \omega}\right) \tag{3.5}$$

式中:$T(Z,t)$表示 Z 深度 t 时刻的土壤温度;$\overline{T}_0$ 为地面平均温度;$A_{(0)}$ 为地面温波振幅(即最高温度为$\overline{T}_0+A_{(0)}$,最低温度为$\overline{T}_0-A_{(0)}$);ω 为时角,$\omega=2\pi/\tau$,τ 为周期(如:土温日变化的周期为 24 h,土温年变化的周期为 365 d);Z 为观测深度;t 为观测时间;D 为土温衰减深度,是一个重要参数,可用式(3.6)表示。

$$D = \sqrt{\frac{2K}{\omega}} = \sqrt{\frac{K\tau}{\pi}} \tag{3.6}$$

式中:K 为热扩散率。

在温波方程(3.5)中,如果假设 $Z=0$,则可以得到地表面的温波方程,可用式(3.7)表示。

$$T(0,t) = \overline{T} + A_{(0)} \sin\omega t \tag{3.7}$$

由上述温波方程可得出土壤温度变化所遵循的一般规律:

(1)振幅衰减规律:若土壤深度按算术级数增加,则土壤温度振幅按几何级数减小。由式(3.5)可知,任意深度 Z 的振幅 $A_{(Z)}$ 为:

$$A_{(Z)} = A_{(0)} e^{-Z/D} \tag{3.8}$$

当 $Z=D$ 时,$A_{(Z)}=A_{(0)}e^{-1}=0.37A_{(0)}$,即土壤深度为 D 时,土壤温度振幅减少到地面的 37%;当 $Z=2D$ 时,$A_{(Z)}=A_{(0)}e^{-2}=0.14A_{(0)}$,即土壤深度为 $2D$ 时,土壤温度振幅减少到地面的 14%;当 $Z=3D$ 时,$A_{(Z)}=A_{(0)}e^{-3}=0.05A_{(0)}$,即土壤深度为 $3D$ 时,土壤温度振幅减少到地面的 5%。

由以上可知,随着土壤深度的增加,土壤温度振幅按几何级数减少,当土壤深度增加到一定数值,$Z=3D$ 时,其振幅已经减少到地面温度振幅的 5%,可以认为温度振幅基本消失,因此,人们常把土壤深度 $3D$ 处称为恒温层。如果我们知道某地的土温衰减深度,就很容易估算出某地恒温层的大致深度。

一般而言,日恒温层的深度大约在 0.3～1 m 左右,年恒温层的深度大约在 5～25 m。研究恒温层有很重要的意义,例如许多农作物地下害虫的发生发展、繁殖孵化和越冬以及农产品窖藏保鲜、地下管线的埋置等都要考虑恒温层的影响。

(2)位相滞后规律:土壤最高温度和最低温度出现的时间,随土壤深度的增加而落后。由式(3.5)可知,与地表相比,任意深度 Z 处落后的位相(用时间表示)为:

$$\Delta\Phi = Z/(\omega \cdot D) \tag{3.9}$$

若已知某地土温衰减深度 D,则由式(3.9)可求出任一深度 Z 处落后的位相。

通常认为，土壤深度每增加 10 cm，日最高温度和最低温度出现的时间约落后 2.0～3.5 h。土壤深度每增加 1 m，年最高和最低温度约落后 20～30 d。

【例 1】某块小麦地为饱和沙壤土，求此块地的日和年恒温层。

$$解:D_{日}=\sqrt{\frac{2K}{\omega}}=\sqrt{\frac{2K\tau_{日}}{2\pi}}=\sqrt{\frac{2\times0.74\times10^{-6}\times24\times3600}{2\times3.14}}=0.14(\mathrm{m})$$

日恒温层 $Z_{日}=3D_{日}=0.14\times3=0.42(\mathrm{m})$，年恒温层 $Z_{年}=19.1\times Z_{日}=19.1\times0.42=8.02(\mathrm{m})$。

答：该小麦地日恒温层在 0.42 m 以下，年恒温层在 8.02 m 以下。

在现实情况下，土壤剖面往往是由多层不同性质的土壤组成。每层土壤具有不同的热特性，因此计算土壤恒温层时，要分步计算。

【例 2】某农田为含 40%空隙度的沙壤土，其地表最高温度出现在 12 时 30 分，问离地表 10 cm 深处日最高温度将何时出现？

$$解:D_{日}=\sqrt{\frac{2K}{\omega}}=\sqrt{\frac{2\times0.24\times10^{-6}\times24\times3600}{2\times3.14}}=0.08(\mathrm{m})$$

$$\frac{\frac{Z}{D_{日}}}{\omega}=\frac{ZT}{2\pi D_{日}}=\frac{0.1\times24}{0.08\times2\times3.14}=4.78(\mathrm{h})$$

10 cm 深处温度位相比地表 12 时 30 分滞后 4.78 h，则有 12.5+4.78=17.28，即该处最高温度出现时间大约在 17 时 17 分。

答：该农田 10 cm 深度处日最高温度出现的时间大约在 17 时 17 分。

五、土壤温度的垂直分布

由于不同深度的土层之间昼夜不停地进行热量交换，使得土壤温度的垂直分布具有一定的特点。土壤温度的垂直分布可分为日射型、辐射型和过渡型等三种类型。

1. 日射型

白天土壤表面得到太阳辐射加热，热量由地表往下层传递。地表是热源，各层土壤在吸收上层传递来的热量增温后，再通过分子传导方式把热量往更下层输送。因此，土壤温度随着深度增加而降低，如图 3.4 中 13 时的情况。一年中，夏季土壤温度垂直变化也呈现出随深度增加而降低的情况，亦称之为日射型，如图 3.5 中 7 月的温度变化曲线。

2. 辐射型

土壤温度随深度增加而增加的类型。一般出现在夜间和冬季，是由土壤表面首先冷却造成的，热量由下层向地表传递。可用一日中 01 时和一年中的 1 月份的土壤温度垂直分布来代表(图 3.4 中 01 时和图 3.5 中 1 月)。

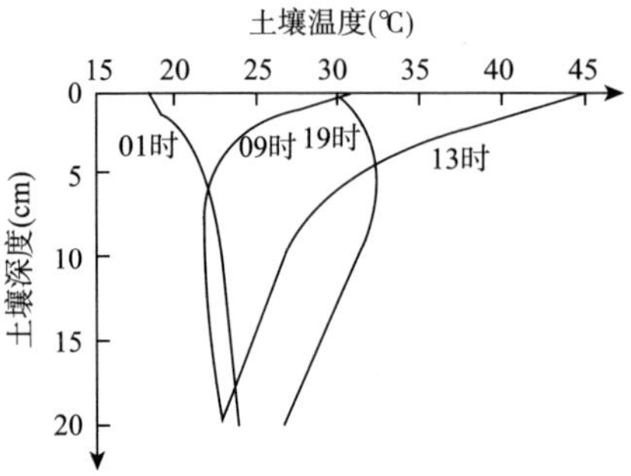

图 3.4 一天中土壤温度的垂直分布

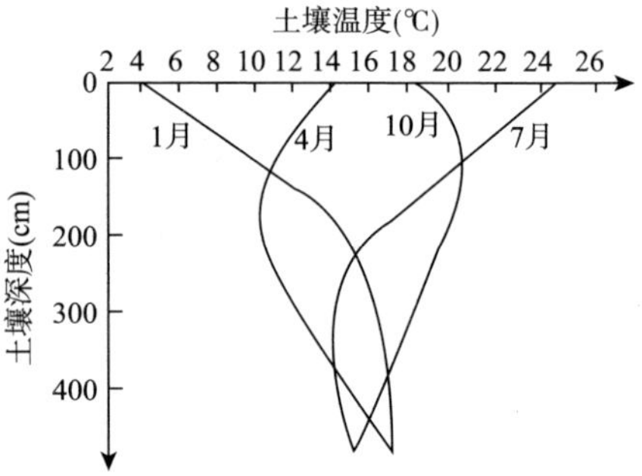

图 3.5 一年中土壤温度的垂直分布

3. 过渡型

在昼夜转换和季节交替时,土壤上下层的温度垂直变化分别呈现日射型和辐射型的特征,上午(或春季)出现从辐射型向日射型过渡,而下午(或秋季)呈现日射型向辐射型过渡的类型。如图 3.4 中 09 时和 19 时、图 3.5 中 4 月和 10 月。

到达地面的太阳辐射的周期性变化是产生土壤温度周期性变化的主要原因。

第二节 大气温度

大气温度简称气温,气温是表示空气冷热程度的物理量,大气温度状况是决定天气变化的重要因子之一,因此,气温既是天气预报的重要项目,也是天气预报的重要依据。

一、大气的热量输送

气温的高低变化,实质上是空气内能大小的变化,当空气获得热量时,内能增加,温度升高,当空气失去热量时,内能减少,温度降低。引起空气内能发生变化的原因有两种:一种是由于空气与外界有热量交换引起的,称为非绝热变化;另一种是空气与外界没有热量交换,而是由外界压强的变化对空气做功,使空气膨胀或压缩引起的,称为绝热变化。

1. 空气温度的非绝热变化

空气与外界的热量交换是通过下列方式进行的,包括:传导、辐射、对流、湍流、平流、蒸发和凝结(包括升华和凝华)。

(1)分子传导(Conduction) 分子传导是依靠分子的热运动将能量从一个分子传递给另一个分子,而达到热量平衡的传热方式。自然界物质间只要有温度差异存在,就会以传导方式进行热量交换。由于地面和大气都是热的不良导体,所以通过这种方式交换的热量很少,其作用仅在贴地气层中较为明显。

(2)辐射(Radiation) 是物体之间根据各自温度的高低通过辐射方式交换热量的传热方式。大气主要依靠吸收地面的长波辐射而增热,同时,地面也吸收大气逆辐射,这样它们之间就通过长波辐射的方式不停地交换热量。空气团之间,也可以通过长波辐射而交换热量。

(3)对流(Convection) 当暖而轻的空气上升时,周围冷而重的空气便下来补充,这种升降运动,称为对流。通过空气的对流运动,空气上下层互相混合,热量也就随之得到交换,使低层空气的热量传递到较高的层次。这是对流层中热量交换的重要方式。

(4)湍流(Turbulence) 空气的不规则运动称为湍流,也叫乱流。湍流是在空气层相互之间发生摩擦或空气沿粗糙不平的下垫面运动时产生的。当有湍流时,相邻空气之间在各个方向发生混合,热量也随着发生了交换。湍流是摩擦层中热量交换的重要方式。

(5)平流(Advection) 大规模空气的水平运动称为平流。空气经常发生大规模的水平流动,当冷空气流经暖的区域时,可使流经区域温度下降;反之,当暖空气流经冷的区域时,可使该区域的温度升高。空气的平流运动对缓和地区之间和纬度之间的温度差异有很大作用,是水平方向上传递热量的主要方式。

(6)蒸发和凝结(Evaporation and condensation)或升华和凝华(Sublimation and Deposition) 当水在蒸发(或冰在升华)时要吸收热量;相反地,水汽在凝结(或凝华)时,要放出潜热。如果蒸发(升华)的水汽,不在原处发生凝结(凝华),那么热量发生传递。例如,从地面蒸发的水汽,在空中发生凝结时,就把地面的热量传给了空气。所以,通过蒸发(升华)和凝结(凝华),也能使地面和大气之间、空气团和空气团之间发生潜热交换。由于大气中的水汽主要集中在 5 km 以下的大气层中,所以潜热交换主要在对流层下半层起作用。

上面分别讨论了空气与外界热量交换的方式,但实际上,在同一时间对同一团空气而言,温度的变化常常是几种传热方式共同作用引起的。哪个主要,哪个次要看具体情况。地面与空气之间的热量交换,辐射是主要的。但在气层(气团)之间,以对流和湍流为主,其次通过蒸发、凝结(或升华、凝华)过程的潜热出入,进行热量交换。在不同纬度和地区之间,空气的热量交换主要依靠平流。

2. 空气温度的绝热变化

气象学上,对于任一空气团与外界之间无热量交换时的状态变化过程,叫绝热过程。在大气中做垂直运动的空气团,其状态变化通常接近于绝热过程。

空气团在绝热上升过程中,由于外界压强的不断减小,空气团体积膨胀对外做功,因空气团与外界无热量交换,所以做功所需能量只能由其本身的内能承担,空气团因消耗内能而降温,这种现象称为绝热冷却。

同理,空气团在绝热下沉过程中,因为外界压强的不断增大,空气团被压缩体积缩小,外界对气团做功,在绝热条件下,所做的功只能用于增加气团的内能,因而气团温度升高,这种现象称为绝热增温。

对于作垂直运动的空气团,其温度变化程度取决于空气团中水汽含量的多少,所以绝热变化又可分为:

(1)干绝热变化　干空气或未饱和湿空气团,在绝热上升或下降过程中的绝热变化称干绝热变化。其温度随高度的变化率称干绝热直减率(即干绝热垂直减温率),常用 γ_d 表示,其值约为 1℃/100 m,这就是说在干绝热过程中,空气团每上升或下降 100 m,温度要降低或升高 1℃。

(2)湿绝热变化　饱和湿空气团,在绝热上升或下降过程中的绝热变化称湿绝热变化。其温度随高度的变化率称湿绝热直减率(即湿绝热垂直减温率),常用 γ_m 表示,其值平均为 0.5℃/100 m,那么,为什么 $\gamma_m < \gamma_d$ 呢?因为饱和湿空气一旦上升,由于温度降低,极易发生凝结,放出潜热,缓和了空气上升冷却的程度,因此降温减少。而干空气或水汽未饱和的湿空气上升时并没有发生凝结放热,因此降温增多。由于在湿绝热变化过程中,伴随着水相的变化,所以 γ_m 不是一个常数,而是随气压和温度变化。如表 3.2 给出了不同温度和气压下 γ_m 的值。由表 3.2 可见,γ_m 随温度升高而减小。这是因为气温高时,空气的饱和水汽含量大,每降低 1℃时水汽的凝结量比气温低时多。例如温度从 20℃降低到 19℃时,每立方米的饱和空气中有 1 g 的水汽凝结,温度从 0℃降低到 −1℃时,每立方米的饱和空气中只有 0.33 g 的水汽凝结。这就是说当饱和空气上升同样的高度时,温度高时比温度低时释放出更多的潜热。所以,当气压一定时,高温时 γ_m 比低温时小一些。另外,在相同温度条件下,γ_m 随气压的升高而增大。其原因是对于同温度、同体积的两气块,虽然处于不同气压下,当同降温 1℃时凝结出的水量及放出的潜热应相等,但由于压强大的气块的密度及热容均大于压强小的,所以增温补偿作用在气压高时小,气压低时大。

表 3.2　湿绝热直减率 γ_m　　单位:℃/100 m

气压(hPa)	温度(℃)						
	−30	−20	−10	0	10	20	30
1000	0.93	0.86	0.76	0.63	0.54	0.44	0.38
800	0.92	0.83	0.71	0.58	0.50	0.41	
700	0.91	0.81	0.69	0.56	0.47	0.38	
500	0.89	0.76	0.62	0.48	0.41		
300	0.85	0.66	0.51	0.38			

应该特别指出的是，干绝热直减率 γ_d、湿绝热直减率 γ_m 与气温垂直梯度 γ 在物理意义上完全不同。γ_d 和 γ_m 是指某气团升降过程中，气团本身的温度变化率，γ 则表示实际大气层中温度随高度的变化率。

二、气温的时空变化

空气温度高低取决于空气的热量收支情况，低层空气的热量主要来源于下垫面，由于下垫面的热量不断地发生日、年周期性变化，所以空气温度也随着发生日、年周期性变化，特别是离地 50 m 以下的近地气层，这种变化更为明显，另外，在空气的水平运动影响下，空气温度还会产生非周期变化。

1. 气温的周期性变化

(1)气温的日变化

一天中气温随时间的连续变化，称气温的日变化。在一天中空气温度有一个最高值和一个最低值，两者之差为气温日较差。通常最高温度出现在 14:00 前后，最低温度出现在日出前后。由于季节和天气的影响，出现时间可能提前也可能落后。比如，夏季最高温度大多出现在 14:00—15:00；冬季则在 13:00—14:00。由于纬度不同日出时间也不同，最低温度出现时间随纬度的不同也会产生差异。气温日较差小于地表面土温日较差，并且气温日较差离地面越远则越小，最高、最低气温出现时间也越滞后。

在农业生产上有时需要较大的气温日较差，这样有利于作物获得高产。因为日较差大就意味着，白天温度较高，而夜间温度较低，这样白天叶片光合作用强，制造碳水化合物较多，而夜间呼吸消耗少，积累较多，作物产量高，品质好。

影响气温日较差的因素有：

①纬度　气温日较差随纬度的升高而减小。这是因为一天中太阳高度的变化是随纬度的增高而减小的。一般热带地区气温日较差为 12℃左右；温带地区气温日较差为 8.0～11.0℃；极圈内气温日较差为 3.0～4.0℃。

②季节　一般夏季气温日较差大于冬季，但在中高纬度地区，一年中气温日较差最大值却出现在春季。因为虽然夏季太阳高度角大，日照时间长，白天温度高，但由于中高纬度地区昼长夜短，冷却时间不长，使夜间温度也较高，所以夏季气温日较差不如春季大。

③地形　低凹地(如盆地、谷地)的气温日较差大于凸地(如小山丘)的气温日较差。低凹地形，空气与地面接触面积大，通风不良，并且在夜间常为冷空气下沉汇合之处，故气温日较差大。而凸出地形因风速较大，湍流作用较强，热量交换迅速，气温日较差小，平地则介于两者之间。

④下垫面性质　由于下垫面的热特性和对太阳辐射吸收能力的不同,气温日较差也不同。陆地上气温日较差大于海洋,且距海越远,日较差越大。沙土、深色土、干松土壤上的气温日较差分别比黏土、浅色土和潮湿紧密土壤大。

⑤天气　晴天气温日较差大于阴(雨)天的气温日较差,因为晴天时,白天太阳辐射强烈,地面增温强烈,夜晚地面有效辐射强降温强烈。大风天的气温日较差较小。

(2)气温的年变化

气温的年变化和日变化一样,在一年中月平均气温有一个最高值和一个最低值。就北半球来说,中、高纬度内陆地区月平均最高温度在7月份出现,月平均最低温度在1月份出现。海洋上的气温以8月为最高,2月为最低。

一年中月平均气温的最高值与最低值之差,称为气温年较差。影响气温年较差的因子有:

①纬度　气温年较差随纬度的升高而增大。这是因为随纬度的增高,太阳辐射能的年变化增大。例如我国的西沙群岛(16°50′N)气温年较差只有6℃,上海(31°N)为25℃,海拉尔(49°13′N)达到46.7℃。低纬度地区气温年较差很小,高纬度地区气温年较差可达40~60℃。

②海陆　由于海陆热特性不同,同一纬度的海陆相比,大陆地区冬夏两季热量收入的差值比海洋大,所以大陆上气温年较差比海洋大得多,一般情况下,温带海洋上年较差为11℃左右,大陆上年较差可达20~60℃。

③距海远近　由于水的热特性,使海洋升温和降温都比较缓和,距海洋越近,受海洋的影响越大,气温年较差越小;越远离海洋,受海洋的影响越小,气温年较差越大。

此外,地形及天气等对气温年较差的影响与对气温日较差的影响相同。

2. 气温的非周期性变化

气温除了由于太阳辐射的作用引起的周期性日、年变化外,在大气水平运动的影响下还会发生非周期性的变化,例如,春季正是春暖花开气温回升的季节,若有北方冷空气南下,会使气温大幅度下降,发生倒春寒现象。秋季,正是秋高气爽气温下降的时候,若有南方暖空气北上,则会出现气温突升的现象,称为“秋老虎”现象。

气温的非周期性变化能够加强或减弱甚至还可以改变气温的周期性变化。事实上,一个地方气温的变化是由周期性变化和非周期性变化共同作用的结果,如果周期性变化的作用大,则表现为周期性变化;相反,就表现为非周期性变化。但是,从总的趋势和大多数情况来看,气温日、年周期性变化还是主要的。

3. 气温的垂直分布

在对流层中气温的垂直分布特点一般是随高度的增加而降低,其原因主要有两个方面：一方面地面是大气增温的主要和直接热源，对流层主要依靠吸收地面长波辐射增温，因而距离地面越远，获得的地面长波辐射的热能也越少，气温越低；另一方面，距离地面越近，大气中能够强烈吸收地面长波辐射的水汽和气溶胶粒子也就越多，气温也就越高，越远离地面，水汽和气溶胶粒子越少，则气温越低。

(1)气温垂直梯度　在对流层中气温的垂直变化用气温垂直梯度表示，简称气温直减率。气温垂直梯度是指高度每相差 100 m，两端气温的差值(℃/100 m)，常用 γ 表示。即

$$\gamma = -\frac{\Delta t}{\Delta Z} \tag{3.10}$$

式中：ΔZ 表示两高度的差；Δt 表示两高度的气温差；“－”表示气温垂直分布的方向。若气温随高度的增加而降低，则 $\gamma>0$；气温随高度的增加而增高，则 $\gamma<0$。γ 的绝对值越大，表示气温随高度变化越大。

在对流层中，气温垂直梯度的平均值约为 0.65℃/100 m。但实际上气温垂直梯度随时间和高度的不同而变化。

图 3.6 表明不同时间气温的垂直分布状况不同，白天气温随高度升高而降低，为日射型分布，如中午时的曲线；夜间低层大气气温随高度升高而增加，为辐射型分布，如日出前的曲线。各个时间的气温垂直分布曲线均是低层(约 20 m 以下)斜率大，高层斜率小，这说明气温垂直梯度随高度升高而减小。

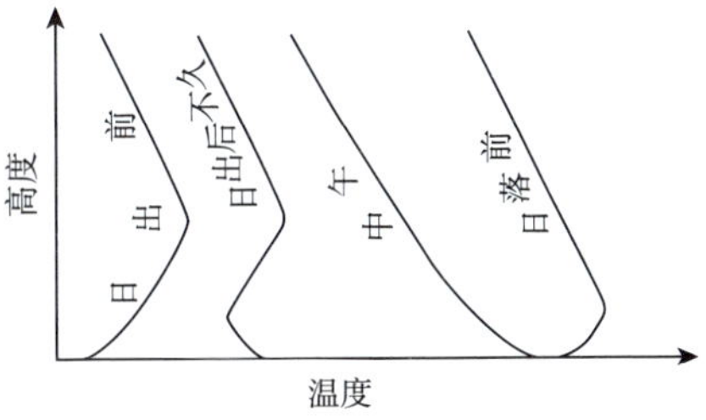

图 3.6　不同时间气温垂直分布图

由于对流层的中层和上层受地表的影响较小，所以气温垂直梯度的变化比下层小得多，中层气温垂直梯度平均为 0.5～0.6℃/100 m，上层平均为 0.3～0.4℃/100 m。而对流层下层(由地面至 2 km)平均气温垂直梯度为 0.65～0.75℃/100 m。但由于受地面增热和冷却影响较大，所以气温垂直梯度变化也较大，同时气温垂直梯度也随地面性质、季节、昼夜和天气条件的变化发生很大变化，例如夏季白天大陆上，晴空时，地面剧烈增温，近地层气温垂直梯度可高达 1.2～1.5℃/100 m。

(2)对流层中的逆温现象　在对流层中，总的来看气温是随着高度的增加而递减的。但在一定条件下，对流层中也会出现气温随高度的增高而升高的现象，这种现象称为逆温。我们把出现逆温的气层叫做逆温层。当发生逆温时，冷而重的空气在下，暖而轻的空气在上，不易形成对流运动，气层处于稳定状态，从而阻碍了空气垂直运动向上的发展，所以在逆温层下部常聚集大量的烟尘、水汽凝结物等，使能见度变坏，加重空气污染。

逆温按形成原因可分为辐射逆温、平流逆温、下沉逆温、锋面逆温等类型，在这里主要介绍常见的辐射逆温和平流逆温。

①辐射逆温　由于地面强烈辐射冷却而形成的逆温，称为辐射逆温。在晴朗无云或少云的夜晚，地面因强烈的有效辐射而很快冷却，使得贴近地面的气层也随之降温，由于越靠近地面的气层受地面的影响越大，降温也就越剧烈，越远离地面的气层受地面影响越小，降温也就越少，于是自地面开始形成了逆温。随着地面有效辐射的不断继续，逆温逐渐向上扩展，黎明时达最强；日出后，随着太阳辐射的逐渐增强，地面很快增温，近地面气层受地面影响，也开始增温，于是逆温便自下而上地消失。图 3.7为辐射逆温的生消过程。这种逆温常年可出现在陆地上空，冬季最强，逆温层也较厚，可达数百米，消失也较慢。夏季最弱，厚度也较薄，消失较快。在山谷与盆地区域，由于冷却的空气还会沿斜坡流入低谷和盆地，因而常常会使低谷和盆地的辐射逆温得到加强，往往持续数天而不会消失。

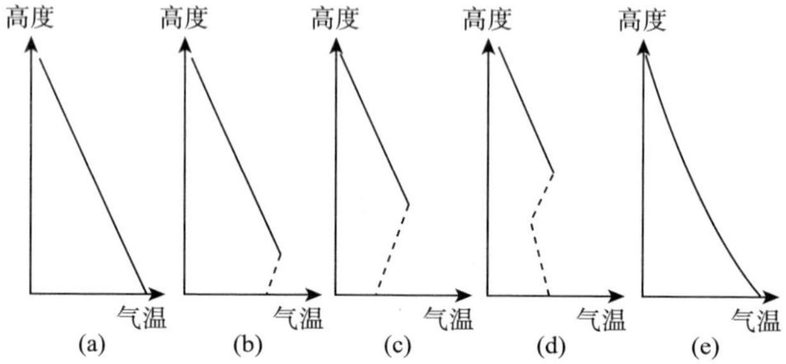

图 3.7　辐射逆温的生消过程

②平流逆温　当暖空气平流到冷的地面或冷的水面上时，由于近地气层空气受冷地面影响大，降温较多；而上层空气受地面影响小，降温较少，于是就产生了逆温现象。例如在冬季，当海上的暖空气移到冷的大陆上时，常形成这种逆温。

逆温现象在农业生产上有很多应用。例如，在有霜冻的夜晚，常常会有逆温存在，气层稳定，此时燃烧柴草、化学物质等，所形成的烟雾会被逆温层阻挡而弥漫在贴地气层，使大气逆辐射增强，防霜冻效果好。农业上喷洒农药防治病虫害的最佳时间应选择在清晨进行，此时由于逆温层的存在可使喷洒的药剂停留在贴地气层，并向水平方向及向下方扩展，均匀地洒落在植株上，能有效地防治病虫害。寒冷季节需要晾晒一些农副产品时，为避免地面温度过低受冻，可将晾晒的东西置于一定高度之上，一般 2 m 高度处的气温可比地面高出 3～5℃。在果树栽培中，也可利用逆温现象进行高接，避开低温层使嫁接部位恰好处于气温较高的范围之内，这样果树在冻害严重的年份就能够安全越冬。山区的逆温程度往往比平地强，可把喜温怕冻的果树种植在离谷地一定距离的山腰上，由于山腰处夜间气温高于谷地，果树不容易遭受低温危害。

三、大气稳定度

1. 大气稳定度的概念

许多天气现象的发生，都和大气稳定度有密切的关系。大气稳定度是表征大气层稳定程度的物理量。它表示在大气层中的某个空气团是否稳定在原来所在的位置，是否易于发生对流。当空气团受到垂直方向扰动后，大气层结（温度和湿度的垂直分布）使它具有返回或远离原来平衡位置的趋势和程度，叫大气稳定度。

假如有一团空气受到外力的作用，产生向上或向下的运动，那么就有三种情况产生：①如果空气团受力移动后，逐渐减速，并有返回原高度的趋势，这时的气层对于该空气团而言是稳定的；②如空气团一离开原位就逐渐加速运动，并有远离原高度的趋势，这时的气层对于该空气团而言是不稳定的；③如空气团被推到某一高度后，既不加速也不减速，停留于此高度，这时的气层对于该团空气而言是中性气层。

2. 大气稳定度的判断

当气团处于平衡位置时，即具有与四周大气相同的气压、温度和密度，这时气团不动。当该空气团受到外力作用，做垂直运动时，只要它本身的绝热直减率（γ_d 或 γ_m）与周围空气的温度垂直梯度 γ 不一致，那么它到达一新的高度时其温度与周围空气的温度就不相等，于是就会产生向上或向下的加速度。因此，大气是否稳定取决于 γ 与 γ_d 和 γ_m 的对比关系。下面以未饱和空气为例来说明。

图 3.8 为不同的气温垂直梯度情况。圆圈表示空气团，圆圈内数字表示气团温度，圆圈外的数字表示环境温度。

如果大气温度垂直梯度为 $\gamma=0.8$℃/100 m，即 $\gamma<\gamma_d$（图 3.8 左），在 200 m 处空气团 A 与环境温度一致，均为 12.0℃，该空气团受外力作用上升到 300 m，因按干绝热直减率降温，则温度降至 11.0℃，而环境温度为 11.2℃，空气团的温度小于周围空气的温度。气团受到的重力大于浮力，其向上的速度就要减小，并有返回原来高度的趋势。如果气团 A 由 200 m 下降到 100 m 处，空气团温度由 12.0℃升到 13.0℃，高于周围空气温度 12.8℃，气团所受到的重力小于浮力，则气团下降速度减小，并有返回原高度的趋势。可见，当 $\gamma<\gamma_d$ 时，对未饱和空气而言，大气处于稳定状态。

如果 $\gamma=\gamma_d=1.0$℃/100 m（图 3.8 中），空气团 B 受到外力作用后，不管上升或下降，其本身温度在任意高度上，均与周围气温相等，即浮力与重力相等，加速度为零。当 $\gamma=\gamma_d$ 时，对未饱和空气而言，大气处于中性状态。

如果 $\gamma>\gamma_d$（图 3.8 右），假定 $\gamma=1.3$℃/100 m，200 m 高度处的空气团 C 上升到 300 m，其本身按干绝热直减率降温，降到 11.0℃，而环境温度只有 10.7℃，所以气团所受到的浮力大于重力,因而气团加速上升。如果空气团 C 下降到 100 m 处,其本身温度增加到 13.0℃,而环境温度为 13.3℃,气团重力大于浮力,故要加速下降。由此可见,当 $\gamma>\gamma_d$ 时,对未饱和空气而言,大气处于不稳定状态。

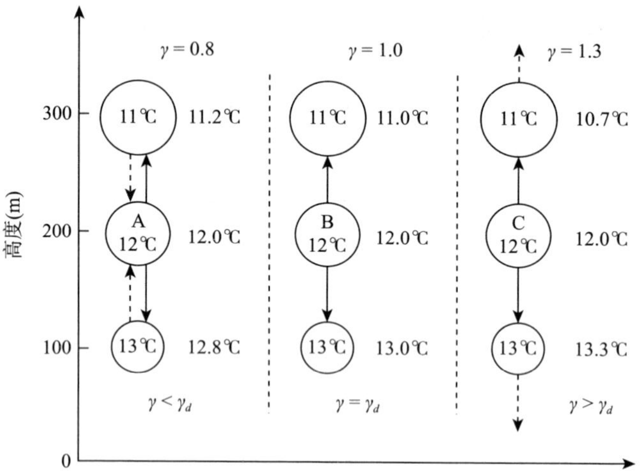

图 3.8　某未饱和气团的大气稳定度(γ 单位:℃/100 m)

由上面分析可知:γ 越小,大气越稳定,在逆温情况下,$\gamma<0$,大气极为稳定,阻碍对流和湍流的发展。γ 越大,则大气越不稳定,当地面强烈受热时,或高空有平流时,可出现不稳定状态,将有助于对流的加强和云的发展。

同理可知,对饱和空气而言,当 $\gamma<\gamma_m$ 时,大气是稳定的;当 $\gamma=\gamma_m$ 时,大气是中性的;当 $\gamma>\gamma_m$ 时,则大气是不稳定的。

综上所述,可以得出下述结论:

(1)当 $\gamma>\gamma_d$ 时(必然有 $\gamma>\gamma_d>\gamma_m$),则对饱和和未饱和空气团而言都是不稳定的。故称当 $\gamma>\gamma_d$ 时的气层是绝对不稳定的。

(2)当 $\gamma<\gamma_m$ 时,必然有 $\gamma<\gamma_d$,因此,无论气团是否饱和,大气都是稳定的,故称当 $\gamma<\gamma_m$ 时的气层是绝对稳定的。

(3)当 $\gamma=\gamma_d$ 时,对做干绝热升降运动的空气团而言,大气是中性的;而对做湿绝热升降运动的空气团而言,大气是不稳定的。

(4)当 $\gamma=\gamma_m$ 时,对做湿绝热升降运动的气团而言,大气是中性的;而对干空气而言,大气是稳定的。

(5)当 $\gamma_m<\gamma<\gamma_d$ 时,对干空气与未饱和空气团而言,大气是稳定的;但对饱和空气团而言则是不稳定的,故称这种气层为条件性不稳定。

大气稳定度直接影响大气中对流发展的强弱。在稳定的大气层结下,对流运动受到抑制，常出现雾、层状云、连续性降水等天气现象；而在不稳定层结时，对流运动发展旺盛，常出现积状云、阵性降水和冰雹等天气现象。

第三节　温度与农业

温度与农业生产的关系是非常密切的：(1)它直接影响作物的分布、生长和产量；(2)温度影响作物的发育速度，从而影响作物全生育期的长短及各发育期出现的早晚，而发育期出现的季节不同，又会遇到不同的综合条件，发生不同的影响与后果；(3)温度影响光、水资源的利用和作物生产的安排；(4)温度还影响作物病虫害的发生和发展。

一、主要温度指标

1. 三基点温度和五基点温度

对于作物的每一个生命过程来说都有三个基点温度，即最适温度、最低温度和最高温度。在最适温度下作物生长发育迅速而良好，在最低和最高温度下作物停止生长发育，但仍维持生命。当气温高于生育最高温度或低于生育最低温度，则作物开始不同程度地受到危害，直至死亡。所以在三基点温度之外，还可以确定最高与最低致死温度指标，统称为五基点温度指标。不同作物在不同发育阶段的三基点温度和五基点温度指标是不同的。

一般地，喜凉作物光合作用的三基点温度分别为 0～5℃、20～25℃和 40～50℃；而呼吸作用的三基点温度分别为－10℃、36～40℃与 50℃。根据研究结果，马铃薯在 20℃时光合作用达最大值，而呼吸作用只有最大值的 12%；温度升高到 48℃时，

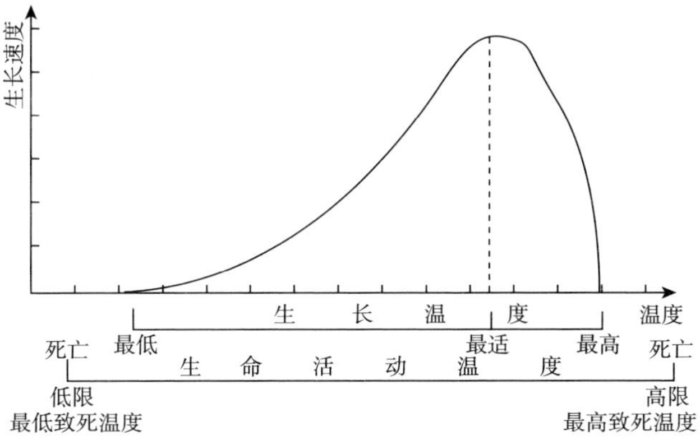

图 3.9　植物生长发育与生命活动的基点温度指标示意图

呼吸作用达最大值,而光合作用却下降为 0。由此可见,温度过高光合作用制造的有机物质减少,而呼吸消耗大于制造,这对作物是很不利的。

表 3.3 几种作物的三基点温度 单位:℃

作物种类	最低温度	最适温度	最高温度
小麦	3～4.5	20～22	30～32
玉米	8～10	30～32	40～44
水稻	10～12	30～32	36～38
烟草	13～14	28	35
豌豆	1～2	30	35
大麦	5	28.9	37.8

三基点温度中,最适温度接近最高温度,而远离最低温度。三基点温度是最基本的温度指标,用途很广。在确定温度的有效性、作物的种植季节和分布区域,计算作物生长发育速度、生产潜力等方面都必须考虑三基点温度。此外,还可根据各种作物三基点温度的不同,确定其适应的区域,如 C_4 植物由于适应较高的温度和较强的光照,故在中纬度地区可能比 C_3 植物高产;而在高纬度地区,C_3 植物则可能比 C_4 植物高产。

2. 农业界限温度

农业界限温度标志某些重要物候现象或农事活动的开始、终止或转折的温度,简称界限温度。农业上常用的界限温度(用日平均气温表示)有:0℃、5℃、10℃、15℃和 20℃。

0℃　春季日平均气温稳定通过 0℃,为北方土壤日化夜冻,早春作物开始播种,冬小麦开始返青,多年生果木开始萌动的指标,秋季 0℃终止日为北方冬小麦及多年生果木停止生长的日期。故选用≥0℃之间的持续日数,为鉴定地区作物生长季长度的指标。而某作物的生长期,即为该作物由播种至成熟期间的日数。当鉴定某一地区的复种程度时,需考虑夏秋作物及秋种作物接茬的可能性,一般以 0℃以上的持续日数为指标。

5℃　马铃薯等早春作物播种;冬小麦分蘖、喜凉作物开始或停止生长;春季多数树木开始萌动。≥5℃持续日数为喜凉作物生长期。

10℃　春季喜温作物开始播种与生长,喜凉作物生长迅速。≥10℃日数为喜温作物生长期。

15℃　喜温作物积极生长,早稻移栽、热带作物生长,春季棉花、花生等进入播种期,可开始采摘茶叶。秋季≥15℃的终日为冬小麦适宜播种的日期;喜温作物生殖生长下限指标,此温度时水稻已停止灌浆;热带作物将停止生长。

20℃　水稻分蘖及迅速生长、安全齐穗,玉米、高粱安全灌浆的指标,也是热带作物橡胶正常生长、产胶的界限温度。

界限温度资料一般可用于分析与对比年代间与地区间的种植环境差异。①可利用稳定通过某界限温度日期的早晚，来比较其冷暖的早晚及对作物的影响；②稳定通过相邻(或选定的)两界限温度之间的间隔日数(如春季稳定通过0℃日期到稳定通过5℃日期之间的间隔日数)，以比较升温与降温的快慢缓急，分析对作物的"利"(如春季0～10℃的间隔日数较长对小麦穗分化有利)与"弊"(如秋季－5～0℃及0～5℃的间隔日数太短对小麦越冬锻炼不利)等；③春季到秋季稳定通过某界限温度日期之间的持续日数，如≥5℃的持续日数可作为鉴定生长季长短的标准之一，可与无霜期指标结合使用，相互补充。

3. 气温、土温、水温和生物体温

包括气温、地温和水温等在内的环境温度对农业生物生长发育的影响最终表现为农业生物体温的高低。通常情况下，植物和变温动物的生长发育速度与体温呈正相关，恒温动物虽然能维持体温不变，但是环境温度也能影响其代谢速度和生命活动。如植物体温作为表征植物体各部分冷热程度的量，包括根、茎、叶、花、果的温度。由于农业生物体温测定较困难，描述温度对农业生物生长发育的影响时，通常以环境温度代替体温。植物体温变化与环境温度有密切的关系，一般落后于气温的变化。在阳光照射下，叶温常高于气温3～5℃，有时甚至高10℃以上；阴天或庇荫时，叶温与气温接近。

气温是农作物和树木活跃生长期间最基本的观测指标，但是在作物播种期、出苗期和移栽期以及研究温度对块根、块茎、地中茎和根系生长发育的影响时，土温指标更能说明问题。例如，春播和移栽时常以5 cm土温、小麦越冬时常以分蘖节所在土层(或地表以下2～3 cm)土温为指标。水生生物则以水温作为指标，无土栽培的经济作物以营养液温度作为指标。在某些特殊研究中通常需要测定生物的体温，如牲畜肛温、作物叶温或树干温度、生长点温度和果实温度等。

植物的生长发育、干物质积累和营养物质的运输都与环境温度或体温有关，不同时期的温度影响指标不同。谷类作物生长早期以土壤温度影响较大，中后期则是体温影响较大。叶温和太阳辐射共同影响叶片的净光合作用。大豆对钾、磷等营养物质的吸收与叶柄的温度相关，相对而言对钙的吸收受叶柄温度影响较小。

研究表明，小麦冠层温度与气温之差可以很好地反映其生长过程。晴日，辐射充足，在土壤较湿润的条件下，冠层温度与气温相差大，叶片净同化率高，植株生长快，干物质积累多；当土壤干旱，植株水分亏缺时，冠温与气温相差小，净同化率低，干物质积累少，对小麦生长不利；阴雨天，太阳辐射不足，气温低，冠温与气温相差小，同样干物质积累少，不利于小麦的生长。

测定和研究植物体温在农业生产中有实际意义，尤其是对霜冻、高温逼熟危害的预报等有一定作用。其中叶温最为重要,变化也最明显。美国利用卫星上红外仪器测定植株温度,从而预报柑橘等的霜冻,比气温预报更准确些;还可以根据小麦群体冠层温度与气温的差值反映作物缺水状况,预报小麦是否缺水及所需的灌溉量。此外,还可根据叶气温差与作物生长的关系,监测大田作物生长和进行大面积作物估产。

外界环境温度的高低直接影响动物的体温,从而影响着动物新陈代谢强度及其生长发育状况。用红外温度仪可简捷地测定动物不同部位的体温,作为动物饲养与畜病诊断的指标和参数。

二、温周期

1. 温周期现象

在自然条件下,环境温度呈昼夜和季节的周期性变化,植物适应这种变化而呈现有节奏的生长。通常将植物对季节或昼夜温度变化的反应称为温周期现象(Thermoperiodicity of growth)。一般地,在春夏季植物生长速率呈现白天较慢,而夜间生长较快的昼夜周期性变化。因为白天温度高、蒸腾量大、光照强,抑制生长。昼夜变温对植物生长有明显的促进作用,试验表明,番茄生长与结实在昼夜变温(白天 26.5℃,夜间 7～19℃)下比恒温好。因此,温室栽培植物,要注意夜晚适当降温,以培育壮苗和促进生长发育。

当气温处于下限温度和最适温度之间时,气温日较差越大对植物的生长发育越有利,因白天适当的高温可增强植物的光合作用,而夜间适当的低温可减弱植物的呼吸消耗作用。但是当接近上限温度或下限温度时,易出现危害温度,气温日较差过大会对植物的生长发育造成不利影响。当日平均温度较低而日较差过大时,夜间温度常常会接近或低于下限温度,使植物不能生长或生长较为缓慢,但当白天温度高于下限温度时植物仍能生长。因此,在高纬度温差大的地区,早春时可在相对低的平均温度下播种,可利用白天较高的温度促进发芽出苗。当日平均温度较高时,午后温度常常会接近或超过上限温度,从而抑制作物生长,例如,冬小麦在午后出现的“午休现象”。并且温度越高,光合作用下降的时间越长,此时,早晨和夜间的温度对于作物的发芽和生长具有更重要的作用。

昼夜变温对产品的品质有较大的影响。气温日较差大的地区种植的水果及肉质根类作物,其含糖量明显高于日较差小地区,如新疆的葡萄和西瓜含糖丰富。气温日较差大的地区植物蛋白质含量高,如小麦的蛋白质含量随气温日较差的增大而增强。

树木的径向生长,一般在春夏季温度适宜时,细胞分裂快、细胞体积较大、形成颜色较浅的带;而秋冬季时细胞较小而壁厚,色较深,年复一年,构成一圈圈的年轮,这也是植物生长的季节周期性的表现。

2. 感温性

植物生理学上，把由温度变化引起器官两侧不均匀生长的运动称为感温性。如郁金香和番红花的花，通常在白天温度升高时，适于花瓣的内侧生长，而外侧生长很少，使花朵开放；夜晚温度降低时，花瓣外侧生长而使花闭合，这样，随每天内外侧的昼夜生长，花朵增大。适合的温差约为10℃左右。光对其影响很小，主要是花瓣上、下表面对温度的反应不同而引起的差异生长。

农业气象学上把作物生长发育对温度条件的反应特性称为感温性。所有的作物都必须在一定的温度条件下才能正常地生长发育，在不同的发育时期对温度的要求不同。有时要求较低的温度，有时要求较高的温度，分别称为感低温特性和感高温特性。起源于高纬或高原地区的作物多具有感低温的特性，在一定时间内，需经过低温刺激后，才能正常生长发育；多数作物则需要有一定时期的高温条件，生育速度才能加快，水稻表现尤为显著。

温度对水稻生育期的影响主要发生在营养生长期，营养生长期分为基本营养生长期和可消营养生长期。可消营养生长期是指水稻的营养生长期内可随温、光等外界环境条件的变化而变化的时期。由于温度因子是制约可消营养生长期的因子之一，从而得出水稻感温性的概念。水稻的感温性是指在不同温度条件下，水稻品种穗分化快慢的反应特性，通常用高温下能促进抽穗的速度（常以日数表示，称为“高温促穗率”）来表示感温性程度。在高温条件下明显缩短其抽穗日数的水稻品种称为感温性强，即为对温度反应敏感的品种。反之则为感温性弱，即为对温度反应不敏感的品种。

3. 春化作用

所有的作物都必须在一定的温度条件下才能正常生长发育。作物在不同的发育时期对温度的要求不同，有时要求较低的温度，有时要求较高的温度。

作物的生长发育进程和温度的季节变化相适应。一些作物在秋季播种，冬前经过一定的营养生长，然后度过寒冷的冬季，第二年春季重新旺盛生长，春末夏初开花结实。而秋播作物春播，则不能开花或延迟开花。在高寒地区因严冬温度太低，无法种植冬小麦，将冬小麦种子低温处理后春播，可在当年夏季抽穗开花。这种低温诱导促使植物开花的作用叫春化作用（Vernalization）。

在植物春化过程结束之前，如将植物放到较高的生长温度下，低温的效果被减弱或消除，这种现象称去春化作用（Devernalization）或解除春化。一般解除春化的温度为25～40℃，如冬小麦在30℃以上3～5 d即可解除春化。通常植物经过低温春化的时间愈长，则解除春化愈困难，当春化过程结束后，春化效应就稳定了，不会被高温解除。大多数去春化作用的植物返回低温下，又可重新进行春化，而且低温的效应是可以累加的，这种解除春化后再恢复春化的现象称再春化现象（Revernalization）。

不同纬度地区的温度有明显的差异,中国北方纬度高,温度低,南方纬度低而温度高。在南北方地区之间引种时,必须了解品种对低温的要求,北方的品种引种到南方,就可能因当地温度较高而不能满足它对低温的要求,致使植物只进行营养生长而不开花结实,造成不可弥补的损失。

在农业生产中,利用春化作用可在春天补种冬小麦,为防"倒春寒"对早春小麦的伤害,可人工春化处理冬小麦种子后适当晚播。此外,在园艺花卉业中,常利用春化作用控制花期、缩短生产期,提高产量和价值。

三、积温理论及其应用

1. 积温理论

积温是某一时段内气温累积之和,它是衡量作物生长发育对热量条件要求和评价热量资源的重要指标,单位为℃·d,但人们也习惯用单位℃。

在一定的温度范围内,当其他环境条件基本满足的情况下,作物发育速度主要受温度的影响,作物完成某一发育阶段所需的积温基本上是一定的。这就是积温学说。

温度对植物和变温动物生长发育的影响包括温度强度和持续时间两个方面。英国 Monteith(1980)认为,积温的实质是由温度对于生物的有效性加权后的累积时间度量。对于某一作物,其生长的下限温度为0℃,出苗到开花要求600 ℃·d积温,如生长期间日平均温度为15℃时,出苗到开花需40 d;如生长期间日平均温度为20℃,则只需30 d。温度低则发育慢,温度高则发育快,尽管地点、年代不同,其完成发育所要求的积温值是基本一致的。这里所说的生长是指量变,如作物的株高与干物质的增长等;发育指的是质变,即作物由种子经萌发、出苗到开花、结实,再形成种子的一系列质变过程。

积温学说可归纳为三个方面:①在其他因子基本满足的前提下,温度对生物发育起主导作用;②生物开始发育要求一定的下限温度;③完成某发育期要求一定的积温。

2. 积温的种类及应用

农业气象工作中,常用的积温有活动积温、有效积温和危害积温三种:

①活动积温(A)　高于生长下限温度(t_b)的日平均温度(t_i)为活动温度。例如某天日平均温度为15℃,某作物生长下限温度为10℃,则当天的活动温度就是15℃。活动积温则是指作物在某时期内活动温度对时间的积分,但在实际计算时常常简化为求和的形式。即:

$$A = \sum_{i=1}^{n} t_i \quad (\text{当 } t_i < t_b \text{ 时}, t_i \text{ 取值为 } 0) \tag{3.11}$$

式中:A 为活动积温(℃·d);t_i 为活动温度(℃)。

②有效积温(E) 有效温度是指日平均温度(t_i)与生长下限温度(t_b)之差。如上述例子,日平均温度为15℃那天,对生长下限温度为10℃的作物来说,当天对该作物的有效温度为15℃-10℃=5℃。有效积温是指作物在某时期内有效温度对时间的积分,一般简化为求和的形式如下:

$$E = \sum_{i=1}^{n}(t_i - t_b) \quad (\text{当 } t_i < t_b \text{ 时},(t_i - B)\text{ 取值为 } 0) \tag{3.12}$$

式中:E为有效积温(℃·d),$(t_i - t_b)$为有效温度(℃)。

两种积温比较,活动积温统计比较方便,常用来估算地区的热量资源。一般对于种植制度来说,一年三季要求≥0℃积温大于5900 ℃·d,甚至大于6100 ℃·d;一年两季要求≥0℃积温大于4000 ℃·d,甚至大于4200 ℃·d;而≥0℃积温小于4000 ℃·d的地区只能一年一季。

③危害积温(H) 危害温度是指低于植物生长下限温度的日平均温度与下限温度之差或高于植物生长上限温度的日均温与上限温度之差。当日平均温度为3.2℃,对生长下限温度为10.0℃的作物来说,当天对该作物有危害温度的低温=10.0℃-3.2℃=6.8℃;当日平均温度为35.8℃,对生长上限温度为30.0℃的作物来说,当天对该作物危害温度的高温=35.8℃-30.0℃=5.8℃。危害积温是指作物在某段时期内危害温度对时间的积分,通常简化为求和的形式如下:

$$H = \begin{cases} 0 & t_i \geqslant t_b \\ \sum_{i=1}^{n}(t_b - t_i) & t_i < t_b \end{cases} \quad \text{或} \quad H = \begin{cases} \sum_{i=1}^{n}(t_i - t_u) & t_i > t_u \\ 0 & t_i \leqslant t_u \end{cases}$$

式中:H为危害积温(℃·d);t_b为植物生长下限温度(℃);t_u为植物生长上限温度(℃)。

为研究低温冻害等问题,有时也可把低于0℃的日平均温度累加,称为负积温。

积温在农业中的应用较为广泛,其用途主要有以下几个方面:①积温是作物与品种特性的重要指标之一。在种子鉴定书(特别是商品种子与引种调运的种子)上标明该作物品种从播种(或出苗)到开花(或抽穗)、成熟所需的积温,可以为引种与品种推广提供重要的科学依据,避免引种与推广的盲目性。②作为物候期预报、收获期预报、病虫害发生发展时期预报等的重要依据。根据杂交育种、制种工作中父母本花期相遇的要求,或根据商品上市、交货期的要求,可利用积温来推算适宜播种期。积温是热量资源的主要标志之一,可以根据积温的多少,确定某作物在某地能否成熟,并预计能否高产优质。例如,分析积温的多少与某地棉花霜前花比例的关系时,既涉及产量又涉及品质。此外,通过积温分析可为各地确定种植制度提供依据。③危害积温除作为作物低温或高温危害的灾害等级划分和灾害风险区划指标外,还可用于产量预报和作物气象指数保险费率测算等。例如,冬季低温和夏季高温是中国某些柑橘主产区柑橘减产的主要原因,越冬期的日最低气温≤0℃发生越冬冻害。花果期和果实膨大期的日最高气温≥35℃和≥39℃则发生高温热害，且减产率随危害积温升高而加重。利用危害积温便于区分灾害等级。

3. 积温的稳定性

积温作为热量指标，计算方便，在农业生产上得到广泛应用，但在应用中发现，积温学说尚有不完善之处。如同一种作物，完成同一生育阶段所需积温，在不同地区、不同年份、甚至不同播种期，其积温值不同，说明用积温方法计算的稳定性不够理想。造成积温方法计算不稳定的原因是多方面的，其主要原因是：①影响作物发育的外界环境条件，不仅有气象因子还有其他因子。气象因子中除温度外，辐射等对发育速度也有一定影响，它们与发育速度的关系，有各自遵循的特定规律。②积温学说是建立在假定其他因子基本满足的条件下，温度起主导作用的这一理论基础上，在自然条件下，这一假定是难以充分满足的，因而影响到积温计算的稳定性。③农业生物发育速度与温度的关系并非简单的线性关系，而是呈曲线关系，在下限温度以上，发育速度随温度的增高加快近似线性关系；但在最适温度时发育速度达最大值，当温度超过最适点，过高的温度对生长发育有抑制作用。④当气温超过三基点温度的上限时，温度对作物发育不利，但计算时并没有剔除，也造成积温计算的不稳定。⑤积温的计算是以日平均温度作为基础，没有考虑每天的最高温度、最低温度以及日较差对作物发育的影响，而它们的影响是很重要的，也是多方面的。⑥有的作物本身对光照有特殊反应，如感光性强的作物，发育速度主要与日照时间长短关系较大，而在发育的关键期对温度的反应就相对不敏感。根据具体情况，积温在应用时，有时要进行一些订正，如晚熟水稻品种对光周期敏感，计算积温时需以光温系数加以订正。

四、调节温度的农业措施

在农业生产中常采取一些有力措施调节土温与气温，以保证作物生长发育处于适宜的温度条件。常采用的措施有灌溉、松土与镇压、垄作、染色剂与增温剂等。

1. 灌溉对温度的影响

在温暖季节与时期的灌溉可起降温作用，寒冷季节可以起保温作用，这是众所周知的。一般对土温(10 cm)来说，冬水保温效应可有 1℃左右，夏季灌溉的降温作用可达 1～3℃，具体效应的大小，因天气、土壤、植物覆盖以及灌水量、水温与面积等条件而异。对贴地气层的气温的影响随高度而异，对 1.5～2.0 m 高度来说，一般效应不到 1℃，靠近地面效应较大。北方冬灌保温的主要原因是灌水增加土壤热容与热导率，暖季浇水降温主要因为增加了蒸发耗热。

冷暖过渡季节灌溉的温度效应与蒸发条件有很大关系。而温度高低直接影响蒸发。当日平均温度为 0℃或略低时，白天温度高可使灌溉地因蒸发多而降温，夜间温度低抑制蒸发，灌溉地可发挥保温作用。同理，冬季在初冬也有过渡时期，最初以降温为主，渐变为以保温为主。北方整个冬季冬灌地维持保温效应。南方冬灌在整个冬季则以降温为主。

2. 松土与镇压对土温的影响

(1)锄地(松土)对土温的影响

锄地的作用是综合的，可有增温、保墒、通气及一系列生理生态效应，仅就温度效应来说，如果锄地(包括耙地)质量高而条件适宜，可使暖季晴天土壤表层(3 cm)日平均温度增高约 1℃，最高可增加 2～3℃或更多。锄地增高地温的主要原因：一是切断土壤毛细管，撤掉表墒，减少了蒸发耗热；二是使锄松的土层热容降低，得到同样的热能而增温明显；三是锄松的土层热导率低，热量向下传导减少，而主要是用于本层增温，对于锄松层以下的实土层来说，情况可能相反，即锄地可使表层增温而使下层降温；四是白天表层增温，但由于锄松后表层热容与热导率均小，夜间常常降温，即比未锄的地温度反而低。另外，春季特别是早春，当低土温是影响作物生长的主要因素时，锄地增温对促进作物生长起着重要作用；增温、通气还可促进土壤微生物活动，加快养分的分解与供给；锄地还可以增加表层土温日较差与垂直梯度；并可使晴朗白天贴地气层的温度略有提高，可有利于作物长根发叶，制造、输送与积累有机养分。

(2)镇压对土温的影响

镇压的作用与锄地相反，它能增加土壤容重，减少土壤孔隙，增加表层土壤水分，从而使土壤热容、热导率都有增加。据观察，从地表到 15 cm 深度土壤热容的相对数值，镇压后增大 11%～14%，热导率增加 80%～260%。土壤经镇压后，白天热量下传较快，使土壤表层在一天的高温期间有降温趋势；夜间下层热量上传较多，故在一天的低温期间可提高土温，即缓和了土壤表层的温度日变化。据观测，早春测得 5 cm与 10 cm 深度土温日变幅，镇压的比未镇压的小 2.2℃。镇压过的耕地，夜间土壤表层不易结冻。此外，镇压可以消灭坷垃与土壤裂缝，防止因风抽而造成越冬作物的死亡。镇压对深层土温的影响一般与表层相反。

3. 垄作对土温的影响

在一年的温暖季节，垄作可以提高土壤表层温度，有利于种子发芽与幼苗生长，一般可使垄背土壤(5 cm)日平均温度提高 1～2℃，并可加大土温日较差。寒冷季节垄作反而降温，有的地区利用垄作秋季的降温作用来防止马铃薯退化。

暖季垄作使土壤增温的原因主要有：①垄背的反射率比平作平均低 3%，对散射辐射之吸收略高于平作。②垄面有一定坡度，在一定时间，对一定部位，特别是靠垄顶的部位，可得到较多太阳辐射。垄顶在一定时间遮挡了垄沟的阳光，在太阳辐射的分配上垄顶多于垄沟，故使垄上增温，垄沟降温。③垄上土壤水分少，因而蒸发耗热较少。④垄上土壤水分少,可使垄上土壤热容与热导率减小。⑤在实行免耕法的地区,前茬作物的秸秆(轧碎)可集中在垄沟,使垄背温度比平作秸秆平铺地高。

4. 染色剂与增温剂对温度的影响

(1)染色剂

喷洒或施用黑色物质如草木灰、泥炭等,使土壤能更多地吸收太阳辐射而增温,施用浅色物质如石灰、高岭土等,可反射太阳辐射而降温并缓和温度日变化。

(2)增温剂

土壤增温剂是一种覆盖物,它具有保墒、增温、压碱和防止风蚀、水蚀的多种作用。其温度效应,晴天 5 cm 深地温可增温 3～4℃,中午最大可达 11～14℃,阴天增温较少。增温原理主要是抑制了蒸发,减少了蒸发耗热。

增温剂目前在我国主要用于早春水稻、棉花、蔬菜等的育苗,可使作物早出苗5～10 d,早移栽、早成熟,以取得良好的效果。

除了上述增温措施外,保护地栽培措施如风障、阳畦、温室等,都能很好地起到调节温度的作用。

第四章　水　分

从海洋、湖泊、河流及潮湿土壤的蒸发或植物蒸腾进入大气的水汽，由大气的湍流和对流等过程，将水汽输送到不同的高度。在一定条件下，经过一系列物理过程，水汽发生凝结，形成云、雾等天气现象，并以雨、雪等降水形式重新回到地面。水分就是通过蒸发、凝结和降水等过程在陆地、海洋、大气间循环不已。大气中水的含量虽然不多，但对地-气系统的热量平衡和天气变化起着非常重要的作用。

第一节　大气湿度

表示大气中水汽含量多少的物理量称为大气湿度。大气湿度状况是决定云、雾、降水等天气现象的重要因素。

一、水的相变

在自然界中，常有由一种或数种处于不同物态的物质组成的系统。在这种由彼此性质不同的均匀部分所组成的系统中，每个均匀部分叫系统的一个相。例如水汽、水、冰，称为水的三相。

物质从气态转变为液态的必要条件之一是温度必须低于它本身的临界温度。各种气体都有一个临界温度，在这个温度之上无论加多大压强进行等温压缩，都不能使气体液化，这个温度称临界温度。在临界温度时，使气体液化的最小压强称临界压强。水汽的临界温度为 374℃，临界压强为 217.5 个大气压。而水汽主要集中在对流层内，该处大气的温度不但永远低于水汽的临界温度，而且有时还低于水的冻结温度 0℃。因此，在自然大气压强和温度条件下，水汽是大气中唯一能由一种相转变为另一种相的成分。这种水相的相互转化称为水相变化。

1. 水相变化的物理过程

从分子运动学的观点来看，水相变化是各相之间分子交换的过程。例如，在水和水汽两相共存的系统中，水分子在不停地运动着。当某些分子速度相当大，以致它们的动能超过脱离液面所需的功时,则这些分子有可能跑出水面,进入液面上方的空间。同时,接近水面的一部分水汽分子,又可能受水面水分子的吸引或相互碰撞,运动方向不断改变,其中有些向水面飞去而重新落回水中。单位时间内跑出水面的水分子数与温度成正比。温度越高,速度大的水分子越多,单位时间内跑出水面的水分子也越多。落回水中的水汽分子数则与系统中水汽的浓度有关。水汽浓度越大,单位时间内落回水中的水汽分子也越多。

2. 水相变化中的潜热

若系统中水汽浓度不大,单位时间内,跑出水面的水分子比落回水中的水汽分子多,则系统中的水就有一部分变成了水汽,这就是蒸发过程。在蒸发过程中由于分子离开液面要克服分子间引力作功,又由于液体分子变为蒸汽分子时体积膨胀还要对外作功,所以在蒸发过程中要吸收热量,称蒸发潜热。若系统中水汽浓度足够大,单位时间内,返回水面的分子比脱离液面的分子多,则系统中的水就会增多,这就是凝结过程。在凝结过程中,平均动能大的分子回到液体中,使液体平均动能增加,温度升高,向外释放热量,称为凝结潜热。在同样外界条件下,蒸发潜热和凝结潜热在数值上是相等的。若在同一时间内,跑出水面的水分子与落回水中的水汽分子恰好相等,系统内的水量和水汽分子含量都不再改变,即水和水汽之间达到了两相平衡,这种平衡叫动态平衡。动态平衡时的水汽称为饱和水汽,此时的水汽压称为这个温度下的饱和水汽压。同理,气相与固相共存时也会出现类似蒸发与凝结的升华与凝华过程,液相与固相共存时也会出现冻结和融解过程。所以在相变过程中,同时伴有能量的转换,在凝结、凝华和冻结过程中释放出相变潜热,分别称为凝结潜热、凝华潜热和冻结潜热。而在蒸发、升华和融解过程中要吸收热量,分别称为蒸发潜热、升华潜热和融解潜热。水的相变潜热随温度是变化的。例如蒸发潜热与温度的关系是:

$$L = 2500 - 2.4t \tag{4.1}$$

式中:L(Latent heat of evaporation)是蒸发潜热,单位为 J/g。当 $t=20$℃时,$L \approx 2500$ J/g。当温度变化不很大时,L 的变化较小,所以在作物生长季节(15～25℃左右),一般取 $L=2450$ J/g。当水汽发生凝结时,这部分潜热又将会全部释放出来。

在冰升华的过程中也要消耗热量,这些热量包含两部分,即由冰融化为水所需消耗的融解潜热和由水变为水汽所需消耗的蒸发潜热。融解潜热为 334 J/g。所以升华(Sublimation)潜热 $L_s=2500+334=2834$ J/g。

二、空气湿度的表示方法

表示空气中含水量多少的物理量称空气湿度,空气湿度常用下述物理量:

1. 水汽压 e(Water vapor pressure)

大气中的水汽所产生的那部分压强称水汽压 e。它的单位和气压一样,用 Pa 表示。水汽压又分成实际水汽压和饱和水汽压两种。

在温度一定情况下,单位体积空气中所能容纳的水汽分子是有一定限度的,如果水汽量低于此限度,则空气呈未饱和状态,这时的空气称未饱和空气,未饱和空气的水汽压称实际水汽压,用 e_a(Actual water vapor pressure)表示。如果水汽量达到此限度,空气就呈饱和状态,这时的空气称饱和空气,饱和空气的水汽压称饱和水汽压,用 e_s(Saturation water vapor pressure)表示。饱和水汽压是温度的函数,它将随温度的上升呈指数增加,见图 4.1。图中饱和水汽压与温度之间的关系曲线可以用数学公式表示,这就是饱和水汽压 e_s 的计算式,也称泰登公式(Teten's equation):

$$e_s = 610.78e^{\frac{17.269t}{237.3+t}} \tag{4.2}$$

式中:t 是温度,单位用℃;e_s 单位是 Pa。目前,气象上水汽压单位更多改用 hPa,故公式(4.2)可写成:

$$e_s = 6.11e^{\frac{17.269t}{237.3+t}} \tag{4.3}$$

式中:e_s 的单位是 hPa,其他项单位与式(4.2)相同。

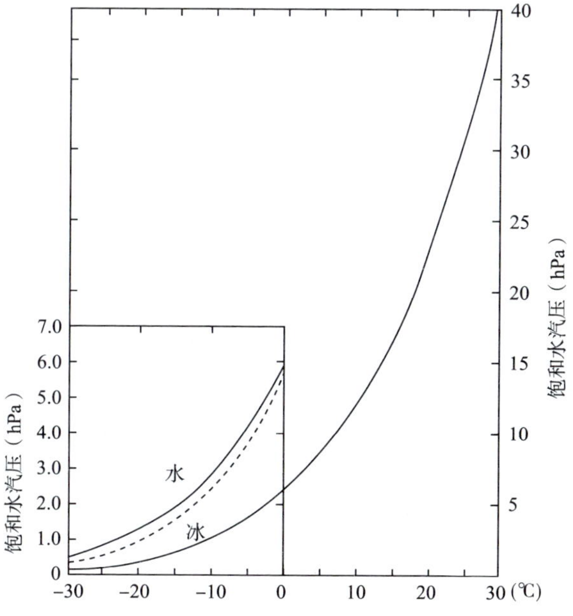

图 4.1　纯水(和冰)面饱和水汽压 e_s 与温度的关系曲线图(Byers,1965)

虽然饱和水汽压主要取决于温度的高低,但也受其他一些因素影响,如蒸发面的状态、表面形状、液体浓度等。

实际水汽压 e_a 的计算须用到干湿球温度表。干湿球温度表是利用两支球部形状、大小完全相同的温度表,放在同一环境中(如百叶箱),一支称为干球温度表;另一支在球部包有湿润纱布的称为湿球温度表,用湿球温度表测的温度称为湿球温度。利用干湿球温度差可以测定空气湿度。其测湿原理是:当空气中的水汽未达到饱和时,湿球表面的水分就不断地蒸发,湿球因蒸发耗热而降温,当蒸发所消耗的热量与从周围空气中获得的热量相平衡时,湿球温度就不再继续下降,这时干湿球温度就有一个差值。干湿球温度差值的大小,与当时的空气湿度有关,空气湿度越小,湿球表面的水分蒸发越快,湿球温度降低越多,干湿球温度差就越大;反之,空气湿度大,湿球水分蒸发慢,蒸发吸热少,湿球温度降低少,干湿球温度差就小。湿球蒸发的快慢还与风速、气压等因子有关,可做适当订正。

实际水汽压 e_a 的计算式如下:

$$e_a = e_{sw} - \gamma(t_a - t_w) \tag{4.4}$$

式中:e_a 的单位是 Pa;e_{sw} 是湿球温度下的饱和水汽压(Saturation water vapor pressure of wet bulb)(Pa);t_a 是空气温度(Air temperature)(℃);t_w 是与空气湿度有关的湿球温度(Wet bulb temperature)(℃);γ 为湿度常数,值是 66 Pa/℃。

2. 绝对湿度(水汽密度)ρ_w(Water vapor density)

单位体积空气中所含的水汽质量,称为绝对湿度,或水汽密度,单位用 kg/m^3 表示。它表示空气中水汽的绝对含量,通常由水汽压计算得到。绝对湿度正比于水汽压,多用于理论上的计算。

3. 相对湿度 RH(Relative humidity)

相对湿度是空气中实际水汽压与当时气温下的饱和水汽压的比值,用百分比表示,即:

$$RH = e_a/e_s \times 100\% \tag{4.5}$$

相对湿度可直接表示空气距饱和状态远近的程度。由于饱和水汽压是水汽压和温度的函数,当水汽压一定时,温度降低则相对湿度增大,温度升高则相对湿度减小。一般来说,相对湿度主要取决于温度,因为气温改变比实际水汽压的改变迅速而经常。例如,一天中如果没有降水,空气中的水汽压变化很小,但一天中的气温却变化较大,所以夜间多云雾霜露,就是由于夜间气温降低使相对湿度增大的结果。

【例 1】当测得某农田植被上方空气的干球温度和湿球温度分别为 20.5℃ 和 17.7℃时,请求算此时空气的相对湿度是多少?

解:用饱和水汽压公式(4.2)求得干球温度下的饱和水汽压为

$$e_{sa} = 610.78e^{\frac{17.269\times 20.5}{237.3+20.5}} = 2411.4(\text{Pa})$$

同样,用饱和水汽压公式(4.2)求得湿球温度下的饱和水汽压为

$$e_{sw} = 610.78e^{\frac{17.269\times 17.7}{237.3+17.7}} = 2025.2(\text{Pa})$$

用空气实际水汽压公式(4.4)求得此时空气的实际水汽压为

$$e_a = e_{sw} - \gamma(t_a - t_w) = 2025.2 - 66\times(20.5 - 17.7) = 1840.4(\text{Pa})$$

用空气相对湿度计算公式(4.5)求得此时空气的相对湿度为

$$RH = \frac{e_a}{e_{sa}}\times 100\% = \frac{1840.4}{2411.4}\times 100\% = 76.3\% \approx 76\%$$

答:此时农田植被上方空气的相对湿度为76%。

4. 饱和差 d(Saturation deficit)

在某一温度下,饱和水汽压与实际水汽压之差称为饱和差。其表达式为:

$$d = e_s - e_a \tag{4.6}$$

饱和差可用来表示空气达到饱和时所需的水汽量。也可表示实际空气距饱和的程度。在研究蒸发时,常用到饱和差,它可指示水的蒸发能力。对于过饱和空气来说,饱和差可说明空气中凝结出水分量的多少。在水汽压一定时,气温愈高饱和差愈大,气温愈低饱和差愈小。

5. 露点温度 t_d(Dew-point temperature)

在空气中水汽含量和气压不变的条件下,降低气温使空气达到饱和时的温度称为露点温度,简称露点。它的单位与气温相同,为℃。

因露点温度是在水汽含量不变,等压降温中使空气达到饱和时的温度,所以在露点温度下的饱和水汽压就是原空气温度下的实际水汽压 e_a。

【例2】计算例1所在的农田植被上方,干球温度20.5℃和湿球温度17.7℃时,空气的露点温度是多少?

解:利用例1的实际水汽压计算结果 e_a=1840.4 Pa,

依据露点温度的定义,空气的实际水汽压等于露点温度下的饱和水汽压,则有

$$e_a = e_{sd} = 610.78e^{\frac{17.269\times t_d}{237.3+t_d}} = 1840.4(\text{Pa})$$

上式转换为 $\frac{17.269\times t_d}{237.3+t_d} = \ln\left(\frac{1940.4}{610.78}\right) = 1.103$,推算求得:$t_d$=16.2℃

答:此时农田植被上方空气的露点温度是16.2℃。

在气压不变的条件下,露点温度的高低只与空气中的水汽含量有关。水汽含量越多,露点温度越高,因此,露点温度也是表示水汽含量多少的物理量,一般空气常处于未饱和状态,露点温度往往低于当时的气温;当空气达到饱和时,露点温度就是当

时的气温。因此,气温与露点温度之差(t_a-t_d)的大小,可以表示空气距饱和的程度。同时,根据温度与露点的差值,可知气温降低多少摄氏度才会有凝结现象发生。因此温度露点差在天气分析预报中经常用到。

空气湿度的测定分为定时观测和连续观测。定时空气湿度测定可采用两种方法:①干湿球温度表读取观测时的气温和湿球温度,然后利用上述公式计算或利用湿度查算表,求取空气中的水汽压、相对湿度、露点温度等各湿度参量值。②利用毛发湿度表直接读取空气相对湿度。一般认为第二种方法误差大些。空气湿度连续性变化只能采用毛发湿度自计仪测定。

三、空气湿度的时空变化

大气湿度,特别是相对湿度,对自然界动植物的生活、生长影响很大。大气湿度的变化是天气现象形成与消散的主要原因。相对湿度的降低,会造成大气干燥,增加地表的蒸发和植物的蒸腾;相对湿度过大,潮湿的大气有利于细菌的繁殖,增加动植物的病虫害。空气湿度随空间、时间变化很大,掌握湿度的变化规律,能更好地指导人类的活动和工农业生产。

1. 空气湿度的空间变化

从空气湿度的垂直变化来看,因大气中水汽的来源主要是海面和地表的蒸发、植被的蒸腾等,所以主要集中在对流层下半部,随高度的增加,水汽迅速减少。水汽压随高度减小的关系,可用下式表示:

$$e_{aZ}=e_{a0}\cdot 10^{-Z/\beta} \tag{4.7}$$

式中:e_{aZ}和 e_{a0}分别为任意高度 Z 处和地表面的平均实际水汽压;β 为经验常数,在低层大气 β 一般取值 5000 m。

水汽压在垂直方向的减小要比大气压的减小快得多,大约到 5 km 高空水汽含量就只有地面的 1/10 了。

相对湿度随高度的变化情况比较复杂。这是因为水汽含量随高度增加而减少;温度随高度增加而降低,使饱和水汽压也随高度降低。但饱和水汽压的递减率与水汽含量的递减率不同,所以它们的比值,即相对湿度可能随高度递增,也可能递减。

从空气湿度的水平变化来看,由下垫面蒸发蒸腾进入空气的水汽,将随空气的水平运动输送到各地,就平均情况来说,水汽含量随纬度的增加而减小。

2. 空气湿度的时间变化

(1)水汽压的日、年变化

由于影响蒸发的诸多因子均随时间变化,所以近地层大气的水汽压也有明显的日、年变化。其日变化有两种类型:单峰型和双峰型。

单峰型在海洋上、沿海地区和陆地上湍流交换不强的秋冬季节较常见。水汽压的大小直接取决于当地蒸发量，由于白天温度高，蒸发量多，水汽压也大；夜间温度低，蒸发量少，水汽压也小。一天中最高值出现在午后，最低值出现在清晨，如图 4.2 中虚线所示。

双峰型主要在夏季湍流交换较强的陆地上，水汽压的日变化出现二高和二低的极值，最高值出现在 09—10 时和 21—22 时，最低值出现在清晨温度最低时和午后湍流最强时。这是由于水汽压要受蒸发量和湍流垂直交换的双重影响。日出后地面增温，蒸发加快，使水汽压逐渐增大，同时由于地表增温，湍流交换加强，近地面层的水汽被输送到上层空间，使低层水汽压减小。所以在午后湍流最强时出现次低值，而湍流充分发展之前的 09—10 时出现次高值。下午湍流减弱，低层水汽又逐渐增大，到 21—22 时以后，地面辐射冷却蒸发减弱，甚至有凝结现象发生，所以 21—22 时出现最大值，清晨出现最小值，如图 4.2 中实线所示。

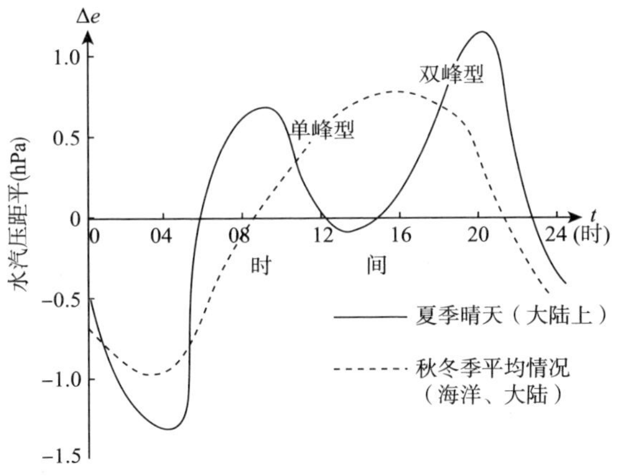

图 4.2　水汽压的日变化

水汽压的年变化，主要取决于蒸发量的多少，而蒸发量与温度的变化基本一致。所以一年中最高值出现在温度高、蒸发强的 7、8 月份，最低值出现在温度低、蒸发弱的 1、2 月份。

(2)相对湿度的日、年变化

前面已提到，在水汽压一定时，相对湿度的大小主要取决于温度，温度增高时，地表蒸发会加强，使空气中的实际水汽压增大，但因饱和水汽压为温度的函数，随温度增加而饱和水汽压增加得更快，所以随着温度的增高，相对湿度一般是减小的。温度降低时则相反，相对湿度增大。因此，相对湿度的日变化与温度的日变化相反，一天中最高值出现在清晨，最低值出现在 14—15 时，如图 4.3 所示。

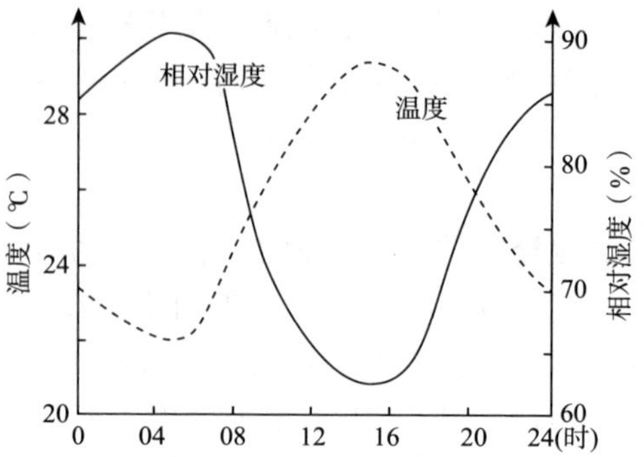

图 4.3　相对湿度的日变化

相对湿度的年变化一般情况是夏季最小,冬季最大。但这些变化规律,若受不同性质平流的影响也会遭到破坏。如某些受季风影响的地区,由于夏季风来自海洋,为暖湿平流,冬季风来自内陆,为干冷平流,也会出现相对湿度夏季最大,冬季最小的情况。

第二节　蒸发与蒸腾

蒸发是指当温度低于沸点时,水分子从液态或固态水的自由面逸出,而变成气态的过程或现象。单位时间单位面积上蒸发出水的质量称为水分蒸发率,用 E (Evaporation rate)表示,单位是 kg/(m^2 · s)。在气象观测中,常以某时段内(日、月、年),单位面积上,因蒸发而消耗的水层厚度(mm)来表示蒸发量。

蒸腾是特指植物体内的水分,通过叶面上的气孔以气态水的形式向外界输送的过程,其单位与蒸发一样。

一、蒸发

蒸发是海洋和陆地水分进入大气的唯一途径,是地球水分循环的主要环节。自然界中蒸发现象颇为复杂,不仅受气象条件的影响,而且还受地理环境的影响。蒸发又分水面蒸发和土壤表面蒸发两种。

1. 水面蒸发

由于在自然条件下的水面蒸发是发生在湍流大气中,所以影响蒸发速度的主要因子有:水源、热源、空气湿度、风速与湍流扩散强度、溶质浓度和气压等。

(1)水源　水源是蒸发的根源,因此,开阔水域、雪面、冰面或潮湿土壤、植被是蒸发产生的基本条件。在沙漠中,几乎没有蒸发。

(2)热源　蒸发需要消耗热量，如果没有热量供给，蒸发面会逐渐冷却，使蒸发面上的水汽压降低，蒸发就会减缓或逐渐停止。从某种意义上讲，蒸发速度取决于热量的供给。实际上常以蒸发耗热多少来表示某地的蒸发速度。一般夏季和秋季蒸发耗热比较多。这是因为夏季和秋季土壤和水的温度比较高，因而有足够的热源供给蒸发。

(3)空气湿度　蒸发速度与水面温度下的饱和水汽压和空气的实际水汽压之差成正比，所以空气湿度越低，蒸发速度也越快。

(4)风速与湍流扩散强度　大气中的水汽垂直和水平扩散能加快蒸发速度。无风时，蒸发面上的水汽主要靠分子扩散，水汽压减小得慢，饱和差小，因而蒸发缓慢。有风时，湍流加强，蒸发面上的水汽随风和湍流迅速扩散到广大的空间，蒸发面上水汽压很快减小，饱和差增大，蒸发加快。

(5)溶质浓度　蒸发速度与溶质浓度成反比，例如江河湖水比海水蒸发得快些，因为海水中含有盐分。

(6)气压　气压越小，蒸发速度越快。同样条件下的水面，青藏高原蒸发量因气压小而比平原地区大大增加。

此外，蒸发速度还受蒸发面形状影响，蒸发面曲率大的比曲率小的蒸发快，如水滴比水平面蒸发快，小水滴比大水滴蒸发快。

在影响水面蒸发的诸多因子中，在同一地点，水面的温度通常是起决定作用的因子。由于水面的温度有年、日变化，所以蒸发速度也有年、日变化。

2. 土壤表面的蒸发

土壤表面的蒸发取决于土壤含水量、气象条件、土壤结构、土壤性质、土壤颜色、方位及植被等因子。

土壤中的水分变为水汽，逸出土壤表面是通过两种过程完成的。一种是土壤表面直接蒸发，即土壤内部的水分沿毛细管上升到土壤表面而后进行蒸发；另一种是在土壤内部水分进行的蒸发，再通过土壤中的孔隙扩散逸出土壤表面。由于土壤中的扩散能力很小，所以第二种蒸发作用是很小的。当土壤十分潮湿，含水量足够充分时，土壤中的水分是按第一种方式进行蒸发的，这与水面蒸发几乎相同，主要受气象条件的影响。在干旱地区或干旱时期，土壤中的水分主要是通过第二种过程进行蒸发，其蒸发速率要比同样条件下湿润土壤小得多，气象因素对蒸发的影响减小，蒸发速度主要取决于土壤含水量和土壤结构。

土壤表面蒸发率的计算，可以通过地表能量平衡方程进行估算，也可以通过湍流扩散方程近似求取或进行直接测量。

二、植物蒸腾

1. 植物的蒸腾作用

植物体内的水分主要是通过植物叶面气孔以气态水的形式向大气输送的过程称为植物蒸腾作用。蒸腾既是物理过程，又是生理过程，因此，这个过程要受植物结构和生理作用的调节，所以比一般水分蒸发作用要复杂。植物一生从土壤中吸收大量水分，只有一小部分用于植物本身，绝大部分是通过叶面气孔散失到大气中去的。

植物叶片蒸腾过程大致如下：水分最开始从叶肉细胞壁开始，然后扩散到气孔穴，见图 4.4。气孔穴上有一对保卫细胞，当保卫细胞内液体收缩，气孔打开，水汽通过气孔到达叶片表面，然后通过片流边界层到达大气中，通过大气湍流最后输送到大气中。在这个过程中，从叶肉细胞壁到叶片表面片流边界层，水分的输送都是通过分子传导完成的，由于分子传导能力弱，所以这一阶段水分的输送是较缓慢的。当到达大气湍流层后，水分的输送就很迅速了。

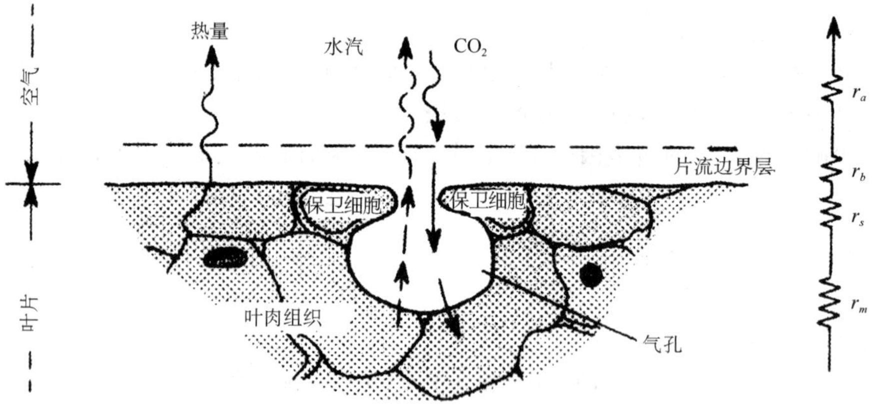

图 4.4　叶片的水汽、热量及 CO_2 输送过程(Fillery *et al*,1975)

水分从叶肉细胞开始向外扩散最后到达大气中，这一生理过程与物理电学中电流、电压与电阻的关系有些类似：叶片内的饱和水汽压与大气中未饱和水汽压形成压差，相当于电压；水分从叶片内到达大气中要克服 4 种不同阻力，称为阻抗，它们分别是：叶肉阻抗 r_m(Mesophyll resistance)、气孔阻抗 r_s(Stomatal resistance)、片流边界层阻抗 r_b(Boundary layer resistance)和大气阻抗 r_a(Air resistance)，总称为水汽输送总阻抗 r_t(Total resistance)，它相当于电阻，水汽被输送相当于电流。两者的表达式分别是：

电流 = 电压差 / 电阻：$I = \Delta V/R$　　水汽 = 水汽压差 / 阻抗：$E = \alpha\Delta e/r_t$

式中：E(Evaporation rate)是水分蒸发（蒸腾）率，单位为 kg/(m^2 · s)；α 是系数，$\alpha = \frac{M_W}{RT}$，其中 M_W 是水汽摩尔质量(18 g/mol)，R 是普适气体常数[8.31 J/(mol · K)]，T 是热力学气温(K)；Δe 是叶温下的饱和水汽压 e_{SL}(Saturated water vapor pressure of leaf)与空气实际水汽压 e_a 之差(Pa)；r_t 是水汽蒸腾总阻抗($r_t = r_m + r_s + r_b + r_a$)(s/m)。

因此，植物蒸腾通量密度 E 可写成：

$$E = \frac{M_W}{RT}\frac{(e_{SL} - e_a)}{r_t} \quad [\text{g}/(\text{m}^2 \cdot \text{s})] \tag{4.8}$$

如果等式两边都乘以蒸发潜热 L(Latent heat of evaporation)(当 $t = 20$℃左右时，$L = 2450$ J/g)，则 LE 就称为潜热通量密度(W/m^2)，它是以蒸发（蒸腾）耗热多少来表示蒸发（蒸腾）率的，这就是第二章的公式(2.20)，只是把式中下垫面水汽压 e_s 换成叶面饱和水汽压 e_{SL}：

$$LE = \frac{LM_W}{RT}\frac{(e_{SL} - e_a)}{r_t} \quad (\text{W}/\text{m}^2)$$

【例 3】某白天玉米地叶片向大气输送的感热通量密度 $H = 100$ W/m^2，已知叶片的热量输送总阻抗 $r_H = 50$ s/m，水汽输送总阻抗 $r_t = 150$ s/m，此时测到空气干湿球温度分别为 $t_a = 20$℃，$t_w = 15$℃，问：(a)叶片蒸腾率 E=？(b)叶片获得的净辐射 R_n=？(c)如果此时土壤太干旱，已无水可供叶片蒸腾，则叶温将升高多少度？

解：$E = \frac{M_W}{RT}\frac{e_{SL} - e_a}{r_t}$，$M_W = 18$ g/mol，$T = 273 + 20 = 293$(K)，

$R = 8.31$ J/(mol · K)，$r_t = 150$ s/m，$L = 2450$ J/g

(a)据公式(4.2)，求得湿球温度下的饱和水汽压 e_{sw} 为：

$$e_{sw} = 610.78e^{\frac{17.269t_w}{237.3+t_w}} = 610.78e^{\frac{17.269\times 15}{237.3+15}} = 1705.7(\text{Pa})$$

则据公式(4.4)，空气实际水汽压 e_a 为：

$$e_a = e_{sw} - 66(t_a - t_w) = 1705.7 - 330 = 1375.7(\text{Pa})$$

要求得叶温下的饱和水汽压 e_{SL}，首先要知道叶温 t_L。

已知叶片的感热通量密度 $H = 100$ W/m^2，由感热通量密度的公式(2.19)可知：

$$H = C_V(t_L - t_a)/r_H$$

式中：$C_V = 1300$ J/(m^3 · ℃)；$r_H = 50$ s/m；$t_L - t_a = H \cdot r_H / C_V = 100 \times 50/1300 = 3.85$(℃)；则，$t_L = 3.85 + 20 = 23.85$(℃)。

叶温下的饱和水汽压：$e_{SL} = 610.78e^{\frac{17.269\times 23.85}{237.3+23.85}} = 2956.4$(Pa)。

叶片蒸腾率：

$$E = \frac{M_W}{RT}\frac{(e_{SL} - e_a)}{r_t} = \frac{18}{8.31 \times 293}\frac{(2956.4 - 1375.7)}{150} = 0.078[\text{g}/(\text{m}^2 \cdot \text{s})]。$$

叶片的潜热通量密度：$LE=2450\times0.078=191(W/m^2)$。

(b)据公式(2.18)可得到：叶片获得的净辐射量：$R_n=H+LE=100+191=291(W/m^2)$，请注意因叶片不与地面接触，所以在净辐射能量平衡公式中，对叶片来说没有土壤热通量密度G项。

(c)据题意：如果土壤中无水供叶片进行蒸腾作用，则叶片获得的净辐射R_n将全部用于感热H，即$R_n=H=291\ W/m^2$，则有$H=C_V(t_L-t_a)/r_H=291=1300(t_L-20)/50$，没有蒸腾作用下的叶温将升到：$t_L=291\times50/1300+t_a=11.2+20=31.2$(℃)。

所以，叶温升高了：31.2－23.85＝7.35(℃)。

答：叶片蒸腾率E为$7.8\times10^{-5}\ kg/(m^2\cdot s)$，叶片获得净辐射$R_n$为$291\ W/m^2$，若无蒸腾作用叶温将升高7.35℃。

从上述例题可看出，当土壤缺水需要灌溉时，叶温将会增高。目前采用先进技术和仪器测叶温来指示农田是否需要灌溉；还可以采用遥感技术，对大片农田植被进行红外摄影，当表明叶片温度高时则表示农田已缺水需要灌溉了。

2. 植物的蒸腾系数

植物蒸腾作用所消耗的水分，常用蒸腾系数K_T表示。蒸腾系数是指植物形成单位重量干物质所消耗的水量，其表达式为：

$$K_T=\frac{\text{单位面积上植物蒸腾总水量}}{\text{单位面积上收获干物质量}} \tag{4.9}$$

式中：K_T是一个无量纲数(无单位)。K_T值越大说明植物需水量越多，水分利用率越低；反之K_T越小，表示植物需水量少，水分利用率越高。所以，缺水地区要选K_T值小的作物栽种。见表4.1。

表4.1 几种农作物蒸腾系数

作物	蒸腾系数	作物	蒸腾系数
谷子	310	水稻	710
玉米	368	大豆	744
小麦	513	豌豆	788
大麦	534	黄瓜	713
马铃薯	636	紫苜蓿	797
棉花	646	亚麻	905

三、农田蒸散

植物蒸腾和农田植被下土壤表面蒸发是同时发生的，将农田表面水分输送到大气中去的总过程称为农田水汽蒸散,用 ET 表示(Evapotranspiration)。在农田中,播种以前只有土壤蒸发。出苗后,蒸发、蒸腾同时存在。在作物苗期以土壤蒸发为主,作物旺盛生长植被覆盖地面时,水分蒸散以植物蒸腾为主。

1948 年美国学者桑斯威特(Thornthwaite)和英国学者彭曼(Penman)提出了"可能蒸散"的概念,也称潜在蒸散,并用 ET_p(Potential evapotranspiration)表示。其定义是:在一个平坦开阔的地表,其上生长有旺盛且完全覆盖地面的矮小绿色植物,在无热平流干扰,且永远有充分供水条件下的农田蒸散。这时作物对水分的输送,只产生很小或可以忽略的阻力。可能蒸散不会超过同样天气条件下的"自由水面蒸发"。

由于可能蒸散不受土壤水分的限制,只受可利用能量的限制。在绝大多数条件下,农田实际蒸散 ET_a(Actual evapotranspiration)与可能蒸散有区别,这是因为实际条件与假定条件有区别,例如有时农田不能获得水分的充分供应等,所以实际蒸散等于或小于可能蒸散。

农田蒸散是许多农业科学工作者多年研究的最重要课题之一。因为它对农田水利、产量预报、品种选择、土壤改良等许多研究领域有重要意义。因此,获得农田蒸散量就显得格外重要。

获得农田蒸散量的方法,一是直接用仪器测量;二是通过大量实验数据,找出规律,总结出一种模式,即一种计算公式,并代入必要的已知条件算出结果。

测量蒸散的仪器较多,例如渗水测量器、可能蒸散表、重量渗水测定器、漂浮渗水测定器等。但由于仪器较昂贵,观测方法较复杂,且代表性、可靠性、准确性等都受限制,故更多的是建立逼近实际情况的蒸散计算公式。这种公式非常多,下面仅介绍当前各国应用较普遍且具代表性的一些方法。

1. 水分平衡法

水分平衡法估算蒸散是应用较广泛、较实际的方法之一。水分平衡公式为:

$$PI + \Delta SW \pm RO - D - ET = 0 \tag{4.10}$$

式中:PI(Precipitation and/or irrigation)为降水或灌溉量,比较容易测到;RO(Run off)为径流量,可以直接测量;D(Percolation deep drainage)为渗漏量,在大量降水或灌溉后不久就停止,因此常被忽略;ΔSW(Soil water content)为土壤水分容积变化量,因在一段时间内变化很小,常当零处理;ET 为实际蒸散,是此公式的计算结果项。

经上述简化处理后,公式可写成:

$$ET = PI - RO \tag{4.11}$$

此方法的优点是获取数据比较容易,但误差较大。

2. 桑斯威特法(气候学法)

桑斯威特(Thornthwaite)根据美国中西部半干旱地区多年田间试验数据,并充分考虑了植物生理和物理机制在蒸散过程中的重要作用。此公式是求月的平均可能蒸散 ET_P(For estimating monthly ET_P),单位用 mm,其表达式为:

$$ET_P = 1.6\left(\frac{l_d}{12}\right)\left(\frac{N_m}{30}\right)\left(\frac{10t_m}{I}\right)^{\alpha} \tag{4.12}$$

式中:l_d 是实际日长(h);N_m 是一个月内的日数(The number of days in a month)(d);t_m 为月平均气温(℃);α 值的计算式为:

$$\alpha = 6.75\times10^{-7}I^3 - 7.71\times10^{-5}I^2 + 1.79\times10^{-2}I + 0.49 \tag{4.13}$$

式中:I 是年热量指数,I 等于各月热量指数 i 之和。各月热量指数 i 是该月平均气温 t_m 的函数:

$$i = \left(\frac{t_m}{5}\right)^{1.514} \tag{4.14}$$

此法的优点是算法简单,资料易得。但它只利用了温度和白昼长度的气候资料,因此用它计算短期的 ET_P 值会产生误差,而计算长期可能蒸散效果较好。此公式也不适合月平均气温低于0℃的地区,因为按照公式,月平均温度为0℃时,蒸发蒸腾都停止,这与事实不符。在计算出可能蒸散后,再根据实际蒸散与可能蒸散的比值,算出实际蒸散。

3. 彭曼法(气象学法)

英国气象学家彭曼(Penman)在研究前人工作基础上,综合考虑了净辐射、空气温度、水汽压以及风速等影响蒸散的各种因素,运用空气动力学和能量平衡概念,提出了计算自由水面的可能蒸发量的公式,若再乘以系数可得出农田可能蒸散量。此公式自1948年第一次发表以来,一直被认为是估算可能蒸散 ET_P 值应用最广泛的方法之一。经过几十年的测试,证明这个公式对农业和生态方面的研究很有用。彭曼公式最开始是对开阔水面的蒸发做估算,公式的一般形式为:

$$E_0 = \frac{SR_n + \gamma E_\alpha}{S+\gamma} \tag{4.15}$$

式中:E_0 为开阔水面蒸发量;S 为温度-饱和水汽压曲线斜率;R_n 为开阔水面净辐射量;γ 为湿度常数;E_α 为干燥力,它等于:

$$E_\alpha = f(u)(e_s - e_a) \tag{4.16}$$

式中:e_s 和 e_a 分别为开阔水面上方空气的饱和水汽压和实际水汽压;$f(u)$ 是与风速有关的系数:

$$f(u) = 0.37(1 + u/160) \tag{4.17}$$

式中:u 是2 m高处风速。

彭曼公式之所以被如此广泛运用，因为公式中气象要素的测量只需在蒸发面上方一个高度上进行，因此它比其他方法，如空气动力学法或能量平衡法的测量都容易。另外，公式中的 R_n 和 S 一般也不需要测量。R_n 可用联合国粮农组织（FAO）推荐的农田蒸散计算方法公式求得（Allen *et al*，1998），而计算公式中所需的参数可从气象台站获取。S 可用湿球温度直接求到，有时 S 也被忽略掉。

为把彭曼公式运用到估算农田植被可能蒸散 ET_p 上，有下述公式：

$$ET_p = f_1 E_0 \tag{4.18}$$

式中：f_1 是一个经验系数，一般取值夏季为 0.8，冬季为 0.6。虽然这些值是在英国做实验得到的，但根据许多科学家在世界不同地区做的实验表明，f_1 无论在任何气候条件下其误差不会超过±15%。

在没有经本地实验获取的 f_1 值数据情况下，可参考联合国粮农组织的技术报告，我国东部季风气候区和青藏气候区采用 $f_1=0.80$，西北干旱气候区采用 $f_1=0.85$。

还有学者把彭曼公式求到的 ET_p 值，乘上一个由作物种类决定的经验系数作为“灌溉预报”参数。这个经验系数随作物品种及生长期的不同而不同。但彭曼公式不适合在盛行感热平流地区运用，因估算出的值将偏低。

4. 彭曼-蒙梯斯法

Monteith 将输送阻抗概念引入彭曼公式中，使彭曼公式既能用于有充分灌溉条件下垫面的蒸散情况，也可用于供水有限下垫面的蒸散情况。其公式形式如下：

$$LE = \frac{S(R_n + G) + \rho_a C_P (e_s - e_a)/r_a}{S + \gamma[(r_a + r_c)/r_a]} \quad (\mathrm{W/m^2}) \tag{4.19}$$

式中：LE 为蒸散潜热通量密度（$\mathrm{W/m^2}$）；R_n 为农田植被净辐射通量密度（$\mathrm{W/m^2}$）；G 为植被下土壤热通量密度（$\mathrm{W/m^2}$）；S 为温度-饱和水汽压曲线斜率（Pa/℃）；γ 为湿度常数（Pa/℃）；ρ_a 为空气密度（$\mathrm{kg/m^3}$）；C_P 为空气质量定压热容[J/(kg·℃)]，e_s 为当时空气温度下的饱和水汽压（Pa），e_a 为空气实际水汽压（Pa）；r_a 为空气阻抗（s/m）；r_c 为植被阻抗（s/m）。

目前，由于自动测量仪器及计算机水平的迅速提高该公式正被广泛采用。

5. 鲍恩比法（能量平衡法）

鲍恩（Bowen）于 1926 年提出了感热通量密度 H 与潜热通量密度 LE 之比值 β 的概念，并将此比值称为鲍恩比（Bowen ratio）：$\beta=\dfrac{H}{LE}$。他认为在大气中热量湍流交换系数与水汽湍流交换系数相等，即 $K_h = K_w$，在这种假设条件下有下述关系式：

$$\beta=\frac{H}{LE}=\gamma\left(\frac{\Delta t}{\Delta e}\right)$$

式中:γ为湿度常数,又根据能量平衡公式$R_n=H+LE+G$,可得到农田实际蒸散所耗热量,即潜热通量密度LE。

$$LE=\left(\frac{R_n-G}{1+\beta}\right)=\left[\frac{R_n-G}{1+\gamma(\Delta t/\Delta e)}\right]\quad(\mathrm{W/m^2})\tag{4.20}$$

用鲍恩比法测定田间LE的优点是,测定仪器简单,且不需要快速反应仪器。目前在欧美使用这种方法较为普遍。

第三节 水汽凝结与大气降水

一、水汽凝结的条件

1. 空气中水汽达到过饱和状态

在大气中,一般情况下,只有当空气的实际水汽压超过饱和水汽压(即$e_a>e_s$)时,水分才能由气态转为液态或固态。空气达到过饱和状态的途径有两种:增加空气中的水汽,使水汽压(e_a)超过当时温度下的饱和水汽压(e_s);或者使含有一定量水汽的空气冷却,使饱和水汽压减小到小于当时实际水汽压。也可以是这两种过程共同作用的结果。

(1)增加大气中水汽含量,需要有蒸发源。通常情况下,水面蒸发作用虽然可以增大空气湿度,但并不能使空气中的水汽产生凝结。因为当靠近水面的空气接近饱和时,蒸发即基本停止。然而,当冷空气流经暖水面时,由于水面温度比气温高,暖水面上的饱和水汽压比空气的饱和水汽压大得多,水汽从高向低扩散使空气达到过饱和而产生凝结。秋冬季节清晨,水面上的蒸发雾就是这样形成的。

(2)在自然界中,大部分凝结现象是产生在降温过程中。大气的冷却方式主要有绝热冷却、辐射冷却、平流冷却、混合冷却等,具体如下:

①绝热冷却:前面已提到是由于空气在上升过程中,因体积膨胀对外做功导致空气本身冷却。这是大气中引起空气降温的主要过程。随着高度升高,温度降低,饱和水汽压减小,空气升至一定高度就会出现过饱和状态。这就是云的形成过程。

②辐射冷却:在晴朗无风的夜间,地面辐射冷却,导致近地层空气的降温。当空气温度降到露点温度以下时,水汽压就会超过饱和水汽压产生凝结。这就是辐射雾的形成过程。

③平流冷却:当暖湿空气流经冷的下垫面时,由于热量交换,将造成暖空气温度降低,如果两者温度相差较大,暖空气降温较多,也可能产生凝结。

④混合冷却：当温差较大，且接近饱和的两团空气水平混合后，可能达到过饱和状态。因为饱和水汽压随温度的改变呈指数曲线形式，这样就有可能使混合后气团的平均水汽压比混合后气团的平均温度下的饱和水汽压大。见图 4.5，图中 A 和 B 分别代表两个未饱和气团的状态，A 气团的温度为 t_1，实际水汽压为 e_{a1}，饱和水汽压 e_{s1}。B 气团的温度为 t_2，实际水汽压为 e_{a2}，饱和水汽压 e_{s2}。混合后，空气的温度为原来两团空气的平均温度 t（横坐标上 t_1 与 t_2 之中点），对应的饱和水汽压为 e_s，由于混合是水平方向进行的，混合后的实际水汽压 e_a，即为 e_{a1} 和 e_{a2} 的平均值（纵坐标上 e_{a1} 与 e_{a2} 之中点）。

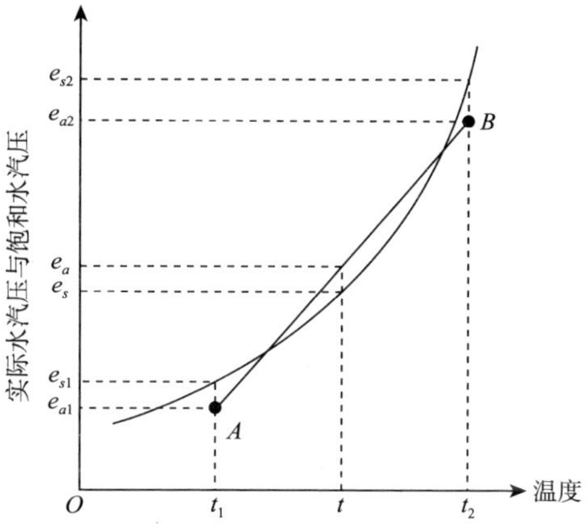

图 4.5 由水平混合产生的凝结

从图 4.5 上可以看出，这两团空气混合后，水汽压大于饱和水汽压，即 $e_a > e_s$，可以产生凝结。同时看出只有参与混合的两气团温差很大，湿度接近饱和时，才有可能产生凝结。

上述几个过程中，冷却是主要的。对形成雾来说，辐射冷却、平流冷却都是主要的；对形成云来说，绝热冷却是主要的。

2. 空气中有凝结核或凝华核

试验表明，纯净的空气中，即使水汽过饱和到相对湿度为 300%～400%时，也不发生凝结。但如果在纯洁空气中放入具有吸水性的微粒，便立即发生凝结。这是因为作不规则运动的水汽分子之间引力很小，相互间的碰撞不易结合为液态或固态水。只有在巨大的过饱和条件下，纯净的空气中水汽才能凝结。但是巨大的过饱和在自然界是不存在的。然而大气中存在着大量的比水汽分子大得多的吸湿性微粒物质，它们对水分子吸引力很大，水汽分子极易在其表面上集聚，使其成为水汽凝结核心。这种能促使水汽凝结的微粒，叫凝结核（或凝华核），凝结核的存在是大气产生凝结的重要条件之一。自由大气中的凝结核很多，如火山爆发形成的尘埃；海水浪花蒸发后遗留在空气中的盐粒；燃烧进入大气中的烟粒等等。

在凝结核数量多的地区，大气中的水汽只须达到饱和就会有凝结现象发生。所以大工业区和城市上空出现雾的机会比一般地区要多。

二、水汽凝结物

产生于地表或地物上的水汽凝结物主要有露、霜、雾凇、雨凇等，产生于空气中的水汽凝结物主要有云和雾。

1. 地表和地物上的水汽凝结物

(1)露与霜

夜晚或清晨,由于地面、地物表面的辐射冷却,使贴近地面的气层温度也随之降温,当温度降到露点以下时,在地面或物体表面上就会有水汽凝结物形成。如果凝结时的露点温度高于 0℃,水汽凝结为露,如果露点温度低于 0℃,则水汽凝华为霜。

形成露和霜的有利天气条件是晴朗微风的夜晚。因为碧空有利于辐射冷却,而微风又能把已经发生过凝结的空气带走,使新鲜的潮湿空气不断流来补充,保证有足够多的水汽供应凝结,因此,可形成较强的露或霜。无风时可供凝结的水汽不多;风速过大时由于湍流太强,使近地层空气与上层较暖的空气发生强烈混合,导致贴地空气降温缓慢,均不利于露和霜的生成。夏末秋初,贴地气层湿度较大,晴朗微风的天气较多,夜晚时间增长,有利于辐射冷却,故常出现露。对于霜,除辐射冷却外,在冷平流以后也容易产生,称为平流霜。

热导率小的疏松土壤表面,辐射能力强的黑色物体表面以及辐射面积大的粗糙地面,夜间冷却皆较强烈,易于形成露和霜。在植物枝叶上,夜间温度较低而且湿度大,露或霜较重;在洼地与山谷,容易积蓄冷空气,产生霜的频率最大;在水域岸边平地和森林地带,产生霜的频率较小。

露带来的降水量很少,在温带地区夜间露量相当于 0.1～0.3 mm 的降水层,但在许多热带地区却很可观,多露之夜可有相当 3 mm 的降水量。露量虽有限,但对雨水缺少的干旱地区的作物生长有重要意义;在干热天气里,露常有维持植物生命的功能。例如在沙漠中,有时数月无雨,植物仍可以依靠露水生存。但由于露会助长病菌的繁殖,故常用结露时间长短作为植物病害预测的重要指标。若水果表面沾有大量露珠而不散,会使果面产生锈斑,品质下降。露和霜形成时释放的潜热可缓和植物体温的下降,所以有霜的霜冻比无霜的霜冻危害轻些。

(2)雾凇和雨凇

雾凇是水汽在树枝、电线或其他地物迎风面上白色疏松的微小冰晶或冰粒。雾凇在我国东北和华北地区称为"树挂"。

根据形成条件和结构,雾凇可分为粒状与晶状两种。当气温为－7～－2℃有雾且风速较大的天气条件下,风将过冷却雾滴吹到冷的地物表面上冻结而形成的为粒状雾凇。由于粒状雾凇的结构较紧密,常使电线、树枝折断,对交通、通讯、输电线路等造成一定影响。气温为－15℃左右,且有雾、微风的天气条件下,空气中过饱和冷却水可在物体表面上直接凝华生成雾凇,称晶状雾凇,其晶体与霜类似,结构松散,稍有震动就会脱落。

雨凇是过冷却液态降水(雨或毛毛雨)碰到地面物体后直接冻结而成的坚硬、光滑而透明的冰层,也称冻雨。多聚集在物体的迎风面。雨凇较雾凇更具危害性,它能压断电线、折损树木,对交通运输、电信、输电以及农业生产都有很大影响。在高纬地区,雨凇是常出现的灾害性天气现象。

2. 近地气层中的凝结物

当近地气层的温度降到露点温度以下,空气中的水汽凝结成小水滴或凝华为冰晶,弥漫于空气中,使水平能见距离小于 1000 m 的天气现象称为雾。

形成雾的基本条件是近地面空气中水汽充沛,有使水汽发生凝结的冷却过程以及凝结核的存在。在风力微弱、大气层结稳定并有充足的凝结核存在的条件下最易形成。根据近地气层降温的方式不同,可将雾分为辐射雾、平流雾、平流辐射雾,其中最常见的是辐射雾和平流雾。

(1)辐射雾

辐射雾是由地面辐射冷却而形成的。有利于辐射雾形成的条件是:①空气中有充足的水汽;②天气晴朗;③微风(1～3 m/s);④大气层结稳定。辐射雾的出现有明显的季节性,多出现于冬半年,尤其是春、秋季的夜晚和日出前。此外,辐射雾的出现也有明显的地方性,低洼的地方像谷地、川地、河岸洼地及盆地,雾的发生较频繁。我国的四川盆地是有名的辐射雾区。其中重庆冬季无云的夜晚或早晨,雾日几乎占80%,有时还可终日不散,甚至连续几天。

城市及附近由于烟粒、尘埃多,凝结核充沛,因此特别容易形成浓雾。如果机场位于城市的下风向,这种雾就会笼罩机场,严重影响飞机的起飞和着陆。

(2)平流雾

平流雾是暖湿空气流经冷的下垫面而逐渐冷却形成的。例如,在寒冷季节洋面上的暖湿空气流入大陆时,可生成平流雾。形成平流雾的有利条件是:①下垫面与暖湿空气的温差较大;②暖湿空气的湿度大;③适宜的风向(由暖向冷)和风速(2～7 m/s);④层结较稳定。平流雾一般比辐射雾的范围广而深厚,在海洋上四季都可出现。在我国沿海以春夏为多雾季节。

平流辐射雾是平流和辐射因子共同作用形成的雾,又称“混合雾”。

3. 云

云是地球上水分循环的重要环节,云能致雨、且云的发生发展伴随着能量的交换。云对天气的变化具有一定的指示意义,因而在天气预报中是重要的气象因子之一。

云是大气中水汽凝结、凝华形成的水滴、过冷却水滴、冰晶或由它们混合形成的云滴组成的悬浮体。

云的存在和发展必须具备的条件是空气中水汽达到过饱和状态,有凝结核,还必须有水汽的不断输送和补充。除此之外,还要有使空气中水汽发生凝结的冷却过程,即空气的垂直上升运动。同时,也只有空气的垂直上升运动,才有可能由地面向云体中不断地输送水汽以维持云的存在和发展。引起初始空气垂直上升运动的原因很多,如温暖季节,由于近地层空气受地面强烈增温而产生的热对流上升;空气水平流动遇山,而沿山坡被迫抬升;暖空气在冷空气上爬升;运动速度不同的两层空气,在其界面上产生波动,在波峰上会产生空气的上升运动等。这些上升运动都可促使云的形成。

气象出版社2004年出版的《中国云图》将云分成3族10属;按云底距地面的高度分为低云、中云、高云三族,各族云又按其外形特征、结构和成因划分为10属,见表4.2。

表4.2 云的分类及形状特征

云族	云属		形状特性
	名称	简写	
低云(云底距地面高度<2500 m)	积云	Cu	向上发展浓厚云块,顶突起,底平,边界分明
	积雨云	Cb	浓厚高耸像山、塔、花椰菜状,有强降雨或雪,间有雹
	层积云	Sc	薄层团块,或滚轴云条组成的云层,或分散,个体相当大,常成群,成行,成波,云纹柔和,色灰白,部分阴暗,云缝常露青天
	层云	St	低而均匀的云层,像雾幕状,可降毛毛雨或冰粒
	雨层云	Ns	低而漫无定形的降水云层
中云(云底距地面高度2500~5000 m)	高层云	As	有条纹或纤缕结构的云幕,日、月轮廓不清,无晕,有时可降雨雪
	高积云	Ac	薄云块,扁球形,个体边缘常焕发彩虹,排列成群,成行或成波,变浓可下雨
高云(云底距地面高度>5000 m)	卷云	Ci	纤维状、絮状、钩状、丝缕状、羽毛状,常分离散处,带有柔丝光泽
	卷层云	Cs	薄如丝绢般云幕,似乱发,日、月轮廓分明,常有晕
	卷积云	Cc	鳞片状、薄球状,排列成群、成行、成波,有丝缕组织

三、降水

降水是指云中降落到地面的液态或固态水,包括雨、雪、霰、雹等。

1. 降水的形成

降水来自云中,但有云不一定都能产生降水。因为构成云体的云滴的体积很小,重量轻,能被空气的浮力和上升气流托住而悬浮于空中。要使云产生降水必须使云滴增大,并使其下降速度大大超过上升气流的速度,而且在下降的过程中不因蒸发而将水滴耗尽,这样才能使水滴或冰晶从云中降落到地面成为降水。

云滴增大主要是通过两种过程完成的，一种是凝结（或凝华）增长过程；另一种是云滴的碰并增长过程。

当云层内部存在着冰、水云滴共存，冷、暖云滴共存或大、小云滴共存的任何一种条件时，由于不同的云滴间存在饱和水汽压差，水汽从饱和水汽压大的云滴移到饱和水汽压小的云滴上，使云滴增大，这便是凝结（凝华）增长。

云滴的碰并增长是由于云内的云滴大小不一，相应地具有不同的运动速度。大云滴下降速度比小云滴快，因而大云滴下降过程中很快追上了小云滴，大、小云滴相互碰撞而黏附起来，成为更大的云滴。而在有上升气流时，当大、小云滴被上升气流向上带时，小云滴也会追上大云滴与之合并，成为更大的云滴。此外，由于云中空气的湍流混合，云滴带有正、负不同的电荷等原因，也可引起云滴的相互碰并。

2. 降水的种类

根据降水的形态，可把降水分为雨、雪、霰、雹。

（1）雨　从云中降落到地面的液态水。

（2）雪　从云中降到地面的各种类型冰晶的集合物。当云层温度很低时，云中有冰晶和过冷却水同时存在，水汽从水滴表面向冰晶表面移动，在冰晶的角上凝华，形成各种类型的六角形雪花。低层气温较低时，雪花降到地面仍保持其形态；如果云下面的气温高于 0℃时，则可能出现雨夹雪或湿雪。

（3）霰　白色不透明而疏松的小冰球，其直径 1～5 mm 时称为霰。它形成在冰晶、雪花、过冷却水并存的云中，是由下降的雪花与云中冰晶、过冷却水碰撞，迅速冻结而形成的。由于雪花中夹着的空气来不及排出，所以霰看起来呈乳白色，不透明而疏松。

（4）冰雹　冰雹是从云中降落的冰球或冰块，其直径从 5～50 mm，个别情况可以更大。一般的雹多为透明与不透明冰层相间组成，雹心由霰组成。

雹形成在积雨云中。积雨云形成时对流作用很强烈，所以积雨云的垂直厚度很大，一般在 8000 m 以上。云的顶部常可达到 −40℃以下，云的中部温度在 0～−40℃，云的底部在 0℃以上。因而各层云滴的结构也不一样，顶部为冰晶和雪花，中部为过冷却水滴和冰晶，底部为水滴。由于积雨云中上升气流时强时弱，当云顶的雹心（霰）降落到中部和底部时，与过冷却水和水滴碰并而包围在霰的周围，再次上升时，外围的水分被冻结形成一透明冰层；当上升至顶部时，云顶的冰晶雪花附着于其外又形成一不透明层。如此反复上下之后，这种透明与不透明的同心层次可达几十层之多。直至云中上升气流再也托不住时，降到地面即为雹。

3. 降水的表示方法

（1）降水量　从云中降落的液态或固态水，未经蒸发、渗透和流失，在单位水平面积上所积聚的水层深度称为降水量，雪、霰、雹等固体降水量为其融化后的水层厚度。降水量的单位为mm(毫米)。

(2)降水强度　单位时间内的降水量称为降水强度(mm/d或mm/h)。按降水强度的大小，可将降雨分为小雨、中雨、大雨、暴雨、大暴雨和特大暴雨等。降雪也分为小雪、中雪、大雪、暴雪、大暴雪和特大暴雪(表4.3)。

表4.3　降水等级划分

降水强度 降水等级	每小时降水量(mm/h)	日降水量(mm/d)	降水强度 降水等级	日降水量(mm/d)
小雨	≤2.5	<10.0	小雪	<2.5
中雨	2.6～8.0	10.0～24.9	中雪	2.5～4.9
大雨	8.1～15.9	25.0～49.9	大雪	5.0～9.9
暴雨	≥16.0	50.0～99.9	暴雪	10.0～19.9
大暴雨		100.0～250.0	大暴雪	20.0～29.9
特大暴雨		>250.0	特大暴雪	≥30.0

四、人工影响云雨

人工影响云雨是人类有意识影响自然的重要方面。近年来，由于科学技术的不断进步，国内外人工影响云、雾、降水的方法取得了很大的进展。

人工降雨就是根据自然界降水形成的原理，人为地补充某些形成降水所必须的条件，促使云滴迅速凝结或并合增大，形成降水。所采用的方法，因云的性质不同，有以下几种：

1. 人工影响冷云降水

中纬度地区冬季经常出现大范围的过冷却层状云，但很少降水。根据贝吉龙学说，这种云之所以没有降水，主要是云内缺乏冰晶，云滴得不到增长。使冷云降水的基本原理是设法在云内制造适量的冰晶使其产生冰晶效应，使水滴蒸发，冰晶增长。当冰晶长大到一定尺度后，发生沉降，沿途由于凝华和碰并增长而变成大的降水质点下降。

在云内人工产生冰晶的方法有两种，一种是在云中投入冷冻剂，如干冰(即固体二氧化碳)。将干冰投入过冷却云中后，在它的周围薄层内便形成一个冷区，在此冷区内，过饱和度很大，因此水汽分子结合物能够存在和长大。试验表明，当温度低于−40℃时，即有自生冰晶。因此，在干冰周围形成了大量的冰晶胚胎，其中较大的冰晶经过湍流扩散到四周空间，以后继续成长为更大的降水质点而下落。

另一种方法是引入人工冰核(凝华核或冻结核)。目前人们认为碘化银是一种非常有效的冷云催化剂。碘化银具有三种结晶形状，其中六方晶形与冰晶的结构相似，能起冰核作用，适用于－15～－4℃的冷云催化。

2. 人工影响暖云降水

整个云体温度高于0℃的云称为暖云。在暖云中，胶性稳定状态（云由悬浮在空气中的液态水滴、冰晶、雪花等组成，如果这种液相或固相的水质保持其各自原有状态不变，则称为胶性稳定）的维持往往是由于云中缺乏大水滴，滴谱较窄，碰并作用不易进行之故。在暖云的自然降水中，大约需要10^6个云滴才能增长变成一个雨滴，每立方米有200个这样的雨滴才能产生自然降水。因此，人工影响暖云降水可以引入吸湿性核（如食盐）。由于它能在低饱和度下凝结增长，故可在短时间内形成数十微米以上的水滴。也可直接引入30～40 μm的大水滴，从而拓宽滴谱，加速碰并增长的过程，达到降水的目的。还可以引入表面活性物质，以改变水滴的表面张力状态，有利于形成大水滴并促使其破碎，加速连锁反应，从而形成降水。

第四节　水分与农业

植物的生命离不开水。水是光合作用固定CO_2、形成糖的原料；水是溶剂，养分溶于水输送到周身；植物靠水维持膨压得以挺立，而细胞的伸长也有赖于此；植物靠水的蒸腾来调节温度，使其不致过热；许多植物的生物化学反应要求细胞质被水合。水分过多或过少都可能导致农作物减产、失收甚至引起植株死亡。

一、作物的水分临界期和关键期

农作物生长发育过程中，各时期都需要有水分供应，满足各时期的水分供应才能获得高产。掌握作物需水规律，是搞好水分管理的重要依据。农作物从种子发芽到开花结实，各生育阶段对水分的要求是不同的，对水分的敏感程度也不一样。作物对水分最敏感时期，即水分过多或缺乏对产量影响最大的时期，称为作物水分临界期。临界期不一定是植物需求量最多时期。各种作物需水的临界期不同（表4.4），但基本都处于营养生长即将进入生殖生长时期。一般作物的水分临界期与花芽分化的旺盛时期相联系。另外，不同作物与品种，其临界期不相等，临界期越短的作物和品种，适应不良水分条件的能力越强，而临界期越长，则适应能力越差。

表4.4　几种主要作物的水分临界期

作物	临界期	作物	临界期
冬小麦	孕穗到抽穗	大豆、花生	开花
春小麦	孕穗到抽穗	向日葵	花盘形成到开花
水稻	孕穗到开花(花粉母细胞形成)	高粱、谷子	孕穗到灌浆
玉米	“大喇叭口”期到乳熟	棉花	开花到成铃
马铃薯	开花到块茎形成	西红柿	结实到果实成熟
甜菜	抽薹到开花始期	瓜类	开花到成熟

在作物水分临界期内,如果当地降水条件配合不好(历年在这个时期内不是降水过多就是降水不足),这一时期便是当地水分条件影响产量的关键时期,也称为作物对水分的农业气候关键期或简称为关键期。临界期只考虑作物本身对水分的敏感程度,而关键期是综合考虑了作物本身的需水特性和当地的农业气候条件两方面的因素。因此,一个地区某种作物水分的关键期与临界期可能一致,也可能不一致。

二、土壤水分状况及与作物的关系

1. 常用的土壤水分指标

土壤水是作物吸水的主要来源。土壤水分的多少对作物的光合作用、生长发育和产量形成等有着重大影响,根据作物的反应、土壤的保水力及水分的移动性等,可确定各种指标。常用的指标有:致死水量、有效水分下限、适宜水分下限、有效与适宜水分上限指标等。

(1)致死水量——最大吸湿量　指干土在接近水汽饱和的大气中吸附水汽,在土粒表面凝结成液态水的数量。这部分水对植物无效,称为致死水量。

(2)有效水分下限——萎蔫系数(凋萎系数)　在农田中当土壤水分下降到某一数值时,农作物因缺水而丧失膨压以致萎蔫,即使在蒸腾最小的夜间膨压亦不能恢复,这时的土壤水分称为萎蔫系数。此时土壤除紧束缚水外,只有不太厚的水膜和少量不连续的水环,移动极慢,不能补给植物吸水之需,致使植物萎蔫。

(3)适宜水分下限——毛管断裂水量　低于此量,毛管断裂,水分移动慢。

(4)适宜水分上限——田间持水量(又叫田间最小持水量)　它是地下水位很深时,地下水位以上的毛细管饱和层不能达到土壤的根分布层时,土壤中所保持的水量。

2. 土壤湿度单位

土壤湿度及上述指标的单位常有以下几种表示法:

(1)以质量百分数表示的土壤湿度。指土样中的水量占该土样烘干量的百分数:

$$B\% = 土壤水质量 / 干土质量 \times 100\% \tag{4.21}$$

这种表示法最简单而普遍，但因不同土壤的相同水分指标，如用 $B\%$ 表示，数量出入很大，并且不同土壤的相同土壤湿度 $B\%$ 值，其对作物的有效性也可能差别很大。

(2)土壤相对含水量。即以占田间持水量的百分数表示的土壤湿度。比如某土壤湿度为 $B_1\%$，其田间持水量为 $B_f\%$，则把 $B_1\%$ 换算成相对含水量为 $B_1/B_f \times 100\%$，因其已与该土壤的主要指标——有效与适宜水分上限做了比较，相对地显示了它的有效性，故较利于在不同土壤间进行比较。

(3)土壤贮水量。指一定深度的土壤总的绝对含水数量，常以 mm 为单位，与降水、蒸发量单位相同，以便比较和计算。土壤有效水分贮量 W 的表达式为：

$$W = h_S \rho_s B\% \times 10 = 0.1 h_S \rho_s \tag{4.22}$$

式中：h_S 是以 cm 表示的土层厚度；ρ_s 是土壤[质量]密度(g/cm^3)；乘以 10 是将 cm 化为 mm 值。

(4)以能量与力的单位表示土壤水分，其单位有：J/g、Pa 等。

植物依靠叶片—根系—土壤之间的吸水力梯度或水势梯度所给予的动力或能量，使水分克服途中种种阻力，由土壤经根系送到叶片；最后由叶片蒸腾进入大气。叶片与根系的吸水力(吸水压)是渗透压与膨压之差；土壤吸水力主要依靠分子力与弯月面力。吸水力可形成一定势能，故也可用水势表示土壤水分指标与水分状况。用水势表示有很多优越性：①各指标与常数对任何土壤而言，都有相同的水势值，故便于比较。②用水势表示，便于将由土壤经根茎到叶的全部过程用水势梯度来统一解释。

三、降水与空气湿度对作物的影响

1. 降水对作物的影响

降水是作物水分供应与土壤水分的主要来源，是水分平衡的主要收入项，且降水资料易得，人们有时直接根据降水量的多少，来评定作物水分供应条件的好坏。对无灌溉条件的旱农地区，降水是决定作物产量的主要因子之一。

降水量相同而强度不同，或者说雨是分散下还是集中下，将对作物产生不同影响。强度太大易形成渍涝，特别是低洼地更是如此。

连阴雨过多，雨日过多，除降水的直接影响外，还带来阳光不足，作物易倒伏与多病，且导致光合产物不足而秕粒，减产并降低品质(如含糖量降低等)；还可引起落粒、落果，穗上发芽或种子、果实霉烂；还影响农田操作与农业运输等；雨日还间接影响温度，特别是土温。雨日多将降低春温而延迟作物出苗，产生不利影响；降低秋温则影响喜热大秋作物的成熟与产量形成，如秋雨多不利棉花的产量与品质。

如果降水量较多时,相同的降水量在雨日多、分散地降下效果较好。但如果降水量较小时,越分散下效果越差。

在干旱时,降水强度太小不能解除旱象,即没有下"透雨",这也是无用的。下多少雨才算透雨,即雨量与渗入土壤深度的关系如何?要根据当地多年资料,求出经验性的关系式。

2. 空气相对湿度对作物的影响

空气相对湿度的大小是影响作物蒸腾和作物吸水的重要因子之一。相对湿度小时,作物蒸腾较旺盛,吸水较多。当土壤水分充足时,蒸腾旺盛可增加植物对水分和养分的吸收从而加快生长。因此,在一定程度上空气相对湿度较小时对作物是有利的。但如果空气相对湿度太小,可能引起空气干旱,特别在气温高、土壤水分缺少时,会破坏作物的水分平衡,阻碍生长,造成减产,灾害性天气"干热风"就是典型的例子。而在空气湿度过大时,植物的生长也将受到抑制,谷物籽粒的灌浆降低。相对湿度太高还会影响作物成熟时的脱水过程,延迟收获,降低产品质量,影响贮藏。

另外,空气相对湿度也是影响棉花蕾铃脱落的综合条件之一,持续高湿将加重脱落。棉花品质在采收时也与相对湿度有关,相对湿度低则质量较高,有人以相对湿度小于 50%为采摘的临界条件。

有些植物开花受粉与空气相对湿度关系密切,如板栗当相对湿度太低(低于 22%),未成熟花粉因花药变干而提前散落,此时雌花未熟,致使板栗不实。

空气相对湿度对病虫害影响也很大,各种病害有其发病的湿度指标。如马铃薯疫病需要 48 h 温度大于 10℃,在此温度下,如果相对湿度大于 75%则有利于发病。相对湿度日变化的大小对发病也有影响。

四、水分利用率及其提高途径

1. 水分利用率

农田蒸散消耗单位重量水分所制造的干物质重量称为水分利用率。即:

$$U_W = Y_d / ET \qquad (4.23)$$

式中:U_W 为水分利用率;ET 为单位面积上的蒸散量(kg/m^2);Y_d 为单位面积上收获干物质量(kg/m^2)。U_W 值大,说明蒸散消耗一定量的水分所获得的干物质多,用水经济。

2. 提高水分利用率的途径

提高水分利用率的农业措施有灌溉、良好的种植方式、屏障、覆盖、染色、作物与品种配置等。

(1)灌溉　灌溉的时期与方式对水分有效利用率的影响很大，在水分临界期灌溉比其他时期灌溉收效更高。据报道，玉米在吐丝到雌穗发育 4～8 d 内缺水，减产 40%，此时灌水增产效果最显著。灌溉次数应根据气候特点与天气年型而定，生长期多雨年份少灌，少雨年份适当增加灌溉次数，这样也可提高水分利用率。灌溉方式对水分的有效利用率影响也很大，如在干热风时进行微量喷灌，对调节空气湿度，减轻其危害有良好效果。

(2)种植方式(密度、行距与行向等)　在水分充足时，高粱、玉米适当密植与缩小行距有利。而土壤略缺水时，窄行距利用水分比较经济，宽行可能因为农田中粗糙度大，有较大的湍流，使宽行用水多于窄行。干旱情况下，密植因农田总蒸发量大，不利于水分利用。

行向对水分利用也有影响。有人研究相同密度下，东西行向玉米的水分消耗明显比南北行向多，水分利用率低，但东西行向与南北行向总产量无明显差异。因为东西行向收入较多的净辐射，导致丧失更多的水分。

(3)风障　在一般情况下，风障不改变作物水分的有效利用率，而在有大风时，风障可减少湍流交换，从而明显减少障内水分消耗，可明显提高水分有效利用率。

(4)作物种类的选择　据研究，不论干湿条件，C_3 植物比 C_4 植物的蒸腾量大。高粱(C_4)水分有效利用率是大豆的三倍，由此可见，针对不同气候特点选用适宜的作物种类，可以提高水分利用率。

(5)覆盖　在小面积上使用覆盖物也可减少蒸发。例如地膜覆盖，它不仅提高地温，而且大大减少土壤蒸发，保存土壤水分，使土壤中的有效水分能较长时间供给作物对水分的需要，从而大大提高了水分的有效利用率。另外有人用干土面、砾石和干草做覆盖物进行比较，以干土面防蒸发效果最显著，特别在有风天效果尤为显著。所以，中耕松土将表土层弄成细干土，对保持土壤下层水分有明显作用，也有试验证明用粒径 2～5 mm 的小石子覆盖地面，对减小土壤蒸发效果不错。

第五章　气压和风

气压和风是描述大气状态的气象要素,二者相互依存、相互影响。气压的空间分布和变化决定了大气的运动状况,而大气的运动又影响气压的变化。大气运动对大气中热量和水分的传输和交换起着重要作用,直接影响着天气、气候的形成和演变。本章主要讲述气压、气压分布、风的形成和大气环流的基础知识,以及气压、风与农业生产的关系。通过本章的学习,为学习天气、气候、小气候等内容打下必要的基础。

第一节　气压

一、气压的概念

气压(P,Atmospheric pressure)是指大气产生的压强,即单位面积上所承受的大气压力。它是空气的分子运动与地球重力场综合作用的结果。其计算公式为

$$P=\frac{F}{A} \tag{5.1}$$

式中:F 代表任意面积 A 上所承受的大气压力,即大气在地球重力场的作用下对地球表面施予的压力。

在静止大气中,$F=Mg$。M 为任意面积 A 上的大气质量,在地球重力场中,g 为重力加速度。即静止大气中任意高度上的气压值等于其单位面积上所承受的大气柱的重量。当空气有垂直加速度运动时,气压值与单位面积上承受的大气柱重量有一定的差值,但一般情况下,空气垂直运动加速度很小,这种差别可忽略不计。

压强单位是帕斯卡(Pa),1 Pa=1 N/m^2(牛顿/平方米)。气压单位常用百帕(hPa),1 hPa=100 Pa。也曾用过毫巴(mb)和毫米水银柱高(mmHg)。

$$1\ \text{hPa}=1\ \text{mb}$$

$$1\ \text{hPa}=\frac{3}{4}\text{mmHg}$$

气压的另一单位为标准大气压(Standard atmospheric pressure),是指在标准大气状态下的海平面气压。即温度为0℃,纬度为45°N(S)的海平面气压。国际上规定,1标准大气压的值为1013.25 hPa(或760 mmHg)。

海平面气压(Sea-level pressure)为本站气压经高度差订正到平均海平面高度上的气压值。由于各测站海拔高度不同,本站气压不便比较,需换算为海平面气压,以供天气分析和预报使用。

二、气压的变化

(1)气压变化的原因

某地的气压是随其上方的气柱中质量的变化而变化,空气柱中质量减少,气压降低;空气柱中质量增加,气压升高。从整个大气圈来看,大气的总质量是一定的,而且大气还是一个连续的流体,某些地区的空气柱质量减少了,另一些地区的空气柱质量必然增加,反之亦然。在同一时刻,某些地区的气压降低,必然导致其他地区的气压升高。可见,各地气压值随时间和空间变化的根本原因是空气运动引起的空气质量的重新分配。

(2)气压随时间的变化

①气压的周期性变化

气压的周期性变化是指气压随时间变化的曲线上呈现出有规律的周期性波动,这种波动主要有日周期性和年周期性。

地面气压的日变化有单峰、双峰和三峰等类型,其中最常见的是双峰型,其特点是一天中有一个最高值、一个次高值和一个最低值、一个次低值,见图5.1。一般是清晨气压上升,09—10时出现最高值,以后气压下降,到15—16时出现最低值,此后又逐渐升高,到21—22时出现次高值,以后再度下降,到次日03—04时出现次低值。最高、最低值出现的时间和变化幅度随纬度而有差异。一般地,气压日较差随纬度的增高逐渐减小,热带地区气压日较差可达3～5 hPa,纬度50°的地区日较差则不到1 hPa。

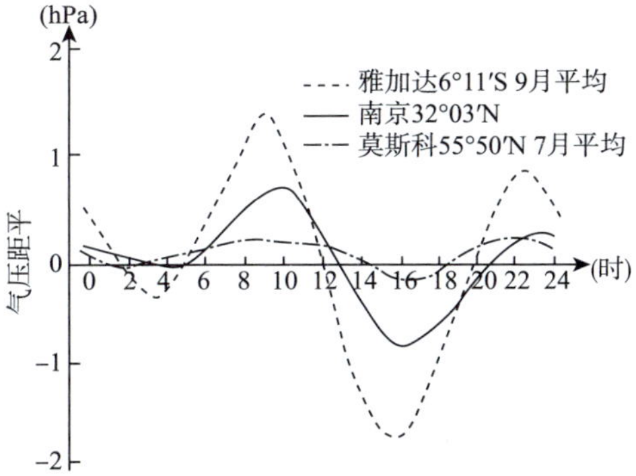

图5.1　气压日变化示例

气压日变化的原因比较复杂。一般认为气压的日变化同气温日变化和大气潮汐密切相关。单峰型的气压日变化同气温的日变化关系很大。当白天气温最高时,低层空气受热膨胀上升,升到高空向四周辐散,引起地面减压;清晨气温最低时,空气冷却收缩,气压相应升到最高值。但由于气温对气压的影响存在滞后性,所以气压极值出现的相时落后于气温。同时,气压日变化的振幅同气温一样随海陆、季节和地形而有区别,表现出陆地大于海洋、夏季大于冬季、山谷大于平原。另外,双峰型的气压日变化可能与一日内增温和降温的交替所产生的整个大气半日振动周期,以及由日月引力引起的大气潮汐相关。

气压年变化是以一年为周期的波动,受气温的年变化影响很大。最常见的气压年变化可概括为以下三类:(a)大陆型:一年中气压最高值出现在冬季,最低值出现在夏季,年较差较大,并由低纬向高纬逐渐增大(图 5.2)。(b)海洋型:一年中气压最高值出现在夏季,最低值出现在冬季,年较差小于同纬度的陆地。(c)高山型:一年中气压最高值出现在夏季,最低值出现在冬季。这种类型看来与海洋型相似,但形成原因完全不同。在夏季由于大气受热,整个大陆上的气柱膨胀,使高山地区地面以上气柱质量增加,所以气压较高;在冬季因大气冷却下沉,使高山地区空气柱质量减少,所以气压较低。我国青藏高原地区,其气压年变化就属于此类型。

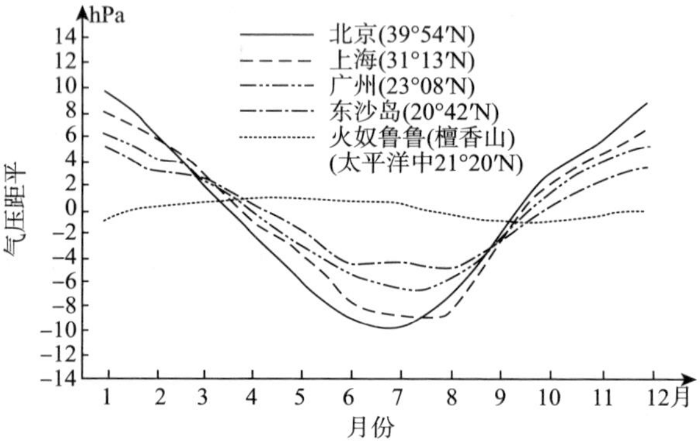

图 5.2　气压年变化示例

②气压的非周期性变化

气压的非周期性变化是指气压变化的非固定周期性波动,它是气压系统移动和演变的结果。通常在中高纬度地区气压系统活动频繁,气团属性差异大,气压非周期性变化远较低纬度明显。如高纬度地区气压的非周期性变化在 24 h 内,可达 10 hPa,而低纬度地区 24 h 内,气压的非周期变化一般只有 1 hPa。

某地区的气压变化是周期性变化和非周期变化的综合表现。一般中高纬度地区气压的非周期性变化比周期性变化明显得多,因而气压变化多带有非周期性特征;低纬度地区气压的非周期性变化比周期性变化弱小得多,因而气压变化的周期性比较显著。

(3)气压随空间的变化

①气压的垂直变化

大气层的厚度随高度增高而变薄,空气密度也随高度升高而迅速减小,所以气压随高度的增高而迅速降低。据实测，近地层大气中，高度每上升 100 m，气压平均降低 12.7 hPa，在高层则小于此数值。一般用大气静力学方程和压高方程来描述空气密度与气压随高度变化的关系。

大气处于静力平衡时，垂直方向上气压随高度变化的定量关系可由大气静力学方程表示：

$$dP = -\rho g\, dZ \tag{5.2}$$

式中："－"表示随高度增高，气压降低。方程说明，气压随高度递减的快慢取决于空气密度(ρ)和重力加速度(g)的变化。重力加速度(g)随高度变化一般很小，因而气压随高度递减的快慢主要决定于空气密度。

如果研究的气层高度变化范围很大，气柱中上下层温度、密度变化显著时，公式(5.2)难以直接运用，此时，气压随高度变化的关系常采用拉普拉斯压高方程来描述：

$$Z_2 - Z_1 = 18400(1 + a\bar{t})\lg \frac{P_1}{P_2} \tag{5.3}$$

式中：Z_1 和 Z_2 为气层高度的变化范围；P_1 和 P_2 分别为高度 Z_1 和高度 Z_2 的气压；a 为膨胀系数，其值为 1/273；$\bar{t}$ 为两高度气温的平均值。

由(5.3)式可知，只要知道某一点的海拔高度 Z_1 及其气压值 P_1 和另一点的气压值 P_2，以及两点间的平均温度 $\bar{t}$ 和膨胀系数 $a=1/273$，就可计算出另一点的海拔高度 Z_2。

例：已知某山脚处海拔高度 136.8 m，并测得该处气压 1002.6 hPa，气温 17.2℃，测得山顶气压 982.3 hPa，气温为 15.9℃。求该山顶海拔高度是多少？

已知：$P_1=1002.6$ hPa，$P_2=982.3$ hPa，$T_1=17.2$℃，$T_2=15.9$℃，$Z_1=136.8$ m，求：$Z_2=?$

解：将已知数据代入公式(5.3)，得到山脚至山顶的高度为：

$$\Delta = Z_2 - Z_1 = 18400\left(1+\frac{\bar{t}}{273}\right)\lg\frac{P_1}{P_2} = 18400\left(1+\frac{(17.2+15.9)/2}{273}\right)\lg\frac{1002.6}{982.3} = 173.4(\text{m})$$

$Z_2 = Z_1 + \Delta Z = 136.8 + 173.4 = 310.2(\text{m})$

答：该山顶的海拔高度为 310.2 m。

②气压的水平分布

各地温度不同，空气密度分布存在差异，因而气压的水平分布不均匀。在同一海拔高度上，有的地方气压高，有的地方气压低，有的地方气压则相等。如果地表性质均匀，在热力和动力因子的共同作用下，气压的水平分布会呈现规则的纬向气压带，而且高低气压带是交互排列的。实际上地表性质很不均匀，海洋与陆地交错分布，海陆间的热力差异使纬向气压带发生断裂，甚至出现相反的气压系统。此外，地形地貌、下垫面状况、洋流等都对低空气压分布有不同程度的影响，因此，地面的气压分布变得非常复杂,北半球更是如此。

三、气压场

气压的空间分布称为气压场。由于各地气柱的质量不同,气压的空间分布也不均匀,有的地方高,有的地方低,气压场呈现出各种不同的气压形势,这些不同的气压形势统称气压系统。

1. 气压场的表示方法

(1)等高面图

高度处处相等的面称为等高面,在等高面上,有的地方气压高些,有的地方低些。等高面上气压相等各点的连线称为等压线,绘制出等高面上的等压线分布图,就可以清楚地表示出等高面上气压场的形势。目前我国气象台绘制的地面天气图,就是高度为0 m的海平面气压场图。一般规定每隔2.5 hPa画一条等压线,等压线数值规定为1000.0 hPa、1002.5 hPa、1005.0 hPa等。

(2)等压面图

为了全面认识和掌握气压在空间的分布与变化规律,除了分析地面天气图外,还要分析高空天气图,现在常用的高空天气图是等压面图。所谓等压面是空间气压相等点组成的面。如850 hPa等压面上各点的气压值都等于850 hPa。由于气压随高度递减,因而在850 hPa等压面以上各处的气压值都小于850 hPa,等压面以下各处的气压值都大于850 hPa。空间气压的分布状况可用一系列等压面的排列和分布来表示。

实际大气中,等压面并不是一个水平面,而是一个高低起伏的曲面。等压面下凹部位对应着水平面上的低压区域,等压面越下凹,水平面上气压就越低。等压面向上凸起的部位对应着水平面上的高压区域,等压面越上凸,水平面上气压就越高。根据这种对应关系,可求出同一时间等压面上各点的位势高度值,并用类似绘制地形等高线的方法,将某一等压面上相对于海平面的各位势高度点投影到海平面 Q 上,就得到一张等位势高度线(等高线)图,此图能表示该等压面的形势,称为等压面图。见图5.3,图中 P 为等压面,H_1、H_2、H_3…为高度间隔相等的若干等高面,它们分别与等压面 P 相截(截线以虚线表示),每条截线都在等压面 P 上,所以截线上各点的气压值均相等,将这些截线投影到水平面上,便得出 P 等压面上距海平面高度分别为 H'_1、H'_2、H'_3…的许多等高线。由图5.3可见,和等压面凸起部位相对应的是由一组闭合等高线构成的高值区域,高度值由中心向外递减,同理,和等压面下凹部位相对应的是由一组闭合等高线构成的低值区域,高度值由中心向外递增。因此,海平面图中等高线的高、低中心即代表气压的高、低中心,而且等高线的疏密同等压面的缓陡相对应，等压面陡的地方，如图中 A、B 处，对应于 A'、B' 处的密集等高线，等压面平缓的地方如图中 C、D 处，对应于 C'、D' 处的稀疏等高线。

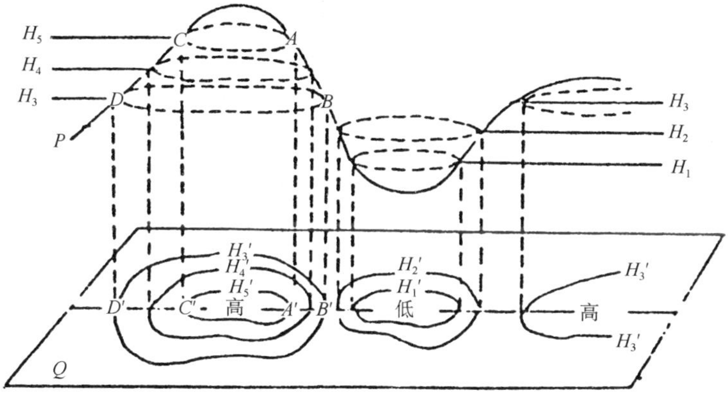

图 5.3　等压面和等高线的关系

等压面上等高线的高度不是以米为单位的几何高度，而是位势高度。位势高度是指单位质量的物体从海平面（位势取为零）抬升到 Z 高度时，克服重力所作的功，又称重力位势，单位是 gpm（位势米）。在 SI 制（国际单位制）中，1 gpm 定义为 1 kg 空气上升 1 m 时，克服重力作了 9.8 J 的功，也就是获得 9.8 J/kg 的位势能，即：1 gpm＝9.8 J/kg。

位势高度与几何高度的换算关系为：

$$H = \frac{g_\varphi Z}{9.8} \tag{5.4}$$

式中：H 为位势高度（单位：gpm，即位势米，geopotential meter），Z 为几何高度（m），g_φ 为纬度 φ 处的重力加速度（m/s^2）。当 g_φ 取 9.8 m/s^2 时，位势高度 H 和几何高度 Z 在数值上相同，但两者物理意义完全不同，位势米是表示能量的单位，米是表示几何高度的单位。由于大气是在地球重力场中运动着，时刻受到重力的作用，因此，用位势米表示不同高度气块所具有的位能，显然比用几何高度要好。

气象台日常分析的等压面图有 850 hPa、700 hPa、500 hPa 和 300 hPa 等，它们分别代表平均高度为 1500 m、3000 m、5500 m 和 9000 m 附近的水平气压场。实际应用中，等压面上等高线的高度以 10 gpm（位势米）即 dagpm（位势什米）表示。等压面上一般间隔 4 dagpm 划一条等高线，如分析 850 hPa 高空天气图时，对应的等高线为 144 dagpm，148 dagpm，152 dagpm 等位势什米线。

2. 气压场的基本型式

低空气压场水平分布的类型,一般从海平面图上等压线的分布特征来确定:

(1)低气压

简称低压,又称气旋,是由闭合等压线构成,气压值由中心向外逐渐增高。空间等压面向下凹陷,形如盆地,见图 5.4(a)。

(2)低压槽

简称槽,是低气压延伸出来的狭长区域。在低压槽中,各等压线弯曲最大处的连线称槽线。气压值沿槽线向两边递增。槽附近的空间等压面类似地形中狭长的山谷,呈下凹形。低压槽一般由北向南伸,相反,由南向北伸的槽称为倒槽。

(3)高气压

简称高压,又称反气旋,由闭合等压线构成,中心气压高,向四周逐渐降低,空间等压面类似山丘,呈上凸状,见图 5.4(b)。

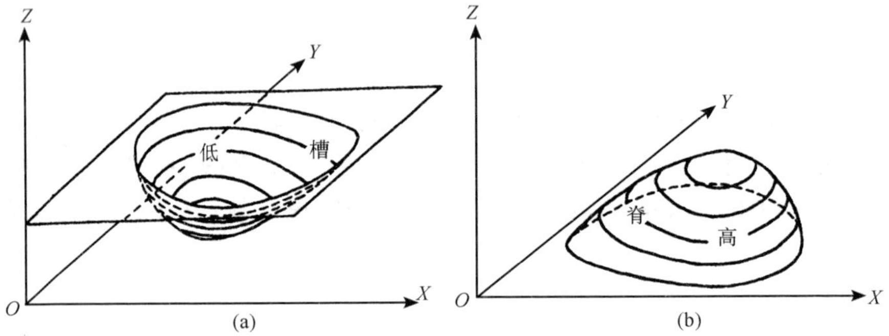

图 5.4　低压和高压的空间等压面图示

(4)高压脊

简称脊,是由高压延伸出来的狭长区域。在脊中各等压线弯曲最大处的连线叫脊线,其气压值沿脊线向两边递减,脊附近空间等压面类似地形中狭长山脊。

(5)鞍形气压场

简称鞍,是两个高压和两个低压交错分布的中间区域。鞍形区空间的等压面形似马鞍,见图 5.5。

以上几种气压水平分布型式统称气压系统。气压系统存在于三度空间中。由于愈向高空受地面影响愈小,因此高空气压系统相对低空简单,多呈现沿纬向的平直或波状等高线,有时也出现闭合系统如切断低压和阻塞高压,见图 5.6。

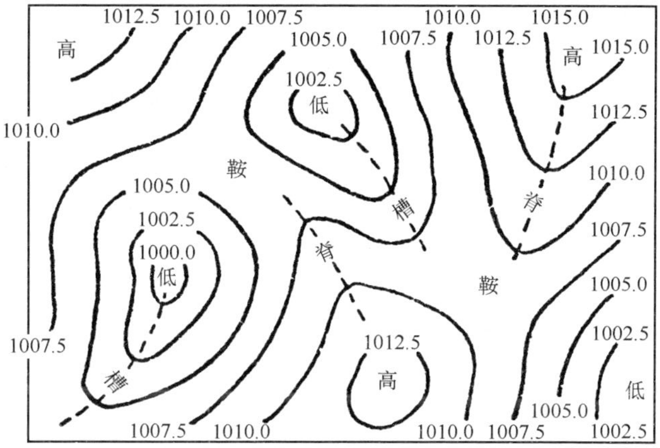

图 5.5 气压场的几种基本型式

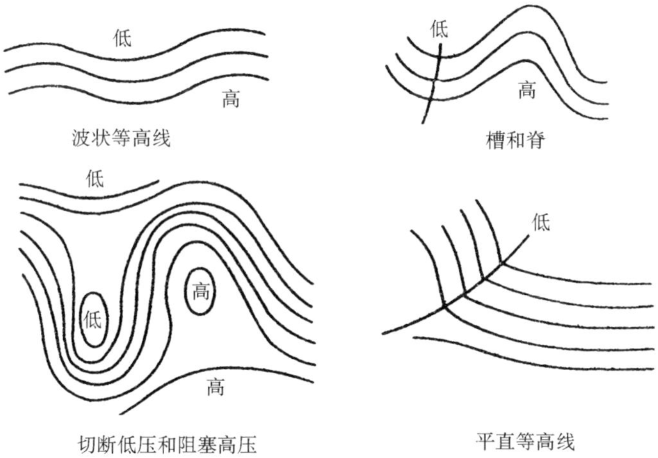

图 5.6 常见的高空等高线型式

3. 气压系统的空间结构

在静力平衡下，气压随高度的升高而降低。气压降低的快慢与温度的高低有关，温度愈高，气压随高度的升高而减小愈慢，相差单位气压值的气层愈厚。也就是说，在暖空气中气压随高度的升高而减小得比在冷空气中慢。因此，气压系统的空间结构往往由于与温度场的不同配置状况而有差异。当温度场与气压场配置重合（温度场的高温、低温中心分别与气压场的高压、低压中心相重合）时，称气压系统是温压场对称。当温度场与气压场的配置不重合时，称气压系统是温压场不对称。

(1)温压场对称系统

由于温压场配置重合,所以该系统中水平面上等温线与等压线是基本平行的。系统中包括暖性高压、冷性低压和暖性低压、冷性高压,见图5.7。

①暖性高压

高压中心区为暖区,四周为冷区,等压线和等温线基本平行,暖中心与高压中心基本重合的气压系统,如夏季太平洋上的副热带高压。由于暖高压中心的气压随高度升高而降低较之周围气压降低得慢,即暖区单位气压高度差大于周围冷区,因而高压的等压面凸起程度随高度增加不断增大,高压的强度愈向高空愈增强。

②冷性低压

低压中心区为冷区,四周为暖区,等温线与等压线基本平行,冷中心与低压中心基本重合的气压系统,如我国东北冷涡。由于冷低压中心的气压随高度升高而降低较之四周气压降低得更快,即冷区单位气压高度差小于周围暖区,因而冷低压的等压面凹陷程度随高度增加而增大,即冷低压的强度愈向高空愈增强。

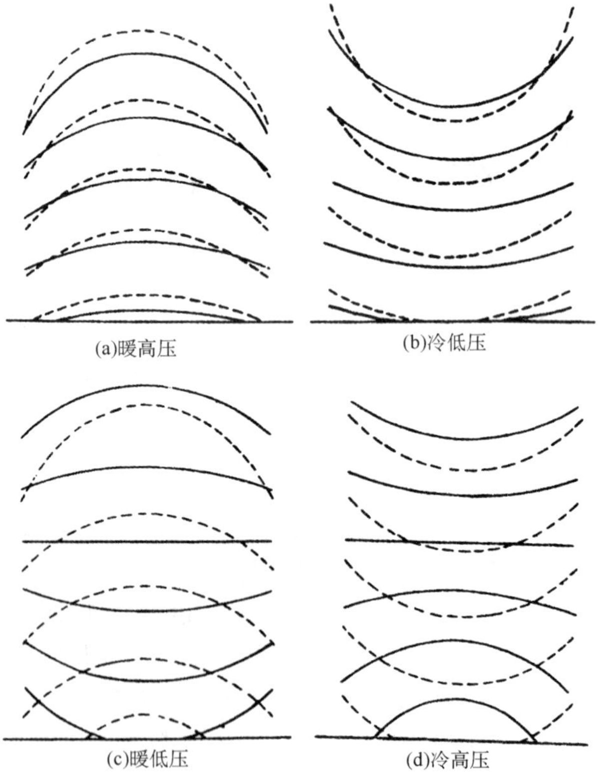

图5.7 不同温压场配置垂直剖面图

(——等压线,----等温线)

③暖性低压

低压中心为暖区，暖中心与低压中心基本重合的气压系统，如台风。由于暖低压中心温度高、中心气压随高度升高而降低较之四周降低得慢，即暖区的单位气压高度差大于周围冷区，所以低压等压面凹陷程度随高度升高而逐渐减小，最后趋于消失。如果温压场结构不变，随高度继续增加暖低压就会变成暖高压系统。

④冷性高压

高压中心为冷区，冷中心与高压中心基本重合的气压系统，如蒙古高压。由于冷高压中心温度低，中心气压随高度升高而降低较之四周降低得更快，即冷区单位气压高度差小于周围暖区，因而高压等压面的凸起程度随高度升高而不断减小，最后趋于消失。若温压场结构不变，随高度继续增加，冷高压会变成冷低压系统。

由上可见，暖性高压和冷性低压系统不仅存在于对流层低层，还可伸展到对流层高层，而且其气压强度随高度增加逐渐增强，这类系统称为深厚系统。而暖性低压和冷性高压系统主要存在于对流层低空，称浅薄系统。

(2)温压场不对称系统

是指地面图上高低压中心与高空图上冷暖中心不重合的温压系统。由于温压场的不对称性，导致气压系统的垂直结构出现不对称性。高气压中，暖区一侧气压随高度升高而降低比冷区一侧慢，所以高压中心越到高空越向暖区靠近，即高压轴线随高度升高不断向暖区倾斜。同理，低压轴线随高度升高不断向冷区倾斜。北半球中高纬度的冷空气多从西北方向移来，因而低压中心轴线常向西北方向倾斜，而高压的西南侧比较温暖，高压中心轴线多向西南方向倾斜，见图5.8。

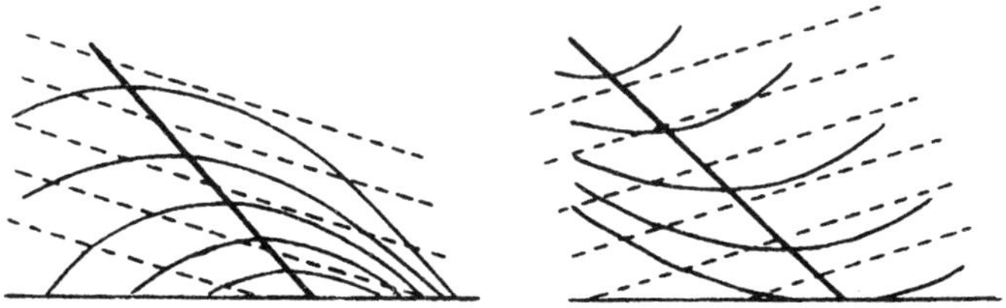
(a)高压　　(b)低压

图5.8　温压场不对称的高压(a)与低压(b)
(——等压线，----等温线)

大气中气压系统的温压场配置绝大多数是不对称的，对称系统是很少的，因而气压系统的中心轴线大多是倾斜的，系统的结构随高度而变化。气压系统的温压场结构对于天气的形成和演变有着重要影响。

第二节　空气的水平运动

围绕地球的大气处于不停地运动状态中。大气的运动可分为水平运动和垂直运动两部分。通常把空气的水平运动称为风。风是矢量，包括风向、风速，风向是指风的来向，气象上常以16个方位表示；风速是指单位时间内空气水平移动的距离，单位为m/s。风能引起空气质量的输送，同时也造成热量、动量及水汽、二氧化碳、灰尘的输送和交换，是天气变化和气候形成的重要因素。

一、作用于空气质点上的力

空气水平运动的状况是由所受的水平方向作用力决定的，这些力有水平气压梯度力、水平地转偏向力、惯性离心力和摩擦力。

1. 水平气压梯度力($\vec{G}$)(Air pressure-gradient force)

空间气压分布不均匀，存在着气压梯度(Pressure gradient)。气压梯度是一个向量，它垂直于等压面，由高压指向低压，数值等于两等压面间的气压差 ΔP 除以其间的垂直距离 ΔN。气压梯度表达为：$G_N = -\dfrac{\Delta P}{\Delta N}$，由于 ΔN 是从高压指向低压，ΔP 为负值，故$\dfrac{\Delta P}{\Delta N}$前加负号。气压梯度不仅表示气压分布的不均匀程度，而且还表示了由于气压分布不均而作用在单位体积空气上的压力。气压梯度存在时，单位质量空气所承受的力称为气压梯度力，常用 $\vec{G}$ 表示，即 $\vec{G} = -\dfrac{1}{\rho}\dfrac{\Delta P}{\Delta N}$，其中 ρ 是空气密度。气压梯度力的方向由高压指向低压，大小与气压梯度 G_N 成正比，与空气密度 ρ 成反比。气压梯度力的单位为N/kg，而N的单位可转化为kg·m/s^2，所以气压梯度力单位与加速度的单位 m/s^2 相同。气压梯度$-\dfrac{\Delta P}{\Delta N}$可分解为水平气压梯度$-\dfrac{\Delta P}{\Delta n}$和垂直气压梯度$-\dfrac{\Delta P}{\Delta z}$。气压梯度力也可分解为水平气压梯度力 G_n 和垂直气压梯度力 G_z，水平气压梯度的单位常用hPa/赤道度表示(1赤道度是赤道上经度相差一度的纬圈长度，大约111 km)。观测表明，水平气压梯度值很小，一般为1～3 hPa/赤道度，而垂直气压梯度在大气低层可达0.1 hPa/m左右，即相当于水平气压梯度的一万倍。

虽然大气中垂直气压梯度力比水平气压梯度力大得多，但是重力与 G_z 始终处于平衡状态，因而在垂直方向上一般不会造成强大的垂直加速度。而水平气压梯度力虽小，由于没有其他实质力与它相平衡，在一定条件下却能造成较大的空气水平运动。所以，实际上大气垂直运动很小，空气运动以水平运动为主。

如果空气只受水平气压梯度力的作用而产生风时，则风向和水平气压梯度力方向一致，并且风速也应越来越大。但实际上，风向和水平气压梯度力并不一致，风速也没有无限加大，说明必然还有其他力作用在运动的空气上。

2. 水平地转偏向力(A)(Coriolis force)

空气是在转动着的地球上运动着，当运动的空气质点依其惯性沿着水平气压梯度力方向运动时，对于站在地球表面的观察者看来，空气质点却受着一个使其偏离气压梯度力方向的力的作用，这种因地球绕自身轴转动而产生的非惯性力称为水平地转偏向力或科里奥利力(简称科氏力)。在大尺度的空气运动中，地转偏向力是一个非常重要的力。

为了阐明地球自转产生偏向力的原因，先做一个实验。取一个圆盘并让它作逆时针旋转，同时取一小球让它从圆盘中心 O 点向 OB 方向滚去。水平方向上如果没有外力作用于小球，则小球保持惯性沿 OB 直线匀速滚动着，圆盘的转动对小球运动的方向和速度都没有影响。但当小球从 O 点沿 OB 方向滚到圆盘边缘 A 点的时间里，站在圆盘上 A 点的人也随圆盘一起转动到 A' 点了。如观察者以其立足的圆盘为参照物，在他看来，小球并没有作直线运动向站在圆盘的人滚来，而是做曲线运动向右偏到 A 的位置上了，如图 5.9 中虚线所示。按牛顿运动定律，这好像是小球在作直线运动时，时刻受到一个与其运动方向垂直的作用力，使小球不断地偏离原来运动方向而向右方偏转，这就是由于圆盘转动而产生的偏向力，也就是随圆盘一起转动的观察者所观察到的力。这种力是假想的，事实上并无任何物体作用于小球来产生这个力，只是为了要在一个非惯性系里以牛顿定律来解释所观察到的现象而引进的一个假想力。

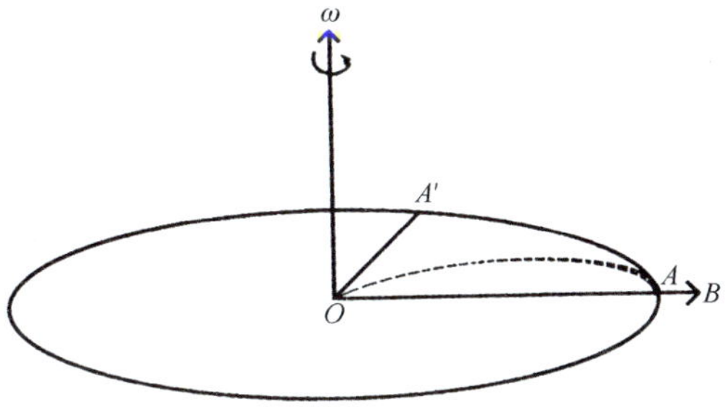

图 5.9　转动圆盘上运动物体受到的偏向力

那么，这种偏向力有多大呢？我们假设小球运动的速度是 V，从 O 点出发经过时间 t 到达 A 点，它的位移为 $OA=Vt$。与此同时，圆盘逆时针转动了角 $\angle AOA'$，圆盘转动的角速度为 ω，在 t 秒钟内转过的角度 $\angle AOA'=\omega t$。当 $\angle AOA'$ 很小时，小球偏离的距离 S 可近似看成 $\overset{\frown}{AA'}$。则有 $S=\overset{\frown}{AA'}=OA\cdot\angle AOA'=Vt\cdot\omega t=V\omega t^2$ 根据加速度公式，$S=\frac{1}{2}at^2$，因而 $\frac{1}{2}at^2=V\omega t^2$，$a=2V\omega$。根据牛顿定律，对单位质量物体水平地球偏向力 $A=ma=2V\omega$。这表明，A 的大小等于圆盘的角速度 ω 与小球运动速度 V 的乘积的两倍。A 的方向垂直于转动轴，也垂直于相对速度 V，指向 V 的右侧。

地球不停地绕地轴以角速度 ω 从西向东自转，生活在地球上的人和上述圆盘上的人很相似,会很自然地以转动的地表作为衡量物体运动的标准,所不同的是转动的球体表面更为复杂。然而圆盘非常相似地球极点的地平面。

在北极,地平面绕其垂直轴(地轴)的角速度恰好等于地球自转的角速度 ω。转动方向也是逆时针的。因而在北极,单位质量空气受到的水平地转偏向力与空气运动方向垂直,并指向它的右方,大小等于 $2V\omega$。

在赤道,地球自转轴与地表面的垂直轴正交,表明赤道上的地平面不随地球自转而旋转,因而赤道上没有水平地转偏向力。

在北半球的其他纬度上,地球自转轴与地平面垂直轴的交角小于 90°,因而任何一地的地平面都有绕地轴转动的角速度。见图 5.10,图上 ω 表示绕地轴转动的角速度,AC 表示 A 点地平面的垂直轴。由于 $\angle AOD=\varphi$,所以 $\angle ABC=\varphi$,ω 在地平面垂直轴方向的分量为 $\omega_1(\omega\sin\varphi)$。根据圆盘转动速度所得的公式 $a=2V\omega$,可以得出任何纬度上作用于单位质量运动空气上的偏向力为:

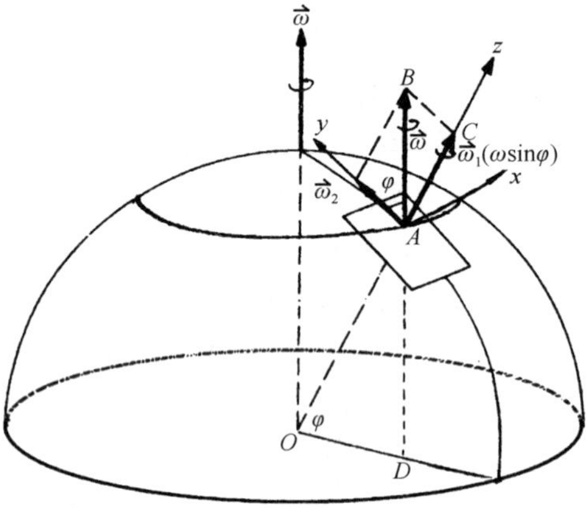

图 5.10　纬度 φ 处地平面绕其垂直轴的转动角速度

$$A = 2V\omega\sin\varphi \tag{5.5}$$

在南半球,由于地平面绕地轴按顺时针方向转动,因而地转偏向力指向运动物体的左方,其大小与北半球同纬度上的地转偏向力相等。

地转偏向力只是在空气相对于地面有运动时才产生,空气处于静止状态时没有地转偏向力作用。而且地转偏向力只改变气块运动方向而不能改变其运动速度。在风速相同情况下它随纬度减小而减小。

3. 惯性离心力(C)(Centrifugal force)

惯性离心力是物体在做曲线运动时所产生的,由运动轨迹的曲率中心沿曲率半径向外作用在物体上的力。这个力是物体为保持沿惯性方向运动而产生的,因而称惯性离心力。惯性离心力同运动的方向相垂直,自曲率中心指向外缘(图 5.11),其大小同物体转动的角速度 ω 的平方和曲率半径 r 的乘积成正比。对单位质量而言,惯性离心力 C 的表达式为:

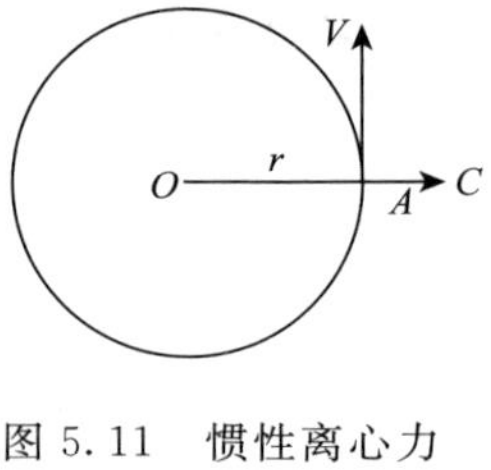

图 5.11　惯性离心力

$$C=\omega^2 r$$

因为物体转动的线速度 $V=\omega r$，代入上式，得：

$$C=\frac{V^2}{r} \tag{5.6}$$

(5.6)式表明惯性离心力 C 的大小与运动物体的线速度 $\vec{V}$ 的平方成正比，与曲率半径 r 成反比。

实际上，空气运动路径的曲率半径一般都很大，从几十千米到上千千米，因而空气运动时所受到的惯性离心力一般比较小，往往小于地转偏向力。但是在低纬度地区或空气运动速度很大而曲率半径很小时，也可以达到较大的数值并有可能超过地转偏向力。

惯性离心力和地转偏向力一样只改变物体运动的方向，不改变运动的速度。

4. 摩擦力(R)(Friction force)

两个相互接触的物体做相对运动时，接触面之间所产生的一种阻碍物体运动的力。大气运动中所受到的摩擦力一般分为内摩擦力和外摩擦力。

内摩擦力是在速度不同或方向不同的相互接触的两个空气层之间产生的一种相互牵制的力，它主要通过湍流交换作用使气流速度发生改变，也称湍流摩擦力。其数值很小，往往不予考虑。

外摩擦力是空气贴近下垫面运动时，下垫面对空气运动的阻力。它的方向与空气运动方向相反，大小与空气运动的速度和摩擦系数成正比，其公式为：

$$R=-kV \tag{5.7}$$

式中：R 为摩擦力；k 为摩擦系数；V 为空气运动速度。摩擦力的大小在大气中的各个不同高度上是不同的，以近地面层(地面至 30～50 m)最为显著，高度愈高，作用愈弱，到 1～2 km 以上，摩擦力的影响可以忽略不计。所以，把此高度以下的气层称为摩擦层(或行星边界层)，此层以上称为自由大气层。

上述四个力都是在水平方向上作用于空气的力，它们对空气运动的影响是不一样的。一般来说，气压梯度力是使空气产生运动的直接动力，是最基本的力。其他力是在空气开始运动后产生和起作用的，而且所起的作用视具体情况而有不同。地转偏向力对高纬地区或大尺度的空气运动影响较大，而对低纬地区特别是赤道附近的空气运动，影响甚小。惯性离心力是在空气做曲线运动时起作用，而在空气运动近于直线时，可以忽略不计。摩擦力在摩擦层中起作用，而对自由大气中的空气运动也不予考虑。地转偏向力、惯性离心力和摩擦力虽然不能使空气由静止状态转变为运动状态，但却能影响运动的方向和速度。气压梯度力和重力既可改变空气运动状态，又可使空气由静止状态转变为运动状态。

二、自由大气中空气的水平运动

1. 地转风

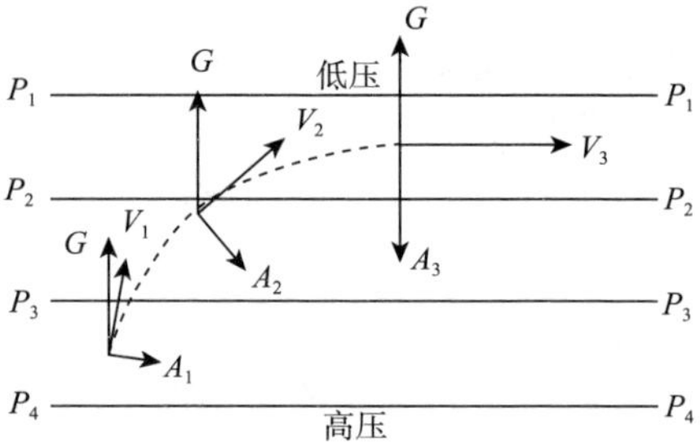

图 5.12　(北半球)地转风形成示意图

在自由大气等压线平直的气压场中,水平气压梯度力与水平地转偏向力相平衡时所形成的风,称为地转风。图 5.12 表示在等压线平直的气压场中,原静止的单位质量空气受水平气压梯度力 G 的作用自高压向低压方向运动。当它一开始运动时,水平地转偏向力 $\vec{A}$ 立即产生,并使运动向右偏转(在北半球)。随后在气压梯度力的不断作用下,空气水平运动速度越来越快,水平地转偏向力使运动向右偏转也越来越大。最后,当水平地转偏向力增大到与水平气压梯度力大小相等方向相反时,空气就沿着与等压线平行的方向做匀速直线运动,这就形成了地转风。从图 5.12 得到地转风与气压场的关系,即风压定律:在北半球,背风而立,高压在右,低压在左;南半球则相反。

2. 梯度风

在自由大气中,空气做曲线运动时,除了受水平气压梯度力和水平地转偏向力的作用外,还受惯性离心力的作用,这三个力达到平衡时的风,称为梯度风(图 5.13)。

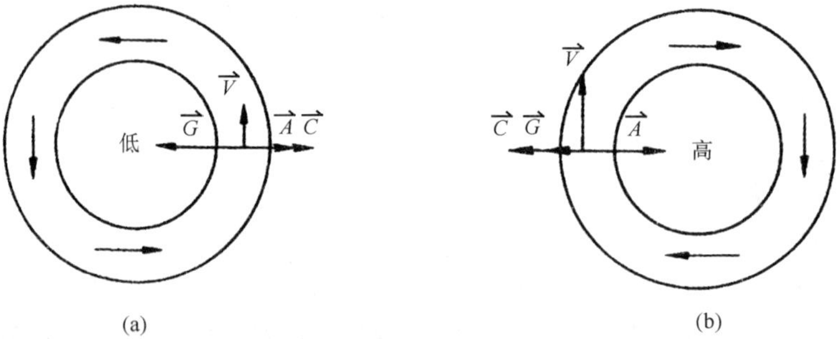

图 5.13　(北半球)低压区(a)和高压区(b)中的梯度风

在低气压中,水平气压梯度力 $\vec{G}$ 的方向指向中心,惯性离心力 $\vec{C}$ 和水平地转偏向力 $\vec{A}$ 的方向自中心向外。在高气压中,水平气压梯度力 $\vec{G}$ 和惯性离心力 $\vec{C}$ 的方向自中心向外,水平地转偏向力 $\vec{A}$ 自外缘指向中心。

在北半球,低压中的梯度风必然平行于等压线,绕低压中心作逆时针方向旋转,故低气压又称气旋。高压中梯度风平行于等压线绕高压中心作顺时针旋转,故高气压又称反气旋。南半球则相反。

由上述可知,梯度风也遵循风压定律。

三、摩擦层中空气的水平运动

在近地面 1～2 km 的摩擦层中,空气水平运动受到摩擦力的影响,风速较自由大气中的风速小,空气质点不再沿着等压线运动,而是自高压斜穿等压线向低压运动。

在摩擦层等压线平直的气压场中(图 5.14),作用于运动空气的力有水平气压梯度力、水平地转偏向力和摩擦力。它们的大小取决于气压场中水平气压梯度的大小;它们的方向分别是:水平气压梯度力垂直于等压线,由高压指向低压,水平地转偏向力垂直于风向并指向其右方(北半球)。因此,与水平气压梯度力相平衡的力为摩擦力和水平地转偏向力的合力,当这三个力达到平衡时,风向是斜穿等压线自高压吹向低压。风速大小与气压梯度力成正比,而与地面摩擦系数成反比。摩擦层中风场与气压场的关系为:在北半球背风而立,高压在右后方,低压在左前方;南半球则相反。这就是白贝罗风压定律。

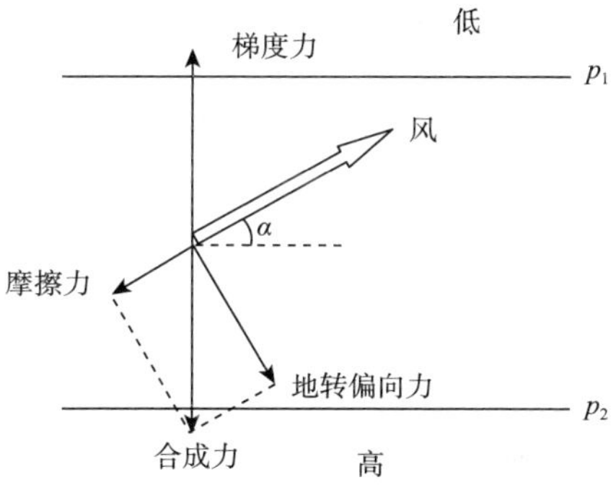

图 5.14　平直等压线气压场中的摩擦风

至于风向偏离等压线的角度和风速减小的程度,则取决于摩擦力的大小。摩擦力愈大,交角愈大,风速减小得愈多。据统计,在中纬度地区,陆地上的地面风速(10～12 m 高度上的风速)为该气压场所应有的地转风速的 35%～45%,在海洋上为 60%～70%。风向与等压线的交角,在陆地上为 25°～35°,在海洋上为 10°～20°。

在等压线弯曲的气压场中,例如闭合的高压和低压中,由于地面摩擦力的作用,风速比气压场中所应有的梯度风风速要小,风斜穿等压线吹向低压区。所以,低压中的空气是一面旋转、一面向低压中心辐合;高压中空气则是一面旋转、一面从高压中心向外辐散(图 5.15)。

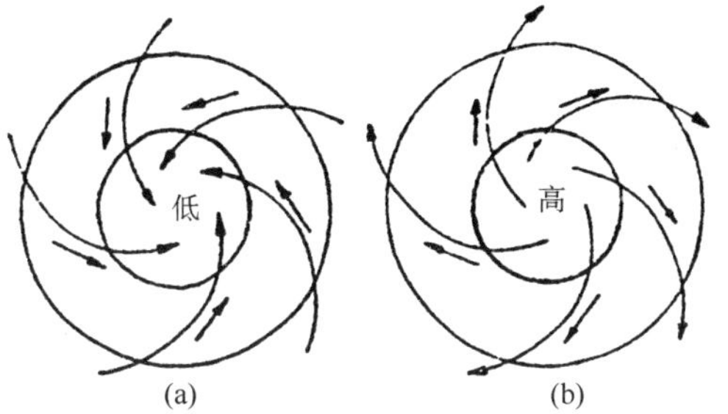

图 5.15　(北半球)摩擦层中低压(a)和高压(b)中的气流

第三节　大气环流

大气环流一般是指空气在较大空间范围内的大规模运动形式。大气环流运动的水平尺度在数千千米以上,垂直范围也可以达到数十千米。这种大空间范围的空气运动是全球大气运行的基本状况和基本形势,深刻影响着全球天气的变化以及各地气候的形成。大气环流运动主要包括三圈环流和季风环流等。

一、大气热力环流

大气热力环流是大气运动的一种最简单的形式。往往是由于地面温度分布不均匀,造成水平方向上气压分布不均匀而形成的空气环流运动。假如地面 AB 上,地面和大气中各高度上的温度和气压在水平方向上到处都是相等的,则等压面与地面平行,大气保持静止状态,没有空气运动,见图 5.16(a)。若 A、B 两地因增热不同而产生了温差,B 地温度高于 A 地,B 地空气因受热膨胀上升而使等压面抬高。因此,在 B 点上空各高度上的空气向 A 点流动,见图 5.16(b)。而 B 点由于空气上升,高空有空气流出,因而地面气压下降。A 点因高空有空气流入,因而地面气压上升。于是 A、B 两点在近地面处也产生了水平气压梯度,空气自 A 点流入 B 点,形成了近地面处的风。同时,B 点由于温度较高,空气上升,补充了高空流出的空气;A 点温度较低,空气下沉,补充了地面流出的空气;这样 A、B 两点冷暖地区就发生了空气的水平运动,见图 5.16(c)。只要地面上这种温度分布存在,空气环流运动就不会停止。

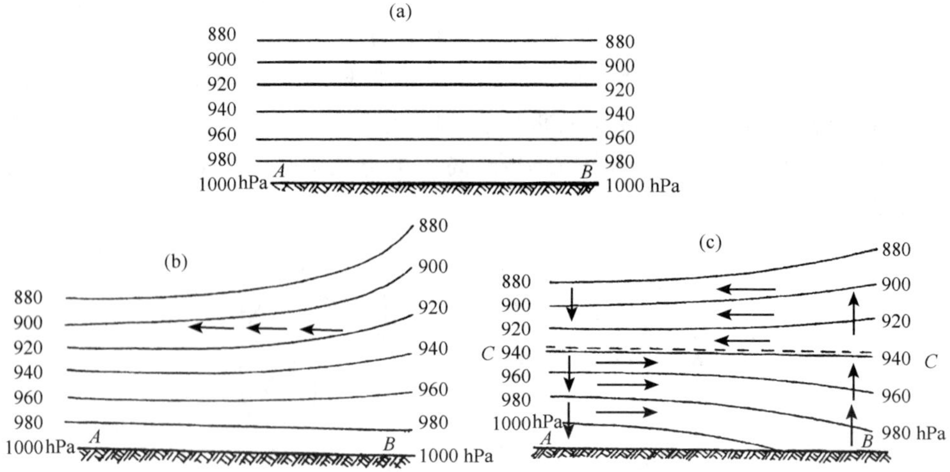

图 5.16　(a)水平气压梯度等于 0 时等压面图;(b)上层的空气运动;(c)大气热力环流

二、三圈环流

1. 单圈环流

假设地球表面是均匀一致的，并且没有地球自转运动，即空气的运动既无摩擦力，又无地转偏向力的作用。那么赤道地区空气受热膨胀上升，极地空气冷却收缩下沉，赤道上空某一高度的气压高于极地上空某一相似高度的气压。在水平气压梯度力的作用下，赤道高空的空气向极地上空流去，赤道上空气柱质量减小，使赤道地面气压降低而形成低气压区，称为赤道低压；极地上空有空气流入，地面气压升高而形成高气压区，称为极地高压。于是在低层就产生了自极地流向赤道的气流补充了赤道上空流出的空气质量，这样就形成了赤道与极地之间一个闭合的大气环流，如图 5.17(a)。这种经圈环流称为单圈环流。

事实上地球时刻不停地自转着，假使地表面是均匀的，但由于空气流动时会受到地转偏向力的作用，环流变得复杂起来。

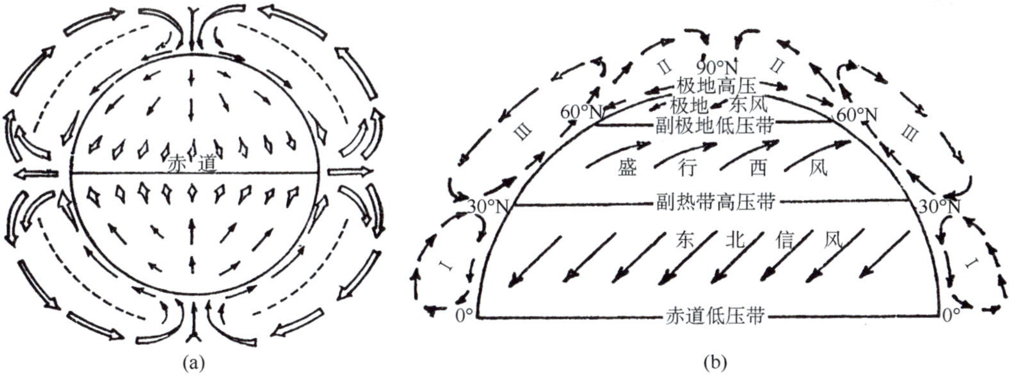

图 5.17　(a)单圈环流　(b)北半球的三圈环流

Ⅰ热带环流圈　Ⅱ极地环流圈　Ⅲ中纬度环流圈

2. 三圈环流

只考虑太阳辐射和地球自转影响所形成的大气环流圈，称为三圈环流。它是大气环流的理想模式。

赤道上受热上升的空气自高空流向高纬，起初受地转偏向力的作用很小，空气基本上是顺着气压梯度力的方向沿经圈运行的。随着纬度的增加，地转偏向力作用逐渐增大，气流就逐渐向纬圈方向偏转，到 30°N 附近，地转偏向力增大到与气压梯度力相等，这时在北半球的气流几乎成沿纬圈方向的西风，它阻碍气流向极地流动。故气流在 30°N上空堆积并下沉，使低层产生一个高压带，称为副热带高压带，赤道则因空气上升形成赤道低压带,这就导致空气从副热带高压带分别流向赤道和高纬地区。其中流向赤道的气流,受地转偏向力的影响,在北半球成为东北风,在南半球成为东南风,分别称为东北信风和东南信风。这两支信风到赤道附近辐合,补偿了赤道上空流出的空气,于是热带地区上下层气流构成了第一环流圈(Ⅰ),称信风环流圈或热带环流圈(图5.17b)。

极地寒冷、空气密度大,地面气压高,形成极地高压带。在北半球空气从极地高压区流出并向右偏转成为偏东风,副热带高压带流出的气流北上时亦向右偏转,成为中纬度低层的偏西风。这两支气流在60°N附近汇合,暖空气被冷空气抬升,从高空分别流向极地和副热带。在纬度60°N附近,由于气流流出,低层形成副极地低压带。流向极地的气流与下层从极地流向低纬的气流构成极地环流圈,这是第二环流圈(Ⅱ);自高空流向副热带处的气流与地面由副热带高压带向高纬流动的气流构成中纬度环流圈,这是第三环流圈(Ⅲ)。

3. 行星风系和大气活动中心

(1)行星风系

全球范围内呈纬向带状分布的气压带和风带称为行星风系。观测表明,三圈环流的理论基本上是正确的。地球表面上气压和风的分布基本是呈带状分布。在北半球从南到北分布着四个气压带:赤道低压带、副热带高压带、副极地低压带和极地高压区,三个行星风带:东北信风带、盛行西风带和极地东风带(图5.17b)。

信风带位于南北纬5°～25°附近。因为该区域多为海洋,风向风力都很少改变,每年应期而至,所以称信风。盛行西风带风向较稳定且风力强,极地东风带其厚度和强度都是冬季大于夏季。赤道低压带内因地面风很微弱,又称赤道无风带,其原因是:赤道无风带内东北信风和东南信风在赤道地区辐合所至。由于上升气流使当地对流旺盛,云量多,午后常有雷雨。而在副热带高压带内气流下沉辐散,水平气流沉寂,静风频率高,也称副热带无风带。因气流下沉,绝热增温,空气干燥,少云雨,世界上的大沙漠多在这一范围内。如非洲的撒哈拉大沙漠,阿拉伯半岛的鲁卜哈利沙漠等。这就是全球最热地区出现在回归线附近而不在赤道的原因。

(2)大气活动中心

上述行星风系是在地表均匀一致的条件下才能存在。实际上由于海陆分布和地形条件的影响,使得大气环流比理想的模式要复杂得多。如海陆分布的影响,由于海陆的热力差异,使得有规律分布的气压带和风带或被割裂或变形。位于30°～50°N副热带高压带,本来是连续的气压带。夏季在海洋上高压明显,而大陆上由于强烈增温,使之变成低压区。这样,副热带高压带被割裂成高、低压中心。在北半球的夏季,高压中心分别在太平洋的夏威夷群岛附近和大西洋的亚速尔群岛附近。低压区分别出现在印度和北美大陆。冬季大陆上为强大的冷高压控制,海洋上相对为低压区。

在北半球，低压中心分别在冰岛附近和阿留申群岛附近，高压中心在西伯利亚或蒙古和加拿大。由于海陆热力差异而使完整的纬向气压带分裂成一个个范围较大的闭合的高、低压区，它们主宰着大气的活动和水热的交换，对天气和气候变化有重大影响，称之为大气活动中心。表 5.1 中列出全球大气活动中心。其中常年存在、只是强弱和势力范围有变化的，称为永久性活动中心。而只在一定季节才出现的，称为季节性活动中心。

表 5.1　气压带和大气活动中心

	气压带	永久性活动中心	季节性活动中心	
			7月	1月
北半球	副极地低压带	冰岛低压 阿留申低压		北美高压 蒙古高压
	副热带高压带	夏威夷高压 亚速尔高压	印度低压 北美低压	
	赤道低压带		平均位置 12°～15°N	平均位置 5°S
南半球		南太平洋高压 南印度洋高压 南大西洋高压	澳洲高压 南非高压	澳洲低压 南美低压 南非低压

三、季风环流

大范围地区的盛行风向随季节有显著改变的现象称为季风。所谓有显著改变有各种不同的说法，目前比较流行的观点是：1 月和 7 月盛行风向改变至少 120°，1 月和 7 月盛行风向的频率超过 40%，至少在 1 月或 7 月中有 1 个月的盛行风的平均合成风速超过 3 m/s。这种随季节改变的风，冬季由大陆吹向海洋，夏季由海洋吹向大陆，随着风向的转变，天气和气候的特点也随着发生改变。

1. 季风环流的形成

季风的形成与多种因素有关，但主要原因是海陆间热力差异以及这种差异的季节变化，其他如行星风系的季节移动和广阔高原的热力、动力作用等也有关系，这几者又是相互联系着的。在夏季大陆上气温比同纬度的海洋高，气压比海洋低，气压梯度由海洋指向大陆，风由海洋吹向大陆，形成夏季风；冬季则相反，风从大陆吹向海洋，形成冬季风，如图 5.18 所示。由海洋热力差异而产生的季风，大都发生在海陆相接的区域。温带、副热带地区海陆间的热力差异随季节变化大，季风现象尤为显著，如亚洲东部、北美东部等。

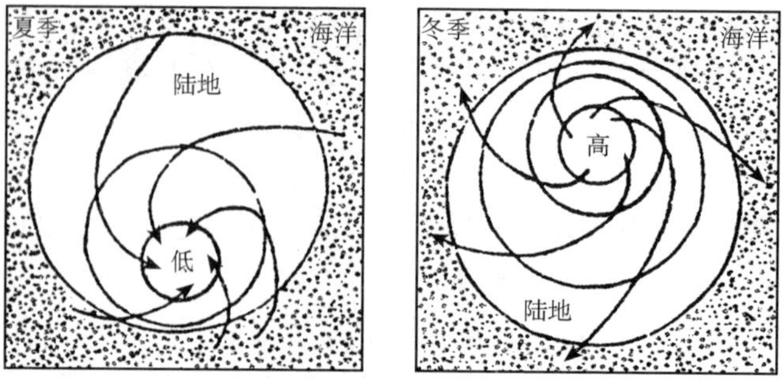

图 5.18　海陆热力差异而引起的季风示意图

亚洲南部的季风,主要是由行星风带的季节移动而引起的,但也有海陆热力差异的影响。以印度季风为例,冬季行星风带南移,赤道低压移到南半球,亚洲大陆冷高压强大,高压南部的东北风就成为亚洲南部的冬季风。夏季行星风带北移,赤道低压移到北半球,再加上大陆热力因子的作用,低压中心出现在印度半岛。而此时正是南半球的冬季,澳大利亚是一个低温高压区,气压梯度由南向北,南来气流跨越赤道后,受北半球地转偏向力的作用,形成西南风,这就是南亚的夏季风。

2. 中国的季风环流

中国位于欧亚大陆的东海岸,濒临太平洋的西部,海陆间热力差异在这里表现得最为显著。西北、西南地区深入大陆腹地,且有地形复杂、面积广阔的高原和高原的热力、动力作用,使中国季风的环流极为显著。

我国大部分地区的季风属于东亚季风。冬季,大陆上为强大的蒙古高压控制,海洋上有阿留申低压和赤道低压,因此盛行干燥寒冷的西北风、北风和东北风,即冬季风,天气以寒冷晴朗而又干燥为主。夏季,大陆上是印度低压,海洋上被太平洋副热带高压控制,因此盛行温暖潮湿的西南风、南风、东南风,即夏季风,造成潮湿多云雨的天气。春、秋季节是冬夏季风转换时期,天气多变,春季尤为突出,秋季相对稳定些。我国西南地区还受西南季风的影响。

四、地方性风

与地形或地表性质有关的局部地区的风称为地方性风。一般地,地方性风的形成与气压场的关系很小,它也只在晴朗天气下才表现显著。常见的地方性风有海陆风、山谷风、焚风和峡谷风等。

1. 海陆风

在沿海地区发生的昼夜间有风向转换现象的风,称为海陆风。白天,风从海洋吹向陆地,称为海风;夜间,风从陆地吹向海洋,称为陆风。

昼间地表受热后,陆地增温比海面快,出现由海洋指向陆地的气压梯度,在下层形成由海洋吹向陆地的海风,入夜后,陆地表面辐射冷却比海面快,使陆面气温低于海面,出现与日间相反的热力环流,下层风由陆地吹向海洋,形成陆风(图 5.19)。这种由于海陆热力差异而产生的气压梯度力是比较小的,只有当大范围水平气压场比较弱时才能显现出来。

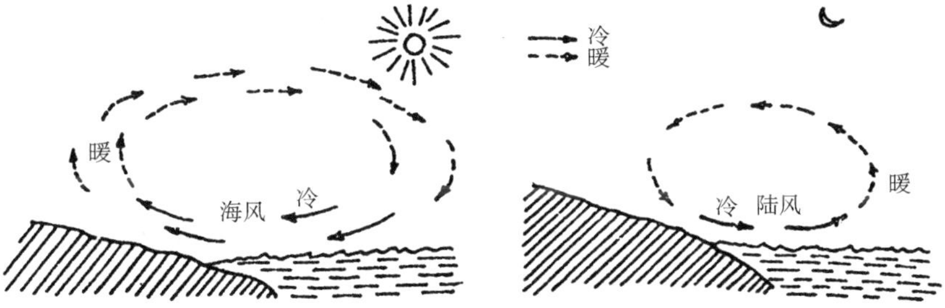

图 5.19 海陆风的形成

在热带地区,特别是冷洋流经过的海岸地带,海陆风最强烈,全年都可出现。温带地区海陆风较弱,主要在夏季出现。海陆风深入陆地的距离因地而异,一般为 20～50 km。一般在上午开始出现海风,13:00—15:00 海风最强,日落后海风渐渐减弱,并转为陆风。海风风力一般比陆风强,可达 5～6 m/s 或更大,陆风一般只有 1～2 m/s。海陆风对海滨地区的气候有一定的影响,白天吹海风,海上水汽输入大陆沿岸,往往形成雾或低云,甚至产生降水,同时还可以降低沿岸的气温,使夏季不至于十分炎热。

在内陆地区,大的湖泊、水库和河流沿岸,也有类似海陆风的地方性风,称为水陆风,但强度比海陆风要小得多。

2. 山谷风

当大范围水平气压场比较弱时,在山区白天地面风常从谷地吹向山坡,晚上地面风常从山坡吹向谷地,这就是山谷风。山谷风是由于山地热力因子形成的,白天因坡上的空气比同高度上的自由大气增热强烈,空气受热膨胀,暖空气沿坡上升,成为谷风;夜间由于辐射冷却,使邻近坡面的空气迅速变冷,密度增大,因而沿坡下滑,流入谷地,成为山风(图 5.20)。

图 5.20 山谷风的形成

我国地形复杂,多山地,许多山区都存在山谷风。一般在早晨日出后 2～3 h 开始出现谷风,并随着地面增热,风速逐渐加强,午后达到最大,此后风速又随温度的下降而逐渐减小,在日落前 1～1.5 h 谷风平息而渐渐代之以山风。山谷风还有明显的季节变化,冬季山风比谷风强,夏季则谷风比山风强。山谷风对山区天气有一定影响。在晴朗天气下,白天谷风将谷中的水汽带到山顶,使山顶湿度增大,因上升运动而发生绝热冷却,常形成云雾;夜间山风把山上的冷空气带到谷地,使谷地气温降低,易出现霜冻害。

3. 焚风

气流翻越高大山岭时,在背风坡绝热下沉,形成又干又热的风称为焚风。

当未饱和的暖湿空气越山而过时,气流沿迎风坡爬升而发生绝热冷却,开始气流按干绝热过程降温(γ_d=1.0℃/100 m)。到达凝结高度后,空气达饱和状态,则按湿绝热过程降温(取 γ_m=0.5℃/100 m),并有水汽凝结成云,甚至出现降水。当气流越过山顶后,就沿背风坡下滑,并按干绝热过程增温,加之水汽在迎风坡已凝结降落,空气相对湿度减小,因而在背风坡就出现了炎热而干燥的焚风。图 5.21 表示一团暖湿空气越山时形成焚风的过程。设山高 3000 m,在迎风坡山脚处测得温度为 20℃,露点温度为 15℃;当气流沿迎风坡上升时,先按干绝热过程降温(干绝热降温过程中,我们可忽略水汽压随高度的变化),到达 500 m 处时,温度降至 15℃,相对湿度为 100%(此高度称为凝结高度)。当气流继续上升、水汽即凝结并放出潜热。在 500 m 的高度以上,空气上升时不断有水汽凝结成云致雨,气温按湿绝热降温(取 γ_m=0.5℃/100 m),到达山顶时,气温降至 2.5℃,空气中的水汽压为 7.3 hPa,相对湿度仍为 100%。空气越过山顶后,在背风坡顺坡下沉,并按干绝热增温(假设迎风坡凝结出的水滴都以降水的形式落在了迎风坡,未随空气在背风坡下沉),当气流达到山脚时,温度增至 32.5℃,相对湿度降至 15%。气温比越山前提高了 12.5℃,相对湿度降低了 58%,从而形成了炎热而干燥的焚风。

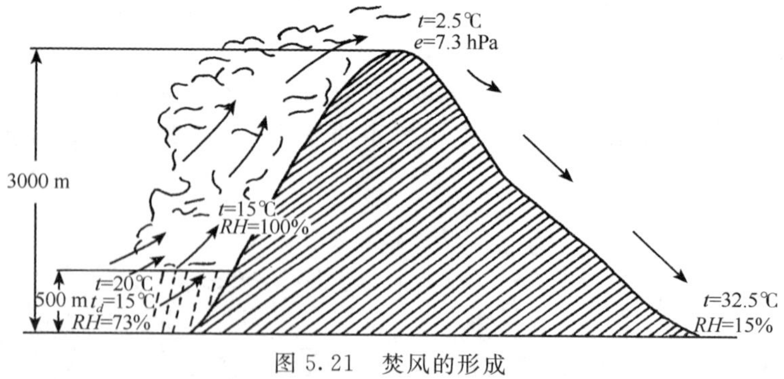

图 5.21　焚风的形成

我国许多地方都有焚风。当偏西气流越过太行山时,位于太行山东麓的石家庄就会出现焚风。据统计,出现焚风时,石家庄的日平均气温比无焚风时要高 10℃左右。

焚风有利有弊。初春的焚风可使山地的积雪融化，有利灌溉；秋季焚风可催粮果早熟；但强大而持久的焚风可造成高温逼熟、干旱或森林火灾等。

4. 峡谷风

当空气由开阔地区进入狭窄谷口时，类似江河中的河水由开阔江面进入狭窄江面，因流体不可压缩性，使流速加大，因而形成强风，这种风称为峡谷风(图 5.22)。我国台湾海峡，松辽平原等地，两侧有山岭，地形像个喇叭管，空气流经窄口时，经常出现风速较大的峡谷风。

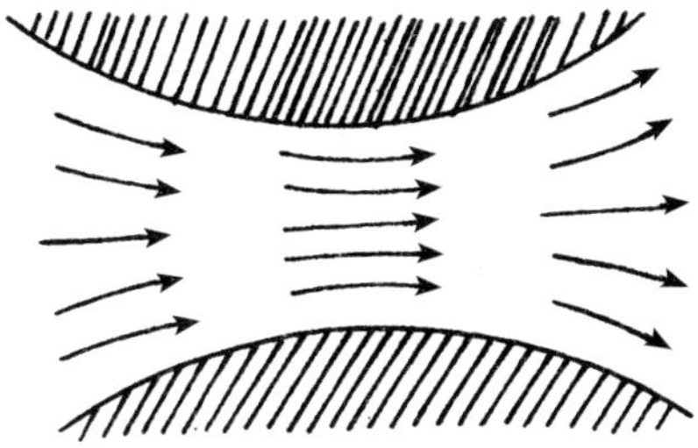

图 5.22　峡谷风

第四节　气压、风与农业

一、气压对农业生产的影响

贮藏环境气压的降低有利于延缓果实的后熟。例如，香蕉在 1/5 或 1/10 个大气压下，存放 120 d 仍保持鲜绿，品质良好，未发现低压引起的伤害，而在正常大气压下 30 d 内已经完熟。这是因为，减压系统中降低 O_2 浓度，乙烯产生量减少，气体流动性均得到改善和满足，但要注意通风。

气压高低直接影响鱼类的活动。气压高时水中溶氧量多，鱼儿感到舒适；气压低时水中含氧量少，鱼儿感到难受。因此，在春夏季节雨后天晴或秋高气爽的高压天气，鱼类活动量大，摄食能力强；而在大风雨或闷热的低气压天气，鱼无心摄食而浮游在水的中、上层或躲在水草中休息。下毛毛雨时是钓鱼的好时机，因为细雨打在水面，水中溶氧大大增加，鱼类呼吸了足够的氧气，更加活跃，摄食欲望更强烈。

二、风对农业生产的有利影响

1. 风对农田小气候的调节

风能影响农田湍流交换强度，增强地面与空气的热量和水分等的交换，增加土壤蒸发和作物蒸腾，也增加空气中 CO_2 等成分的交换，使作物群体内部的空气不断更新，对株间的温度、水汽、CO_2 等调节有重要作用。据对大豆田观测结果，在风速$<$3 m/s 条件下，热力因素对湍流交换速度影响较大；风速$>$3 m/s 时，动力因素对湍流交换速度影响是主要的，湍流交换速度与风速成比例。

2. 风与光合作用

低风速条件下，光合作用强度随风速增大而上升；风速超过一定限度，则光合作用强度反而降低。在低风速条件下，叶片的片流层变薄，CO_2 的扩散阻力减少，有利于 CO_2 的输送，从而提高光合作用强度。高风速条件下，叶片蒸腾旺盛，叶片的水分条件恶化和气孔开张度减小，致使光合作用强度降低。因此，在微风吹拂下，既能改善 CO_2 的供应状况，又使光合有效辐射以闪光的形式合理分布到叶层中，从而提高光能利用率。据测定，在太阳辐射与气温基本相同的前后两天，有风的一天玉米干物质的增长量比无风的一天大40%。

3. 风与蒸腾作用

适当的风速使叶片的片流层变薄，水分扩散阻抗减小，蒸腾速率相应增大。但强大的风速对蒸腾速率的影响有不同的结论。一般认为，随风速增大会使气孔关闭，这是由于蒸腾速率增加引起反馈效应。但也有人认为，由于叶片在大风中弯曲和相互摩擦而使叶片角质层的阻抗减小，有利于蒸腾。

风速对水分消耗的影响可分三种情况：①对于群体阻抗低的作物，增加风速将增加其蒸腾耗水量；②对于中等群体阻抗(≥100 s/m)的作物，风速对蒸腾耗水的影响较小，增加风速可能增加，也可能减少蒸腾用水量，耗水量的增减取决于群体所获得的净辐射能量；③对于高群体阻抗(>400 s/m)的作物，增加风速可减少蒸腾耗水量，特别在净辐射能量高时更是如此。

4. 风对花粉、种子传播的影响

自然界中的许多植物是借助风的力量进行异花授粉和传播的。风速的大小会影响授粉效率和种子传播距离，从而对植物的繁衍和分布起着较大的影响作用。

农业生产中风能帮助异花授粉作物(如玉米)进行授粉，增加结实率，提高产量。在作物(如油菜)和果树开花时，风能散播花的芳香，招引昆虫传授花粉。风能传播种子，如杉树种子靠风力传播到远处，扩大繁殖生长区域。

三、风对农业生产的不利影响

1. 风害

风害是指风对农业生产造成的危害。直接危害主要是造成土壤风蚀沙化、对作物的机械损伤和生理危害，同时也影响农事活动和破坏农业生产设施；间接危害是指传播病虫害和扩散污染物质等。对农业生产有害的风主要是台风、季节性大风(如寒潮大风)、地方性局地大风和海潮风等。

(1)大风对作物的危害

风力在6级以上就可对作物产生危害。风速≥17.2 m/s(8级以上)的风称为大风,它对农业危害很大。大风加速植物蒸腾,使耗水过多,造成叶片气孔关闭,光合强度降低。在北方,春夏季大风可加剧农作物的旱害,冬季大风可加重越冬作物冻害。强风可造成林木和作物倒伏、断枝、落叶、落花、落果和矮化等,从而影响其生长发育和产量形成。水稻开花期前后受暴风侵袭而倒伏所造成的减产是很严重的。

橡胶树对风十分敏感,在年平均风速>2 m/s的地方,生育不良;>3 m/s时,一般需营造防护林才能种植。海南岛的台风是橡胶树的主要灾害。10级以上台风可使橡胶树普遍发生折枝、断干或倒伏。

(2)风能加重干旱,造成土壤风蚀

干旱地区和干旱季节如出现多风天气,不但土壤水分消耗增加,旱情加重,大风还会吹走大量表土,造成风蚀。土地沙漠化过程一般是先从地表风蚀开始,经过风化、片状流沙发育和形成密集沙丘。中国北部和西北内陆地区,风蚀十分强烈,如内蒙古乌兰察布市后山地区开垦的农田,经过30～50 a,已有43%被风蚀沙漠化,风蚀深度一般在40 cm左右。近二十多年来,海拉尔周围开垦的土地,黑土层平均已被吹蚀20～25 cm。强风对干旱和半干旱地区土壤的侵蚀最为严重。

(3)风能传播病虫害

风能传播病原体,引起作物病害蔓延。据研究,小麦锈病孢子在春季偏南风吹送下向北方传播,到冷凉地区越夏;秋季随着偏北气流吹向南方冬暖区,造成危害。风还能帮助一些害虫迁飞,扩大危害范围。例如黏虫、稻飞虱等害虫,每年春夏季节随偏南气流北上,在那里繁殖,扩大危害区域;入秋后就随偏北风南迁,回到南方暖湿地区越冬。

作物或果树枝叶受风危害,病原体从机械损伤的伤口侵入或有利于害虫寄生,造成危害。风还传播杂草种子,扩大繁殖区,也是不利的方面。东南沿海地区,海潮风含有较高盐分,可渗透到植物组织中,影响授粉和花粉发芽。

(4)风暴与突然阵风危害渔业生产

在渔业生产中,一般风速<4级,浪高<1 m,不影响作业。旋网渔船受风与水流影响大,最多只能在5级以下的风中作业,拖网渔船可在6级甚至7级风时勉强作业;近海与远洋的延绳与流网捕捞在6级风时则难正常作业。

2. 风沙害

风沙分为扬沙和沙尘暴两种,扬沙是由大风将地面尘沙吹起,使空气能见度降到1～10 km,尘土和细沙在空中分布较均匀;沙尘暴是强风将大量沙尘吹到空中,使空气能见度不足1 km,其范围通常要比扬沙大得多。当能见度不足500 m时称为强沙尘暴,能见度不足 50 m 时则为特强沙尘暴,后两者风沙危害更严重。风沙害指风沙造成的危害。

(1)风沙对农业的危害

风沙能埋没农作物、侵蚀土壤、降低土壤肥力、淤塞水库和水井等。作物长期遇土壤风蚀,会使根系暴露,影响作物生长发育。据研究,风沙对最终产量的影响,以禾本科作物减产量大于阔叶的大豆,这与作物的叶形反应有关。据对高粱、冬小麦和大豆的研究,出苗后 7～14 d 遭受风沙,作物干物质损失最严重。出苗 7 d 以内的小苗,因其依靠子叶或胚乳的养分(异养),故影响较小。一般来说,植株长大以后受到风沙,由于总叶数增多,叶片彼此有较好的保护作用,使其受到的影响减小。

风沙还可使作物发育延迟,如晚季的风沙使冬小麦抽穗延迟 3～7 d,使大豆初花期延迟 7～14 d。冬小麦出苗后 7～14 d(秋季)受风沙危害,可减少翌年收获物的干重,以出苗后 7 d 受风沙害的麦苗小穗数最少而重量最轻。在春季早期受到风沙危害,也使小穗数大大减少。

1993 年 5 月 4—6 日席卷新疆、甘肃、宁夏、青海的沙尘暴是新中国成立以来最严重的一次沙尘暴。在 5 月 5 日先后发展成强沙尘暴和特强沙尘暴。受灾农田 87 万 km^2,受灾果树 2 万 km^2,受灾牲畜 73 万头,死亡和失踪 123 万头。毁坏了大批的房屋、畜棚、温室和塑料大棚。直接损失 7.25 亿元,土地退化等生态突变及社会影响等间接损失难以估量。

(2)防御风沙害的措施和对策

①增加地面植被覆盖　营造防风林、架设风障是减轻风害、保护土壤和作物的有效措施。风蚀沙化区可进行封沙育草、育林,保护草场。

②改进农业技术措施　利用生物技术选育矮秆、茎秆坚韧能抗风的优良品种;调节播种期,尽可能避开风沙害时期;高秆作物进行培土防风;果树类进行修剪、整形和立杆支撑;作物种植行向与地区盛行风向一致等。

③调整农业生产结构　调整不符合生态原则的土地使用结构,合理布局农牧业。风沙和干热风危害的黄淮平原,实行粮桐间作,一般可降低风速 20%～50%,并能调节、改善农田温、水、光状况;农牧过渡带防止滥垦,草原要防止超载放牧等。

第六章　天　气

第一节　天气与天气系统

一、气团和锋

1. 气团

如果某一大团空气的温度、湿度和稳定度等物理属性基本均匀一致，就称这一大团空气为一个气团。其水平范围可达几百米至几千千米，厚度可达几千米到十几千米。

在一个气团内，即使两空气质点相距1000 km以上，其温度差也不超过5～7℃，而气团与另一气团间，哪怕两空气质点相距只50～100 km远，其温度相差也可高达10～15℃甚至更高。例如，某地冬天如果出现前两天很暖和，寒潮突袭，降温幅度达6～10℃，说明该地几天内分别受到两个气团控制的天气影响。

气团可按不同属性(气温、风速、含水量等)命名，如冷气团、暖气团，干气团、湿气团，稳定气团、不稳定气团等。气团属性往往与气团形成源地有关，因此，有时也用地理位置来命名气团。例如，来源于热带洋面和赤道洋面的气团称为热带气团和赤道气团，这两个气团热而潮湿，尤其是赤道气团更为潮湿。但在非洲大陆的热带气团是热而干燥的。来源于北冰洋和极地的气团，具有冷而干的特性；入侵中国的西伯利亚气团多属极地气团，强寒潮天气的气团则多属于北冰洋气团。

气团的性质并不是固定不变的。气团在移动过程中与所经过的下垫面发生热量、水汽交换，其性质逐渐发生变化。例如，来源于西伯利亚的冷而干的气团在向东、向南移到大洋上空时，就会逐渐变得温暖和潮湿。影响中国的主要气团有热带太平洋气团、热带大陆气团、赤道气团和西伯利亚气团。

(1)来自西伯利亚、蒙古地区的变性极地大陆气团，或称变性西伯利亚气团，冬季可影响我国各地，在夏季影响仅能达到我国北方与西北地区，偶尔亦能达到黄淮流域。在这种气团控制下，在冬季，一般大陆辐射冷却强烈，气温低，水汽含量少，经常有逆温层出现,天气晴朗,这种特征尤其在变性极地大陆气团中心附近地区特别显著。

(2)来自热带太平洋和南海的热带海洋气团,又称热带太平洋气团。在夏季,除西北部分地区外,全国其他各地均可受其影响;冬季则仅影响华南与西南地区,有时也可影响到华东、长江以南地区。在这种气团控制下,一般低层不稳定,而中层常有一个下沉逆温层,天气一般较好,在午后,陆地上常有积云出现。夏季,当有垂直运动的气流发展时,其上的逆温层常被破坏,可出现对流性天气。

(3)来自欧洲大陆副热带地区的热带大陆气团,在夏季影响我国西部地区,有时也可影响到华北。在这种气团控制下,一般天气炎热而干燥,地面气温高,可达35～40℃或以上,气层不稳定,由于空气中水汽含量少,故天气晴朗少云。

(4)来自印度洋的赤道气团,又称季风气团,夏季可影响到我国华南地区,并造成长江流域以南地区大量的降水。

各气团活动情况见图6.1。

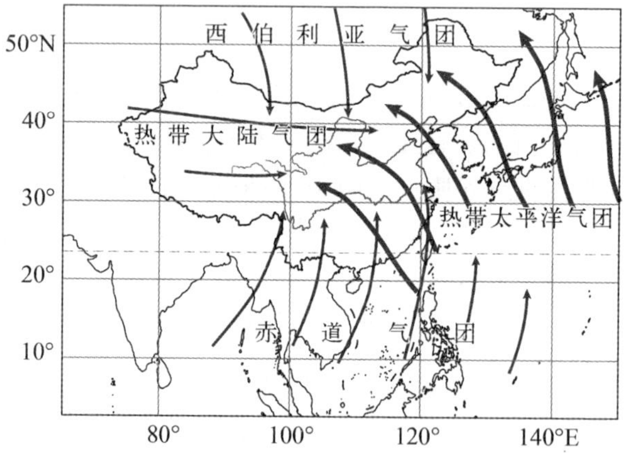

图6.1　影响我国气团活动示意图

2. 锋

当两种不同性质的气团相遇时,相对暖的气团将沿相对冷的气团往上爬升,于是在气团交界面形成狭窄而倾斜的过渡区域,该区域称为锋或锋面。锋面具有三维空间结构,近地面宽度几十千米,高空可达200～400 km,是一个上宽下窄的楔形。锋面与地面交线称为锋线。锋面是两种不同性质气团的交界面,因此,在锋面两侧的气象要素(气压、温度、风等)都有很大差别。锋面上暖气团沿冷气团向上爬升,空气上升绝热冷却,容易产生凝结过程,产生阴雨天气;同时不同气团间的气压差大于同一气团,风速也相对两侧单一气团要大。在锋面出现的特殊天气称为锋面天气。根据锋的移动状况，把锋分成暖锋、冷锋、准静止锋和锢囚锋 4 种类型。在天气图上暖锋用红色半圆代表，冷锋则用蓝色三角代表，准静止锋用紫色实线并在两侧交互加小三角和小半圆，锢囚锋用紫色实线绘制并在一侧加小三角和小半圆，4 类锋线表示如图 6.2 所示。不同类型的锋造成的锋面天气不同。

扫码见彩图

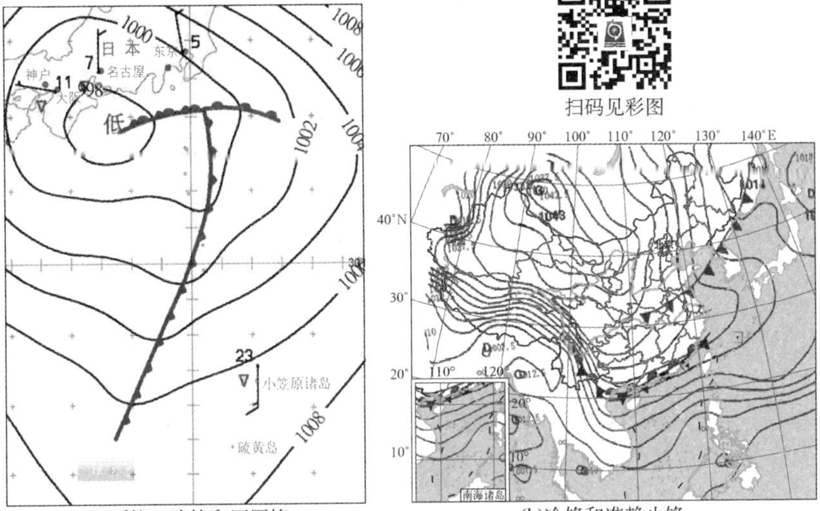

(a)暖锋、冷锋和固囚锋　　(b)冷锋和准静止锋

图 6.2　地面天气图中几种锋的表示方法

(1)暖锋　在锋面的移动过程中，暖气团起主导作用，推动锋面向冷气团一侧移动，这种锋面称为暖锋，如图 6.3 所示。暖锋上，暖空气沿着锋面缓慢爬升，一般可上升到 5～6 km，甚至到达对流层顶。暖锋的坡度(锋面的倾斜程度)一般较小，约为 1/150，所以锋面在地面覆盖的范围很广。暖空气在上升过程中绝热冷却，如果此时空气湿度较大，在锋面上就会形成一系列云，称锋面云系。暖锋云系依次为卷云(Ci)、卷层云(Cs)、高层云(As)、雨层云(Ns)，随着锋的移动，地面上某点将依次观测到这些连续变化的云状，天气也将由晴到阴到降雨。由于暖锋的坡度较小，暖空气的对流较弱，所以降水区域宽广，其平均宽度一般 300～400 km，而降水强度较小，降水持续时间较长。在降水区，由于雨滴在下面冷气团中蒸发，使冷气团中水汽含量达饱和时，在低空可以出现一些碎雨云(Fn)，并可形成锋面雾。地面锋线移过本地后，天气逐渐晴朗，气温升高，气压下降。

当暖空气本身比较干燥或由于地形等下垫面原因的影响，锋面上也可能无云，或者只出现一些高云，没有降水，而在夏季如果暖空气本身潮湿不稳定，内部扰动强烈，这时锋面上可出现积雨云(Cb)和雷阵雨天气。

暖锋在我国出现比较少,春、秋季节一般出现在江淮流域和东北地区,夏季多出现在黄河流域。

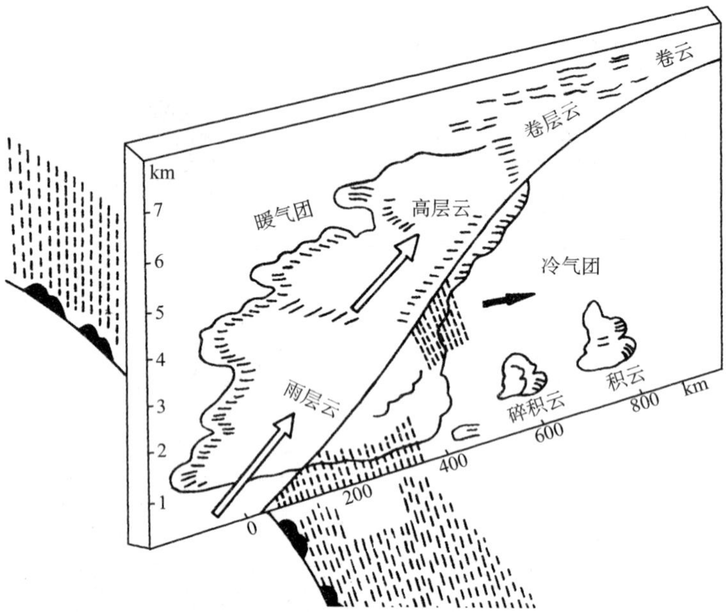

图 6.3　暖锋天气示意图

(2)冷锋　在锋面的移动过程中,冷气团起主导作用,推动锋面向暖气团一侧移动,这种锋面称为冷锋。根据冷锋移动速度快慢,可将其分为一型冷锋(缓行冷锋)和二型冷锋(急行冷锋)。

①一型冷锋　此型冷锋移动速度较慢,暖空气缓慢地沿锋面滑升,锋面坡度大约为 1/100,锋面云系与暖锋相似,只是其排列次序正好相反。天空出现雨层云,开始降水,随着锋的移动,云层逐渐升高,降水停止,气压升高,温度降低,风力减小,如图 6.4 所示。

一型冷锋所形成的降水与暖锋相似,其降水量(云状及云量)与暖空气本身是相关的,不同的是,暖锋的降水区域位于锋前,而冷锋位于锋后,而且由于冷锋的坡度较暖锋要大,其降水范围较前者窄,平均宽度 150～200 km。

②二型冷锋　此型冷锋移动速度较快,锋面坡度很大,一般 1/40～1/80,锋前暖空气被迫急剧抬升,产生剧烈的天气变化,但范围较窄,如图 6.5 所示。

夏半年,由于暖气团比较潮湿且不稳定,在地面锋线前面常出现旺盛的积雨云和雷暴天气。冷锋过境时,往往乌云满天、狂风暴雨、雷电交加,但时间短暂,冷锋过境后则天空晴朗;而冬季时,特别在北方,由于暖空气相对干燥而稳定,仅在地面锋线附近出现降水云层,有连续降水,锋面过境后,云很快消失,但风速迅速增大,常出现大风天气;对于特别干旱的地区或季节,二型冷锋到来时,经常会出现沙尘暴,而没有或很少降水。

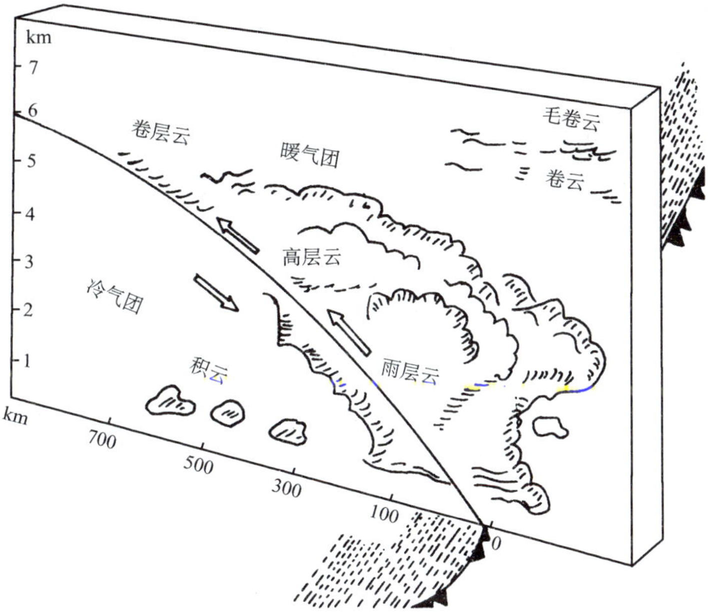

图 6.4　缓行冷锋天气示意图

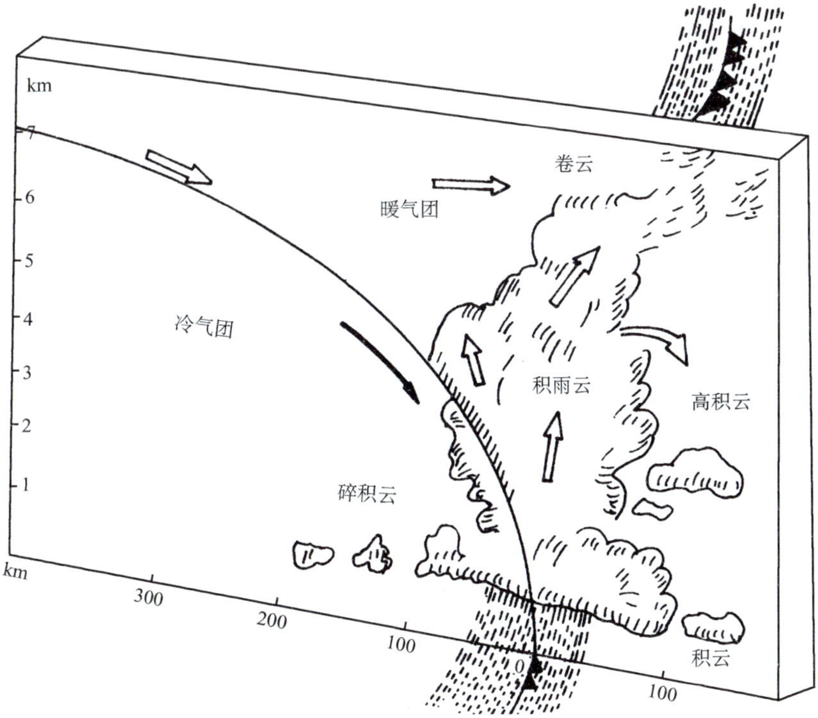

图 6.5　急行冷锋天气示意图

冷锋是影响我国天气最重要也是最常见的天气系统之一,其冷空气大多来源于西伯利亚或蒙古高原。夏半年,冷空气活动较弱,南移时会在我国北方地区形成缓行冷锋,影响区域主要为华北地区;冬半年,冷空气频繁南下,在北方时,势力较强大,常形成二型冷锋,特别是北方出现冬春连旱时,常形成沙尘暴,但冷空气在南下过程中逐渐变性,势力有所减弱,移动到长江流域或华南地区后,常转化为缓行冷锋或准静止锋。

(3)准静止锋　当冷、暖气团相遇时,势均力敌,或由于地形阻滞作用,锋面很少移动或在原地来回摆动,这种锋称为准静止锋(静止锋)。一般把6 h(连续两张天气图)内锋面位置变化小于一个纬距的锋定为准静止锋。准静止锋多数是冷锋南下,冷空气逐渐变性,势力减弱而形成的。准静止锋天气和缓行冷锋天气相似,只是其锋面坡度更小(1/150～1/200),所以地面雨区范围更广,平均宽度可达400～600 km,一般降水强度较小,多为长时间的连绵细雨。当冷或暖空气加强,准静止锋转为冷锋或暖锋,可以产生短时较大强度降水,如图6.6所示。

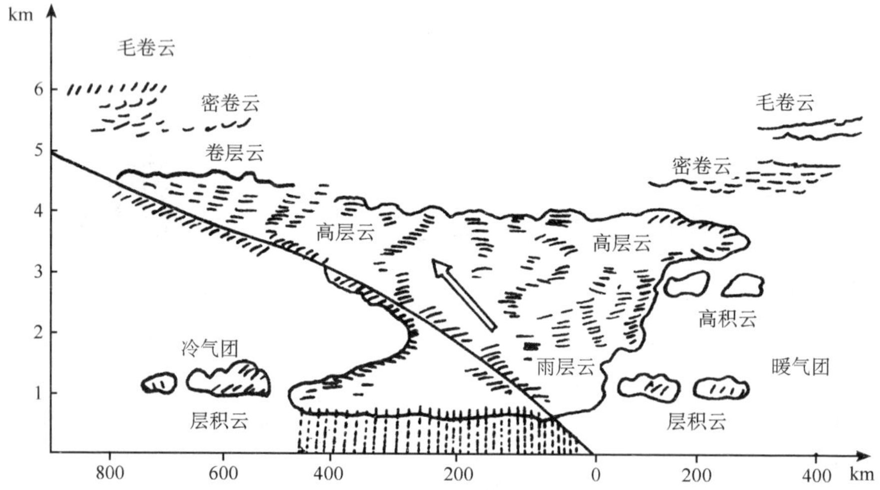

图6.6　准静止锋天气示意图

活动于我国的准静止锋主要有华南准静止锋、西南准静止锋和天山准静止锋、秦岭准静止锋等。

华南准静止锋是影响我国长江以南地区的一个重要天气系统。冬春季节时,冷空气强盛,地面锋线可南伸至南海中北部海面,称为南海准静止锋;夏半年,活动频率相对较小,位置也较偏北,一般在30°N附近,称为江南准静止锋。

华南准静止锋形成后,一般可维持较长时间,平均10 d左右,特别是当冷空气频繁补充南下,准静止锋长久地维持在某个区域,造成连续长时间阴雨天气,如华南地区冬季的低温寡照天气,在南岭山区,有的地方1、2月份日照百分率不足20%。

西南准静止锋主要是南下冷空气受云贵高原阻挡而形成的，常与华南准静止锋连为一体，二者天气特征也近似。

(4)锢囚锋 由于冷锋移动速度较暖锋快，冷锋赶上暖锋或者两条冷锋相遇，把暖空气抬到高空而在原来锋面下面又形成的新锋面，叫锢囚锋。如果锋前冷气团比锋后冷气团更冷，称为暖性锢囚锋。而如果锋后冷气团比锋前冷气团更冷，则称为冷性锢囚锋。由于锢囚锋是两条移速不同的锋合并而成，因此，保留了其原有两条锋的一些天气特征。但由于锢囚后，暖空气被逐渐抬高，沿锋面扩展，所以锢囚初期，云层逐渐增厚，云区范围扩大，降水区域也随之扩大，降水增强，随着锢囚的发展，暖空气被抬得很高，水汽含量减少，云层变薄至消散，降水慢慢减弱停止，而锢囚锋也变成了单一的暖锋或冷锋，锢囚消失，如图 6.7 所示。

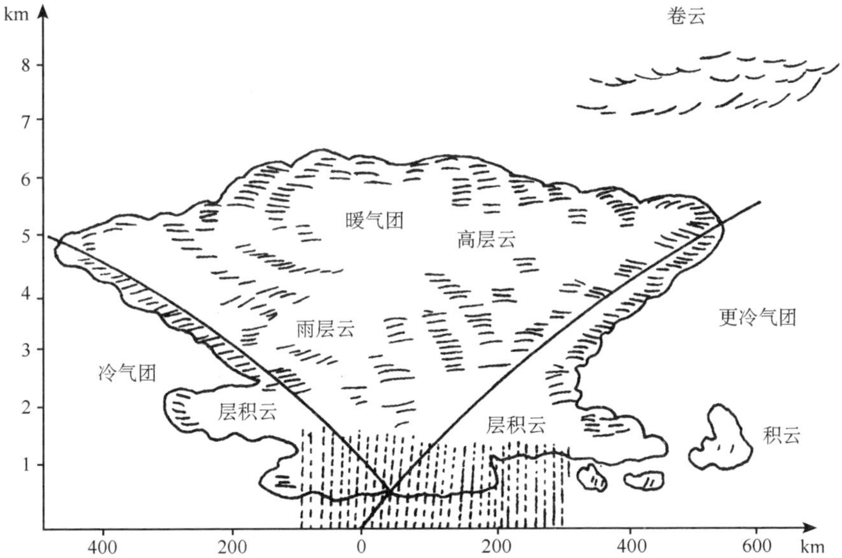

图 6.7 锢囚锋天气示意图

锢囚锋主要出现在我国东北和华北地区，以春季最常见。

上述各种锋是影响我国天气的主要天气系统，由于我国特殊的地理位置，冷、暖气团活动频繁，锋生现象十分活跃，锋的形成和移动，给许多地区带来充沛的降水，是造成我国夏季温暖湿润、冬季严寒干燥的主要原因之一。

二、气旋与反气旋

1. 气旋

气旋是具有三度空间的，在同一高度上具有闭合等压线，中心气压低于四周的大气涡旋。气旋大小由地面天气图最外层闭合圈直径确定，其直径可以为200～3000 km，平均1000 km左右。气旋强度由中心气压值确定，一般在970～1010 hPa，最低可达953 hPa，值越低说明气旋越强。中心气压如果出现随时间推移而降低的现象称为气旋“加深”，如果中心气压随时间推移而升高，则称为气旋“减弱”或“填塞”。在北半球，气旋中的气流做逆时针旋转，并且近地层气流是辐合上升的，到高空发生水汽凝结，有降水天气发生，所以一般气旋内天气以阴雨为主。气旋分无锋面气旋和锋面气旋。

(1)无锋面气旋　气旋内无锋面存在，移动性较小。这类气旋包括：热带洋面上形成的热带气旋，可发展成台风或强烈的飓风；因地形或下垫面加热作用而形成的地方性气旋；中高纬度地区因暖空气爬升而形成的冷涡。

(2)锋面气旋　有锋面存在，移动性大。常在中高纬度地区形成，易造成十分恶劣的天气，如强烈降水、雷暴、大风、风沙等。影响中国北方的锋面气旋最主要有以下几种：

①蒙古气旋。形成于蒙古人民共和国中部或东部，影响中国内蒙古、华北、东北和渤海等地春秋两季天气，尤其对春季影响更多。由于气旋内暖空气多来自青藏高原东北部和河西走廊一带，水汽不足，因此，降水天气一般很少，更多是带来大风、降温、霜冻等天气现象。

②东北低压。一般是由蒙古气旋移到东北而形成的低压系统，但也有华北、黄河下游移来的低压系统。东北低压是中国出现的气旋发展最强的一类，它一年四季都比较活跃，但尤以春季为最多。最大的天气特点是大风，有时在四平和长春两地风速可高达到40 m/s，且持续时间也较长，往往可达24～48 h。降水量比蒙古气旋多，尤其是来自华北和黄河下游的低压降水极盛，是东北夏季出现大暴雨的主要天气系统之一，而由蒙古移来形成的东北低压则降水量不大。

③江淮气旋。在长江中下游、淮河流域和湘赣地区形成的气旋叫江淮气旋。它会使长江、淮河、黄河下游等广大地区形成云系和降水、大风天气，5—7月最活跃。江淮气旋移到哪儿，哪儿就会发生暴雨、大风天气。如果有静止锋横卧江淮地区，在锋面上形成多个连续气旋波，则气旋被移到之处就会形成梅雨天气。

2. 反气旋

反气旋指同一高度上中心气压高于四周的大尺度涡旋，具有三维空间结构。其范围比气旋大很多，最外层闭合圈直径经常超过2000 km，小的也有数百千米。在北半球，反气旋内近地层空气沿顺时针方向由中心向外辐散，中心气流下沉，高空气流辐合。反气旋的强度一般用其中心气压值表示，中心气压值越高，其强度越大，一般在1030～1040 hPa，强时可达1080 hPa以上。当反气旋中心气压随时间逐渐升高时，称为反气旋“发展”或“加强”，反之，称为反气旋“减弱”或“填塞”。反气旋内部天气,由于其中心气流下沉增温,一般为晴好天气,气温的日较差较大,冬季在冷性反气旋控制下,可出现霜冻,有时可形成辐射雾。

反气旋分为冷性反气旋和暖性反气旋。冬季大陆出现的为冷性反气旋,常称冷性高压,中高纬度常见,冬季最频繁。一般带来大量冷空气,造成大风降温的寒潮天气,降温幅度超过 10℃以上。夏季海洋出现的为暖性反气旋,一般在副热带出现的副热带高压就是暖性反气旋,它一年常在。副热带高压的强度和位置随季节而变化,在北半球夏季较强,位置偏西偏北;冬季较弱,偏东偏南。

影响中国的副热带高压主要是西太平洋高压的西部,即西太平洋高压脊。高压脊不同部位控制的地区天气是不同的。高压脊内部:气流下沉辐散,出现晴朗少云天气,风速小,干旱少雨,天气炎热,中国长江中下游地区 7—8 月正好处于高压脊内部;高压脊北侧:常与西风带副热带锋区相邻,多气旋和锋面活动,上升气流强烈,造成阴雨天气,为中国大部分地区一年的主要降雨来源;高压脊南侧:盛行东风,从海洋吹来的气流温度相对较低,产生下沉运动,天气一般晴好,但如果有台风、热带低压等天气系统活动时,常产生雷暴、暴雨和大风天气。

中国大陆东部主要雨带的季节性移动与副热带高压脊线的季节性移动密切相关。通常雨带位于副热带高压脊线以北约 5～8 个纬距。西太平洋高压脊位置的季节变化如图 6.8,每年从冬到夏脊线由南往北移动,从夏到冬脊线又由北往南撤回。

副高脊线的移动并不是均匀的,而是跳跃式前进,表现为快速北上和振荡徘徊相结合。一般来说,2—3 月,副高脊线由 13°N 缓慢北移到 15°N 附近,脊端也靠近 120°E,这时,来自低纬度海洋上的暖湿气流开始到达华南地区,可造成华南低温阴雨天气或霜冻天气;4—6 月,脊线明显地向北移到 20°N 以南,这时,大范围雨区常在华南地区,其中 6 月中旬或下旬,副高脊线第一次迅速向北跳跃,并越过 20°N,徘徊在 25°～27°N,脊端可达 120°E 以西,这表明来自低纬度海洋上较强的暖湿空气已进入华南、华中地区,并且非常活跃,同时,西太平洋高压西北侧的大范围雨区随之北移到我国长江中、下游,产生该区的梅雨季节。到了 7 月上、中旬副高脊线又一次出现北跳现象,跳过 25°N 以后,在 30°N 附近徘徊,其脊端已到 120°E 以西,大范围雨区由长江流域移到黄淮流域,长江流域梅雨结束,进入盛夏炎热少雨的伏旱期,而这时的黄淮流域进入雨季。7 月底至 8 月初,脊线稳定在 35°N 附近,其脊端已伸入到整个华中地区,暖湿气流达到华北,是华北、东北雨季时期。9 月上旬,副高脊线第一次向南跳回到 25°N 附近,这时大范围雨区又退回黄河流域,而长江中、下游地区出现秋高气爽的天气。10 月上旬脊线又一次跳回到 20°N 以南,雨区也随之南移。另外,副高脊线北移,热带洋面处于东风带内,不断产生热带气旋或台风,影响我国华南沿海和东南沿海地区的天气。当副高活动一旦异常,将导致我国旱涝等灾害性天气发生,如 1954 年、1991 年 4—7 月,1998 年 7—9 月,副高北上迟缓,脊线稳定滞留在

20°～25°N。长江流域梅雨持久,形成罕见的洪水;而1961年、1983年副高脊线很快越过20°～25°N附近,6月中旬起,副高稳定在30°N附近,江淮流域夏季雨量较少,出现了旱象。

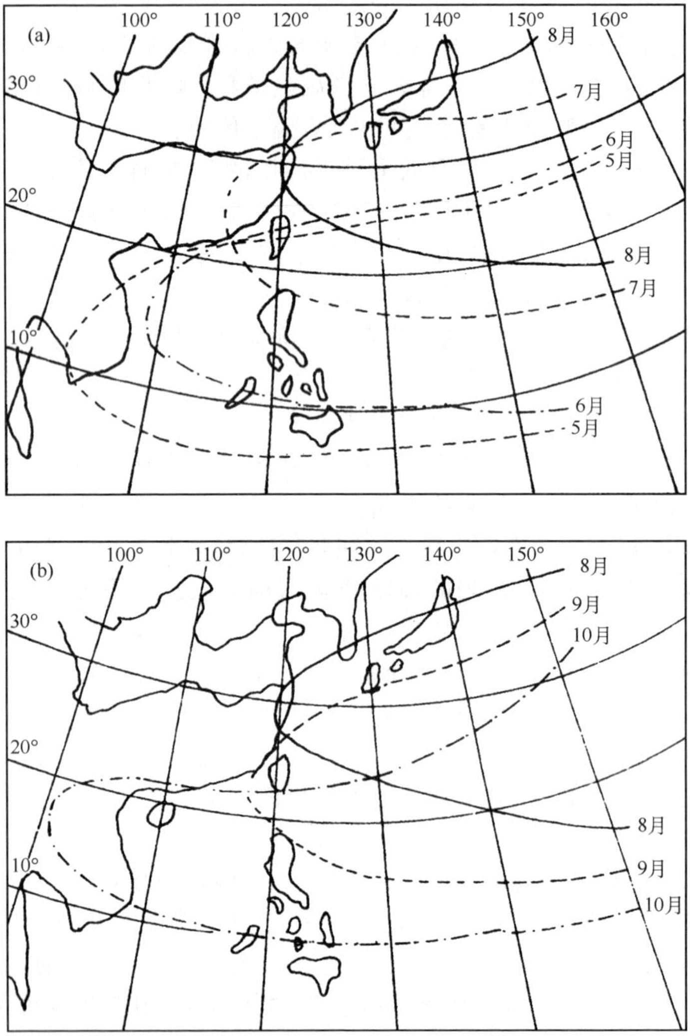

图6.8　西太平洋副热带高压外围5—8月(a)和8—10月(b)500 hPa平均位置

三、常见高空天气系统

在对流层下层,地球上大气的活动,由于地形和地表物理属性的巨大差异,使温、湿度在水平方向上非常不均匀,因而多表现为闭合的气压系统,如气旋、反气旋等。

随着离地表高度的增加，到对流层中上层后，这种闭合气压系统逐渐不明显，等压线更趋于纬向分布，但依然受到地表的影响，表现为等压线产生波动，这种波动尺度一般可达5000～10000 km，在这些大尺度的波动上，常叠加尺度较小的波动，形成高空槽和脊，它们随着大气环流移动，影响和决定着地面天气系统的生成与强弱变化。

1. 西风槽

在北半球，副热带高压北侧的中、高纬度地区，3 km以上的高空盛行西风气流，称为西风带。西风气流中常常产生波动，形成槽和脊。西风带中的槽线，称为西风槽，如图6.9所示。西风槽多为东北-西南走向，西风槽的东面(槽前)盛行暖湿的西南气流，空气作上升运动，对应地面是冷、暖锋和气旋活动的地方，天气变化剧烈，多阴雨天气；西风槽的西面(槽后)盛行干冷的西北下沉气流，对应地面是冷高压活动的地方，天气晴好。影响我国天气的西风槽主要有：从西北越青藏高原影响北方地区的西北槽、青藏槽和从印度、缅甸东移影响南方地区的南支槽(印缅槽)。西风槽活动频繁，一年四季都可发生，每次活动都会带来一定强度的冷空气入侵，地面形成锋面天气(冷锋或准静止锋)，造成较大范围的降水或阴雨天气。

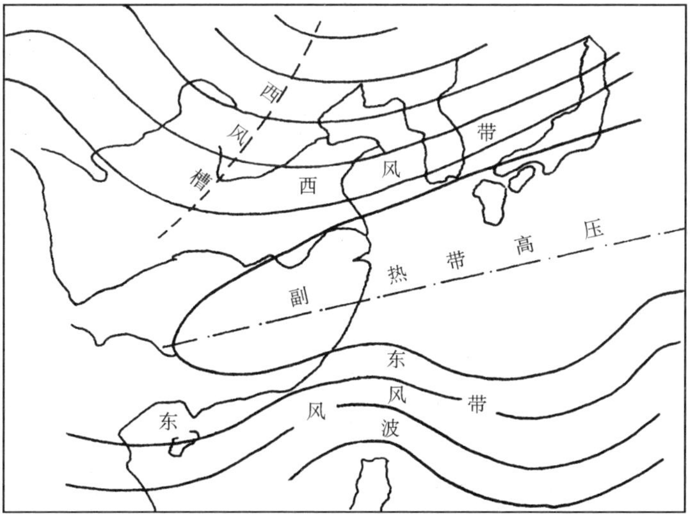

图6.9　西风槽、东风波

2. 东风波

副热带高压南侧的低纬度热带地区，有深厚的东风气流，在东风气流中自东向西移动的低压槽，称东风波。槽的形状为倒V形，与西风槽相反，又称“倒槽”。槽线呈南北向或东北-西南向，槽前(西部)吹东北风，槽后(东部)吹东南风；在我国华南地区槽后辐散,天气晴好,只出现小块积云,槽线附近,降水开始,最大降水量出现在槽前的气流辐合区内。东风波多出现于盛夏,因为这时副热带高压脊线位置偏北,其南侧被深厚的东风气流所控制。东风波生成后,自东向西移动,当移动过程中,遇到西风槽或移到陆地上时,减弱消失。

东风波对我国长江中、下游及其以南地区夏季的天气有重要的影响,当条件合适时,东风波可加强发展为台风。

3. 高空切变线

高空切变线通常指 850 hPa 或 700 hPa 等压面上风向、风速发生气旋性(逆时针)变化的不连续线,其两侧的温度差异较小或不明显。

图 6.10 为切变线的一般形式,其中图(a)为西北风与西南风之间构成的切变,称为冷锋式切变型,这种切变线偏北风占主导地位,常常自北向南移动,其性质与冷锋相似;图(b)为东南风与西南风或偏东风与偏南风之间的切变线,称为暖锋式切变型,这种切变线为西南风或偏南风占主导地位,自南向北移动,性质与暖锋相似;图(c)为东风与西风之切变,称为准静止锋式切变型,由于南、北两支气流与切变线近于平行,势力相当,因而很少移动,性质类似准静止锋。

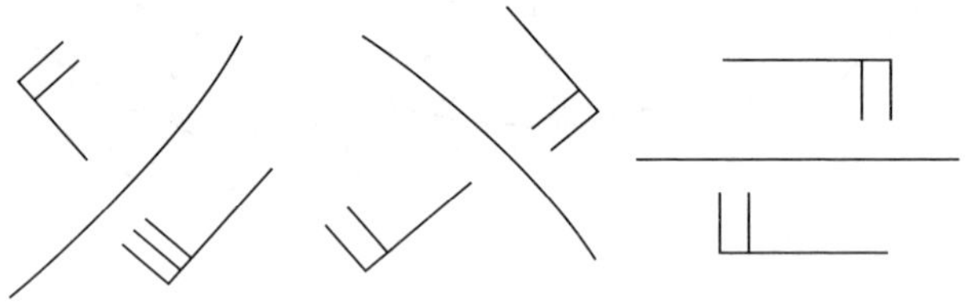

(a) (b) (c)

图 6.10 高空切变线

切变线一年四季都可出现,按出现区域可分为华南切变线、江淮切变线和华北切变线等;高空切变线一般与地面锋面相配合,但也有少数是无锋面配合的单一切变线。

切变线上气流为气旋式辐合上升,因而多为阴雨天气。切变线的降水随季节的变化有很大的差别,冬半年,切变线上多出现连续性降水,降水区域较宽,但降水量较少;夏半年,切变线附近常出现雷阵雨,降水区域较窄,但强度较大。

切变线的移动一般与南北气流强弱有关,当北侧系统占优势时,位置南移;反之,向北移,若两者势力相当,则呈准静止状态。切变线一般可维持数天,随着其南北气流的不均衡而产生向南或向北移动,在移动过程中,逐渐消失或转成西风槽而消失。

4. 低涡

又称冷涡，常出现在中纬度中层大气中，是强度较弱、范围较小一般只有几百千米的冷性低压。它在 850 hPa 和 700 hPa 图上比较明显，且有冷中心配合，形成一闭合冷性低压系统，有时在 500 hPa 图上也有反映，但已给不出闭合等高线，只有风场上的气旋式环流。低涡中有较强的辐合上升气流，可产生云雨天气，尤其在低涡东部和东南部上升气流最强，云雨天气更为严重。低涡经常出现在我国西北和西南地区，分别称为西北涡和西南涡，前者以夏半年多见，后者一年四季都可出现，以春末夏初最多。低涡形成后多在源地减弱、消失，只引起源地和附近地区的天气变化，造成降水；但有部分低涡随高空低槽或高空引导气流向东北偏东方向移动，并不断得到加强和发展，雨区扩大，降水增强，给沿途地区造成雷阵雨和暴雨天气，成为影响江淮流域甚至华北地区的重要天气系统。如果在冬季不仅有阵性降雪，还常伴有大风和低温天气出现。西南涡在东移过程中如遇冷空气南下，则被南压到华南沿海，是两广地区春末夏初降水的主要来源；当它东移时遇到加强的副热带高压脊，则沿着副高北缘向东北方向移动，与切变线相配合，造成长江中下游和黄河下游地区的强降雨天气，甚至会引发洪涝灾害。

第二节 灾害性天气

灾害性天气指能够对人类生产、生活或生存环境造成破坏和损失的特殊天气。有时在天气现象上并不显得特殊，但气象要素持续处于对农业生产不利的状态，也能导致严重的后果。虽然从短期看不属灾害性天气，但仍然可形成农业气象灾害，如干旱、冷害等。

一、几种灾害性天气

1. 寒潮

寒潮是指大范围强冷空气活动引起气温下降的天气过程。中国气象局制定全国性寒潮标准是：凡一次冷空气入侵后，使长江中下游及以北地区在 48 h 内降温超过 10℃，长江中下游或春秋季的江淮地区的最低气温≤4℃，陆上有大面积 5 级以上大风，在中国近海海面上有 7 级以上大风，即为寒潮。若降温在 48 h 内达 14℃以上则为强寒潮。

入侵中国的冷空气多发源于新地岛以西的北冰洋寒冷洋面，约占总次数的 49%。新地岛以东洋面约占 18%。此外，冰岛以南洋面常有冷空气堆积，约占 33%。以上冷空气活动有 95%移向关键区(43°～65°N，70°～90°E)且汇集增强，然后分三路进入中国各地:东路——从关键区经蒙古到达内蒙古及东北,主力继续东移,但低层冷空气折向西南,从渤海经华北可直达两湖盆地;中路(或西北路)——从关键区经蒙古到达河套附近南下,直达长江中下游及江南地区;西路——从关键区经中国新疆、青海、青藏高原东侧南下(图 6.11)。

寒潮天气及所产生的灾害性天气:形成寒潮的天气系统在地面主要有强冷高压和强冷锋,高空有高空大槽。冷锋过境时风向突变,锋后往往有偏北大风,常伴有降水,温度剧降,气压很快升高。寒潮产生的灾害性天气包括冷害、冻害、大风、风雪及风沙等。西北和内蒙古常出现沙暴、雪暴等,华中、西南出现冰凌,在南方尤其是华南常有大范围持久阴雨。

寒潮对农业生产的影响有:春季的寒潮使农作物严重冻害,尤其晚春时节,经常对幼嫩作物和果树造成严重危害;秋季寒潮虽不如春季强烈,但初霜冻往往影响作物的成熟;冬季强寒潮造成严寒,危害越冬作物,北方大风雪还会使牧区牲畜遭受冻饿死亡。除这些不利影响外,寒潮带来的降温可冻死一些病虫,寒潮带来的降雪对越冬作物有利,渔民还可在寒潮带来的大风天,利用鱼虾集群浮游的习惯捕捞。

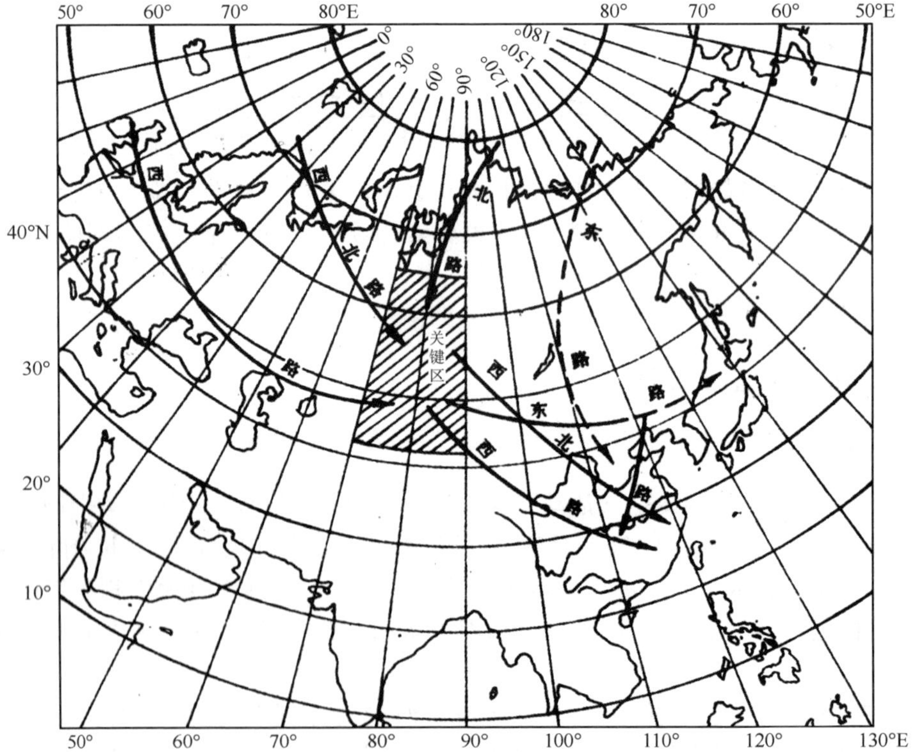

图 6.11　影响我国的寒潮源地和路径

2. 龙卷风

龙卷风是大气中最强烈的一种涡旋现象，寿命短促，范围很小，但风力极强，破坏性极大。外形为漏斗状云柱，从浓积云或积雨云中垂直伸向地面，由凝结的水滴、地面杂物及从水体卷去的水分组成。不及地的叫漏斗云，及陆的称陆龙卷，及海的称海龙卷。

龙卷风可出现在气团内部、静止锋、台风、低压冷锋和飑线等天气系统中。发生时间与大气对流旺盛时间一致，主要在6—9月的中午至傍晚，而下半夜至上午很少出现。龙卷的中心气压极低，强龙卷中心附近地面气压仅为400 hPa(普通气旋中心值在980～950 hPa)，极端情况可达200 hPa。由于中心气压低，涡旋中心风速很小或无风，中心附近气压梯度极大，水平和垂直风速都非常大，中心以外数十米极狭小环带风速最大，一般可达几十至100 m/s，甚至高达150 m/s，垂直上升速度也可达几十至几百 m/s。寿命短促，大多只能维持几分钟到几十分钟，极个别可维持几小时。着地龙卷生命史相对较长，漏斗云生命史较短。龙卷一般是单个出现的，有时也成双出现。双龙卷旋转方向相反，一个呈气旋式，另一个呈反气旋式。从世界范围看，龙卷主要发生在中纬度20°～50°地区，发生最多的国家是美国，平均每年出现500次左右，其次是澳大利亚和日本。中国龙卷风一般发生在华南、华东一带，且多出现在春季和夏初。龙卷风生成在很强的热力不稳定大气中，其生成机制仍没有完善的解释。有人认为龙卷生成可能与积雨云中强烈升降气流有关。

龙卷风的直径大约只有几米到几百米，移动距离一般从几百米到几千米，破坏宽度多在1 km以内，有的仅几十米，有时甚至把人、牲畜、车辆、房屋等成千上万吨重物都能吸到高空中。2016年6月23日下午14:30，江苏省盐城市阜宁县、射阳县部分地区突发龙卷风冰雹严重灾害，两县9个镇29个村庄99人遇难，4.55万人受灾，直接经济损失近50亿元。阜宁县22村受灾，其中立新村433户受灾，倒塌房屋365户，68户受损，受灾人口1429人。

防御措施：①植树造林，保持水土，减少对流，破坏其形成条件；②增加水体面积，缓和垂直对流；③加强监测预报，适时发出警报，向安全方向躲避。

3. 雷暴大风

雷暴大风是一种范围很窄、有强风并伴随着雷暴大雨的对流性天气带，又称飑线。它具有巨大破坏力，常出现在强冷锋前，过境风速20 m/s以上，生命史6～9 h，移速比冷锋快2～3倍。

飑线生命史分三个阶段：初生阶段3～5 h，有6级左右大风并伴雷雨；全盛阶段历时1～2 h，风向突变，风速骤增，气压剧升，温度剧降，破坏力很大；消散阶段历时2 h左右，风速减小，雷雨强度降低，气压渐降，气温渐升，天气转好。飑线移动速度可达60 km/h以上，路程一般100～250 km，宽度0.5～6 km。

中国飑线多发生在长江流域以北。飑线初期平均风速 6 级,阵风 8 级,可吹断细树枝。全盛阶段平均风速 10 级以上,阵风超过 12 级,可拔树倒屋,并伴随强阵雨和冰雹,对农作物可造成很大损害。利用气象卫星、雷达和台站网可以对飑线有效监测,以便提前采取防御措施。

4. 冰雹

一种局地性强、季节性明显、来势急、持续时间短,以砸伤为主的气象灾害,对农业、交通、建筑设施和生命财产危害很大。中国冰雹灾害较为严重,有 20 多个省(区、市)几百个县经常受灾,甘肃省几乎年年有雹。

冰雹形成必须具备两个最基本的条件,即充足的水汽供应和十分强烈的空气对流。发展旺盛的积雨云垂直厚度一般在 8000 m 以上,云顶温度常达－40℃以下,为冰晶和雪花;中部－40～0℃,为过冷却水滴和冰晶;云底高于 0℃,由水滴组成。云体移动前方为上升气流,后方为下沉气流。具备适当的动力或热力条件,云内对流就迅速发展,云体中上部形成水分聚集区,下层云滴抬升与冰晶、雪花相碰冻结形成雹核并增大。雹体随对流运动上下往复,粒径变大、重量增加。直至云中上升气流再也托不住时,即落地成雹。冰雹云边缘常发黄红色,带有推磨似的雷声,常伴随大风和暴雨天气。

各地降雹日数年际变化很大,并有明显的季节变化。2—3 月主要在西南、华南和江南,4—5 月主要在长江流域、淮河流域和四川盆地,6—9 月在西北、华北和东北。从全国看 4—9 月占总数 84%,其中 5—6 月各占 22%。中纬度地区降雹时间以午后到傍晚为主,四川盆地和湘西、鄂西则以夜间为主。多雹区主要在高原和大山脉,成带状分布。基本都有常发的源地和主要路径,一般沿山脉或河谷成带状分布,有时还呈跳跃式。带宽为几千米到几十千米,长几十千米,最长的数百千米。

冰雹的防御和补救措施主要为:

(1)提高监测和预报冰雹的水平。应用气象雷达跟踪探测,总结强对流天气模式,应用计算机数值预报。还可肉眼识别雹云,一般移动快,云体发黄,有的中间灰暗,常伴有连续不断的沉闷雷声,多有横闪。

(2)改造下垫面。植树种草,绿化荒山,扩大灌溉面积等,缩小下垫面热力差异,削弱上升运动,从而减少雹灾。

(3)调整农业结构,以防为主。多雹地区适当加大林牧业比重,种植业调整作物比例,早期多雹地段增加再生能力强的作物;生长后期多雹的地区增加耐雹力强的作物。调整播种期,使最不抗雹的生育期错开多雹时段。

(4)人工消雹。在冰雹云中播撒碘化银等催化剂,加速凝结成雨或缩小成小冰雹,避免雹灾。人工消雹也可用空中爆炸作业的方法,冲击波让大冰雹粉碎,过冷却水滴直接下降,来达到消雹目的。

(5)雹灾后的补救。根据灾情、作物、生育期等，及时中耕松土提高地温，追施速效肥并浇水，促进植株恢复生长。

5. 台风

发生在热带洋面上的低压涡旋统称“热带气旋”，在西太平洋和我国南海海域称台风，在东北太平洋和大西洋称飓风，在印度洋称为特强气旋性风暴。中国气象局2006年6月实施国家标准《热带气旋等级》(GB/T 19201—2006)，按热带气旋底层中心附近地面最大风速，将热带气旋划分为六个等级，见表6.1。

表6.1 热带气旋名称和等级标准

热带气旋等级	底层中心附近最大风力(风速)	热带气旋等级	底层中心附近最大风力(风速)
热带低压	6～7级(10.8～17.1 m/s)	台风	12～13级(32.7～41.4 m/s)
热带风暴	8～9级(17.2～24.4 m/s)	强台风	14～15级(41.5～50.9 m/s)
强热带风暴	10～11级(24.5～32.6 m/s)	超强台风	16级或以上(≥51.0 m/s)

中国对每年出现在赤道以北，经度180°以西的太平洋和南海海域≥8级热带风暴、强热带风暴及台风按先后顺序进行编号。例如，9805号表示1998年发生的第5个热带风暴或台风。国际上则对每个热带风暴进行命名，从2000年1月1日起按世界气象组织国际台风委员会决定，西北太平洋和南海海域生成的热带气旋，将由来自中国、日本、韩国、朝鲜及中国香港、中国澳门等14个成员所提供的140个名字命名。中国提供的10个名字分别是：龙王、悟空、玉兔、海燕、风神、海神、杜鹃、电母、海马、海棠。2006年12月中国提供了“海葵”的名字代替2005年被删除的“龙王”。2015年中国又提供了新名称“白鹿”取代了曾造成重大灾害的台风“海燕”。中国是世界上受台风侵袭较多的国家，平均每年登陆中国的台风6～7个。以华南最为频繁，广东、海南最为严重，台湾、福建、浙江、上海、江苏等地也较频繁。

台风是一种热带气旋，平均直径700～900 km，大的超过1000 km，小的只有200 km。中心气压极低，一般在990～870 hPa，水平方向表现为一个近似圆形的低压系统，等压线密集。在气压、温度及流场方面有明显特征，从而产生强烈天气现象。

北半球气流绕台风中心逆时针急速旋转，由于水平气压梯度大，近中心处风力极强。垂直方向上台风流场大体分三层：从地面到3 km左右为流入层，空气边旋转边辐合流入；3～7.6 km为中层，气流急剧旋转并强烈上升；中层顶到台风顶部(约12～16 km)是流出层，气流向外辐散；台风眼区则有下沉运动，见图6.12(a)。水平方向上流场分为三区，见图6.12(b)。第一是台风外围大风区，从台风外围到最大风速区，半径约200～300 km，最大800 km，风速向中心增强；第二是台风涡旋风雨区，又称最大风速区，绕中心10～20 km宽，风速分布不均匀，常在中心右方出现最大风速;第三是台风眼区,半径 5～30 km,风速急剧下降甚至静风,气流下沉,天气晴好。

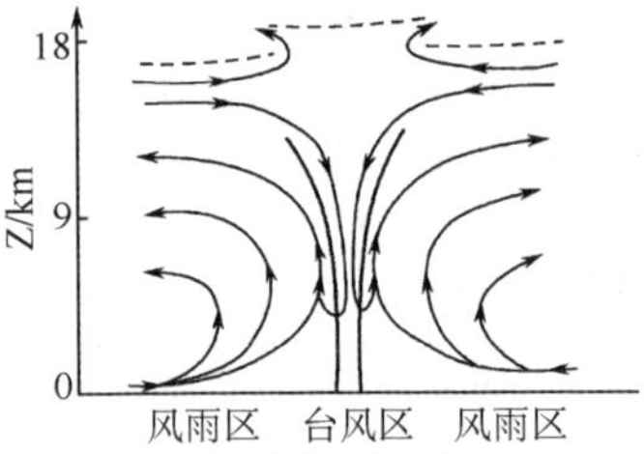

(a) 垂直环流

(b)水平结构

图 6.12　台风的垂直环流和水平结构模式

台风温度场的重要特点是具有暖心结构,由强烈积云发展释放潜热所致。曾观测到台风中心温度比周围大气高 10～11℃,台风眼区气流下沉增温也是导致中心气温高的一个原因。这种暖心结构是台风维持和发展的重要能源,一旦台风移入冷海面或陆地,或者移近西风带并有冷空气侵入时,会切断或削弱热源,使暖心结构破坏,台风衰亡。

台风形成需要温度 26.5℃以上的足够广阔的洋面,高温高湿的低层大气结构很不稳定,蕴藏较大能量;低层存在热带扰动,可使空气上升释放潜热,形成热带气旋性漩涡;足够大的水平地转偏向力,可使热带扰动辐合气流形成气旋性涡旋,所以台风通常在离赤道 5°～8°以外洋面形成;基本气流垂直切变要小,通风不好,凝结潜热始终在有限范围内加热,很快形成暖心结构,保证初始扰动地面气压不断降低。

台风经常造成人畜死伤。最强大的台风破坏范围宽达 500 km,弱小台风 25 km,多数台风 80～160 km。台风带来的灾害有三种:①风灾,可倾覆船只,影响渔业生产和水上运输,吹倒大树,毁坏作物;②雨涝灾,有的暴雨总量可达 500～600 mm 以上,造成山洪暴发和内涝,冲垮水库和堤坝,中断交通,伤害人畜;③风暴潮灾,指强烈大气风暴所引起的强风和气压剧变,可引起海面水位异常涌升,严重时可冲垮海堤,使海水倒灌,农田淹没。

(1)防御台风灾害的主要措施

①监测。目前全球广泛应用气象卫星探测台风,许多国家还使用飞机。中国有完整的台站网和密度较大的气象雷达网,中国发射的风云气象卫星可以有效监测台风。

②预报。采用天气图、数值预报、数理统计或三者有机结合,特别注意应用气象

卫星云图、雷达资料及各种气象资料综合分析。

③警报服务。例如，气象部门发布的台风消息、台风警报和台风紧急警报等。

④建立相应的防御机构，制订应急预案。

(2)台风的有利之处

目前，全世界水荒严重，工农业生产和生活用水资源不足，而台风却是非常重要的淡水资源。台风给日本、印度、东南亚和美国东南部等地区带来了大量的雨水，占这些地区总降水量的1/4。

赤道地区受日照最多，干热难耐，若没有台风驱散这一地区的热量，热带会更热，寒带会更冷，温带将会消失。没有台风，我国将没有昆明这样的春城，也没有四季常青的广州。

台风最大时速为200 km左右，其能量相当于400颗2000 t级的氢弹爆炸时所释放出的能量，过去、现在和将来都凭借这个能量使地球保持热量平衡。

二、气象预警信号

各级气象主管机构所属的气象台站向社会公众发布的预警信息中，预警信号由名称、图标、标准和防御指南组成，分为台风、暴雨、暴雪、寒潮、大风、沙尘暴、高温、干旱、雷电、冰雹、霜冻、大雾、霾、道路结冰等。

预警信号的级别依据气象灾害可能造成的危害程度、紧急程度和发展态势一般划分为四级：Ⅳ级(一般)、Ⅲ级(较重)、Ⅱ级(严重)、Ⅰ级(特别严重)，依次用蓝色、黄色、橙色和红色表示，同时用中英文标识。

各种预警信号扫描以下二维码可见：

第三节　天气预报

一、天气预报方法简介

天气预报从预报时效上看可分为以下几种：①短时临近天气预报，是指未来12 h以内的天气预报，必须以探空、地面观测、卫星云图、天气雷达等探测系统的实时监测和高效的信息传输为基础，通过数值天气预报模式以及高性能的计算机系统和具备高速处理各种综合信息能力的业务平台来实现;②短期天气预报,是指 12～72 h 内的天气预报,其预报结论主要是依托各种数值天气分析预报产品,综合应用各种气象信息产品和实时气象探测资料,结合本地区天气气候特点、数值预报适用技术和通过其他预报方法获得的结果进行综合归纳得出的;③中期天气预报,是指 72 h 以上至 10 d 的天气预报,主要以各种中期数值天气分析预报产品为主,数理统计等方法为辅实现的;④短期气候预测,是指月、季、年的长期天气预报。天气预报的范围有全球、全国、省、县、市或更小范围(如飞机场、码头等),也可以是一个地带(如航空线)。

天气预报一般分为四个步骤:天气观测、数据收集、综合分析和预报会商。具体来说,预报员根据各地气象观测资料绘制成地面、高空天气图及各种图表,再结合卫星云图、雷达探测资料和数值天气预报结果进行经综合分析,然后进行天气会商,给出预报结论。

天气预报是气象工作为经济建设和国防建设服务的重要手段之一。随着国民经济和科学技术的发展,天气预报的方法和技术水平也在逐步提高。总的来讲,天气预报主要有两类预报方法:主观预报方法(经验方法)和客观预报方法。主观预报方法是依据天气图、卫星、雷达资料及各种经验规则和统计图表由预报员综合得出的,在很大程度上取决于预报员的经验,这种方法通常主要指的是天气图预报方法。客观预报方法包括统计预报方法和数值预报方法,近 30 年将统计预报与数值预报相结合发展成为统计-动力(数值)预报方法。以下分别介绍。

1. 天气图预报方法

天气图的诞生是近代天气预报产生的重要标志。天气图预报方法以天气学为基础,是目前常用的一种天气预报方法。世界各地气象台、站在统一规定的时间进行地面和高空气象观测,然后及时将观测数据集中到各国气象的通信中心,由中心汇总后再向国内发报或传送。各地气象台收到国内外各地的气象资料后,用统一规定的各种天气现象符号迅速填在一张特制的空白地图(即天气图)上,即成为天气图(包括地面天气图和高空天气图),再经预报员的分析,就可以从图上清楚地看出整个区域内各种天气系统和天气分布情况。分析同一时刻,不同高度的天气图,可以了解天气系统的空间结构,弄清它们发生、发展的原因。分析前后不同时刻的天气图,可以掌握各种天气系统的移动方向、速度和强度的演变规律,在此基础上,依据天气学理论及实践经验所得到的预报规则来预报各个天气系统在未来的移动方向和强度的变化(包括生成和消亡),并进一步推断各地区未来的天气变化,所以这种天气图预报方法属于半经验性的预报方法,是历史较长的传统预报法。

2. 数值预报方法

根据大气实际情况,应用流体力学、热力学的基本原理于大气运动,得出描写大气运动规律的数学方程组,再以某时刻气象要素的空间分布为初值,通过大型计算机做数值计算，用数值求解法对该方程组求解，得出未来大范围天气形势与有关要素的定量预报值，如高空及地面气压场形势、风场、温度场、降水量分布等的定量预报，叫做数值预报方法。本法是以流体力学、大气动力学、热力学理论为基础，以计算数学和高速电子计算机为实现方法和手段的近代天气预报方法，因此具有客观、定量化的优点。但由于选择数值预报模式进行预报方程组简化和探测资料精度、密度不足，使数值天气预报含有一定的误差，为了缩小这种误差，还需由预报员以天气图预报方法的结果为依据，对数值预报做出修正。随着观测网的改进、计算能力的提高以及预报模式的改进，数值预报的准确率已经大大提高，预报误差渐趋减小，因而数值天气预报方法的指导地位在世界各国已逐渐得到普遍确认。

3. 统计预报方法

统计预报方法是利用统计数学开展天气预报的一种客观方法。基本做法是：根据大量历史气象资料，从复杂天气现象中找出与预报对象较好关系的物理因子作为预报的依据，然后采用一定的概率统计方法，将所选择的因子与预报量之间建立客观联系，找出天气、气候变化的统计规律，以预报未来天气。具体的统计方法种类很多，包括有经典统计方法(CS)、统计-动力预报方法。后者又包括完全预报方法(PP)及模式输出统计预报方法(MOS)。

经典统计方法(CS)需要初始条件与以后某个时刻条件之间的统计后延关系。它利用纯统计方法，包括概率天气预报、分类预报、相关回归预报、判别分析、时间序列分析等。

完全预报方法(PP)是指统计历史天气图上的气象要素与预报量之间的同时关系，经筛选建立统计预报方程。假定用数值预报作的形势预报完全正确，用它代入统计预报方程，就可以得到预报量的预报。这里所指的“完全”不是预报方法完美无缺，也不是预报结果完全可靠，而是假定数值预报是完全正确的。由于用到了较长时间的历史资料，所得到的预报方程比较稳定，推导方程时不需要用数值预报的样本，不受数值模式改进的影响，预报精度一般可高于经典统计预报法，但是不适合用作概率预报。

模式输出统计预报方法(MOS)是分析数值预报的形势预报及物理量(如垂直运动、水汽输送通量、稳定度指数等)预报与预报量的同时关系。并建立预报方程，再用数值预报结果代入方程，作出气象要素的预报。“模式”即数值预报的模式，“输出”即数值输出的形势和物理预报，“统计”即指统计预报量和模式输出量之间的关系，因此这类预报是直接从电子计算机作出的，所以，可以在作出各种天气形势报图的同时，也给出单站的气象要素预报。这样，中国气象局国家气象中心将天气形势预报图和MOS预报传给各级气象台站，台站气象员将MOS预报和当地作的预报结合起来，作出较准确的预报,因此,用它来开展农业气象要素的预报是未来发展的方向。

二、近代气象监测技术

近年来,随着各种先进成熟探测技术和信息技术的应用,现代气象观测技术和手段得到了长足的发展,已经建成了由天基、空基和地基观测系统组成的综合立体气象观测系统,在经济社会发展、国家安全、防灾减灾和国际合作中发挥了重要的作用。天基观测主要包括低轨卫星观测、高轨卫星观测和卫星数据处理系统;空基观测包括气球探测、飞机探测和火箭探测;地基观测包括地面气象观测、地基气候系统观测、地基遥感探测、地基大气边界层探测、地基中高层大气和空间天气监测、地基移动气象观测。

1. 天气雷达

天气雷达包括数字化天气雷达、多普勒天气雷达、双线偏振多普勒天气雷达和风廓线雷达四种。数字化天气雷达把天气雷达获取的云、雨等气象目标产生回波的模拟信号经 A/D 转换为数字信号,不但提高了雷达对云雨的探测精度,而且便于雷达回波数据资料的处理、存储。多普勒雷达就是利用多普勒效应进行定位、测速、测距等工作的雷达。所谓多普勒效应就是,当声音、光和无线电波等振动源与观测者以相对速度 V 相对运动时,观测者所收到的振动频率与振动源所发出的频率有所不同。利用多普勒效应不仅能够探测表征云中含水量和降水强度的回波强度,还能探测气象目标物相对于雷达运动的速度,对天气预报研究具有重要意义。双线偏振多普勒天气雷达能交替发射和接收水平与垂直的线偏振波,它对提高雷达定量测量降水的精度十分有用,还能测定降水粒子的大小分布、形状、相态和空间取向,提高对降水中水成物相态的识别能力。风廓线雷达也叫风廓线仪,是一种遥测高空水平风风向和风速垂直分布的仪器,风廓线雷达也是利用多普勒效应原理的雷达,但与通常的多普勒天气雷达不同。它采用不同的探测波段,不但可以探测云和雨滴等目标物的运动,而且可以观测到晴空大气的运动状态,大大拓宽了天气系统的观测手段,弥补了常规多普勒雷达在晴空条件下观测能力的不足。风廓线雷达测量范围从近地面层一直到对流层顶甚至更高的大气层。

2. 气象火箭

气象火箭是携带气象仪器对中、高层大气进行探测的火箭。探测高度主要在 30 km 以上,80 km 以下自由气球所达不到的高度。探测项目包括大气温度、密度、风向和风速等气象要素,以及大气成分、太阳紫外线辐射等内容。当火箭达到顶端时,抛射出探空仪,利用丝绸或尼龙制成的降落伞使仪器阻尼下落,可探测 20～70 km 高度的气象要素,如果火箭上升到顶端,放出金属化尼龙充气气球或尼龙条带或其他轻质材料，用精密雷达跟踪，可探测 30～100 km 上空风、大气密度，再推算出温度、气压等气象要素。此外，还有用取样火箭测定大气成分和臭氧含量等，以及用火箭来研究电离层、太阳紫外辐射等。

3. 气象卫星

气象卫星可连续、快速、大面积地探测全球的大气变化情况，是空间、遥感、计算机、通信和控制技术等高技术相结合的产物。由于轨道的不同，可分为两大类：太阳同步极轨气象卫星和地球同步气象卫星。

极轨气象卫星的运动采用近极地太阳同步轨道，卫星轨道平面和太阳光线保持固定的交角，飞行轨道接近圆形，飞行高度约为 600～1500 km，卫星倾角约为 81°～103°，每条轨道都经过高、中、低纬度地区，每天对地球表面巡视两遍，可以获得全球气象资料，但是对某一地区每天只能观测两次。

地球同步气象卫星的运行高度约为 35800 km，其轨道平面和地球的赤道平面重合，运行周期和地球自转周期相等。从地球上看，卫星静止在赤道某经度上空，所以又称为静止卫星。这种卫星在不到 30 min 的时间内就可对其视野范围内的大气进行一次观测，利于监视变化快和生命史短的天气系统，如台风、强风暴等。由于地球同步卫星的运行高度比极轨卫星高得多，所以取得的云图等资料的水平分辨率比极轨卫星差，而且只用一颗地球同步卫星也无法取得全球资料。

4. 自动气象站

自动气象站是由电子设备或计算机控制的自动进行气象观测和资料收集传输的气象站，一般由传感器、变换器、数据处理装置、资料发送装置、电源等部分组成。可以连续测量地面气压、气温、湿度、风向、风速、雨量、地温、辐射、日照、蒸发等气象要素。由计算机业务软件进行数据处理，显示和打印报表，并实现观测数据的存储、上传和查询。这种自动站早期用于实时查询气象资料，现在逐渐取代气象站日常主要观测工作。

第七章 气 候

第一节 气候形成因素

影响气候形成的主要因素有太阳辐射、大气环流和下垫面状况;随着工业化的发展和人口的增多,人类的活动在某些方面逐渐构成了对气候的影响,所以人类活动也已成为气候形成的因素之一。

一、太阳辐射

太阳辐射能是地面能量的主要来源,也是大气中一切物理现象和物理过程的基本动力,因此,太阳辐射是气候形成的首要因素。由于到达地球表面的太阳辐射能量是随纬度和季节而变化的,所以形成了气候的南北差异和季节交替。

由天文辐射所形成的天文气候,反映了世界上实际气候的基本状况。图2.7为北半球不同纬度上天文辐射日总量随时间的变化。由图2.7可见如下几个特点:

(1)太阳辐射年总量随纬度增高而逐渐减少。其最大值在赤道,为 1320×10^7 J/(m^2 · a);最小值在极地为 547×10^7 J/(m^2 · a),极地的太阳辐射年总量仅为赤道的41%。太阳辐射年总量的这种分布,是造成温度年平均值在北半球由南向北递减的主要原因。

(2)在北半球夏半年太阳辐射总量的最大值在20°~30°N,为 720×10^7 J/(m^2 · a),由此向北向南逐渐减少。但是,由于夏半年的可照时数是随纬度增高而延长的,所以夏半年南北之间太阳辐射总量的差异并不大,极地的太阳辐射总量约为赤道的83%。夏半年太阳辐射的这种分布状况使得南北之间温度差异变小。

(3)在北半球冬半年太阳辐射总量的最大值在赤道,为 660×10^7 J/(m^2 · a)左右,并且随纬度增高迅速减少,到极地已减少为零。这是由于北半球的冬半年太阳高度角和日照时数均随纬度增高而减小的缘故。冬半年太阳辐射的这种分布趋势使得南北之间温度差异变大。

(4)冬、夏半年太阳辐射总量的差异随纬度增高而增大。低纬度地区,辐射总量差异小，所以气温变化相应较小，几乎没有季节之分；中、高纬度地区，辐射总量差异大，所以气温年变化大，季节性明显。

(5)同一纬度上，太阳辐射总量都是相同的，也就是说，太阳辐射总量具有与纬圈平行成带状分布的特点。这是气候呈带状分布的主要原因。

当然，地球表面的实际气候远较天文气候复杂。这是因为某地温度的高低，不仅受太阳辐射总量的制约，还决定于地面净辐射。地面净辐射为正时，地面通过辐射交换获得热量，温度升高；反之，温度降低。就全球而言，年净辐射随纬度增高而减小，中、低纬度地区为正值，高纬度地区为负值，等值线一般与纬圈平行，呈现带状分布。不过，由于海洋的反射率小于陆地，洋面上的净辐射大于同纬度陆面上的，致使年净辐射的带状分布遭到破坏。同在陆地上，也会因地表特性、湿度大小、云量多少等不同，影响年净辐射的带状分布(图 7.1)。

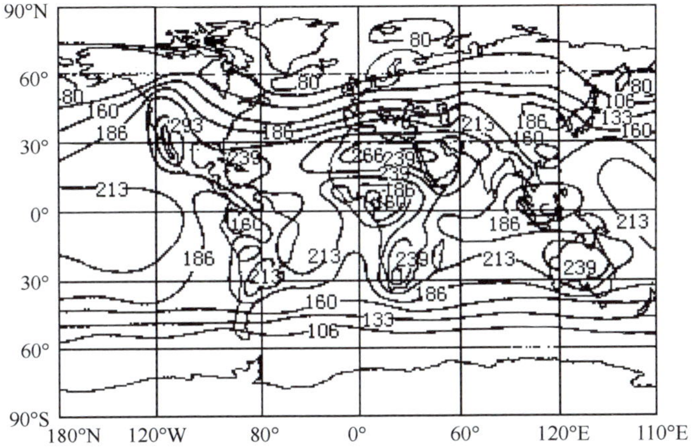

图 7.1　到达地表的太阳辐射年辐射的全球分布(W/m^2)

辐射值的不均匀分布，造成了热量平衡的差异，影响到全球温度的分布。因此产生气压差，形成空气运动，进而影响云雾、降水等气候要素的分布，使得全球一年中最热地带在回归线附近而不在赤道上。由此可见，太阳辐射在气候形成中所起的重要作用。

二、大气环流

大气环流是影响气候形成的重要因素。它促进热量的交换，使高低纬度间温差得以缓和，见表 7.1；它带动水汽输送，使海陆间的水分得以循环。

同一地区，由于受不同环流条件的影响，会出现截然不同的气候状况。例如，我国江淮地区冬半年受冬季风的影响，气候寒冷干燥；而在夏半年受夏季风的影响，气候湿热多雨。相反，同一种环流，由于受不同地区海陆分布的影响，也会形成不同的气候状况。例如，北半球低纬度地区，大陆东部(如我国东南沿海地区)受东北信风的影响,风从海洋吹来,降水量大;而大陆西部(如北非撒哈拉地区)受东北信风影响,风从陆地吹来,降水稀少。大陆的东部和西部,虽然纬度相近,并且都邻近海洋,但因大气环流的性质不同,所形成的气候却大不相同。

表 7.1 各纬度上辐射差额温度与实际温度的比较 单位:℃

平均温度	纬度									
	0°	10°	20°	30°	40°	50°	60°	70°	80°	90°
辐射差额温度(不流动大气)	39	36	32	22	8	−6	−20	−32	−41	−44
观测值(流动大气)	26	27	25	20	14	6	−1	−9	−18	−22
温度差值	−13	−9	−7	−2	+6	+12	+19	+23	+23	+22

大气环流既有稳定性又有易变性。在稳定的大气环流作用下,气候趋于平均状态,对农业生产较为有利;在大气环流变异的情况下,也会形成气候异常现象(如干旱、洪涝等),并可引起连锁反应,给农业造成诸多方面的不利影响。

三、下垫面

下垫面是大气中热量和水分的主要来源,又是空气的边界面。下垫面不仅可影响辐射过程,还可决定气团的物理性质等。所以,它也是一个气候形成的重要因素。下垫面主要包括海陆、洋流、地形、植被、土壤、冰雪等。

1. 海陆分布对气候的影响

由于海陆间热特性的不同,使温度的分布发生变化,以致形成不同的气候类型。通常海洋上温度日、年较差比陆地上的小,极值出现的时间比陆地上的迟。夏季大陆为热源,海洋为冷源;冬季相反。大陆上春温高于秋温,海洋上则秋温高于春温。

大气中的水分主要来源于下垫面的蒸发。由于海陆之间的蒸发不同,致使海陆上空水汽含量不同和降水状况有差异。一般说来,海洋上空水汽多、湿度大,云雾降水多,而陆地上空水汽少、湿度小,云雾降水少。而且,海洋降水均匀,大陆降水集中。

由于海面对大气的摩擦作用小于陆面,使得海上风速大于陆上。另外,海陆间热力性质的不同,也造成了气压梯度随时间的变化,进而形成了风向的周期性交换。白天和夏季,风从海洋吹向陆地;夜间和冬季,风从陆地吹向海洋。

2. 洋流对气候的影响

洋流是海洋中大规模、长时期、稳定移动的水流。洋流可分为暖洋流和冷洋流两种。相对于流经洋面为暖的洋流称为暖洋流,暖洋流多从低纬度流向高纬度。相对于流经洋面为冷的洋流称为冷洋流,冷洋流多从高纬度流向低纬度。流经我国近海的洋流有两股,一股是黑潮,一股是亲潮。黑潮是经菲律宾、我国台湾附近洋面向北流去的暖洋流;亲潮是经日本海向西南返流的冷洋流,见图 7.2。

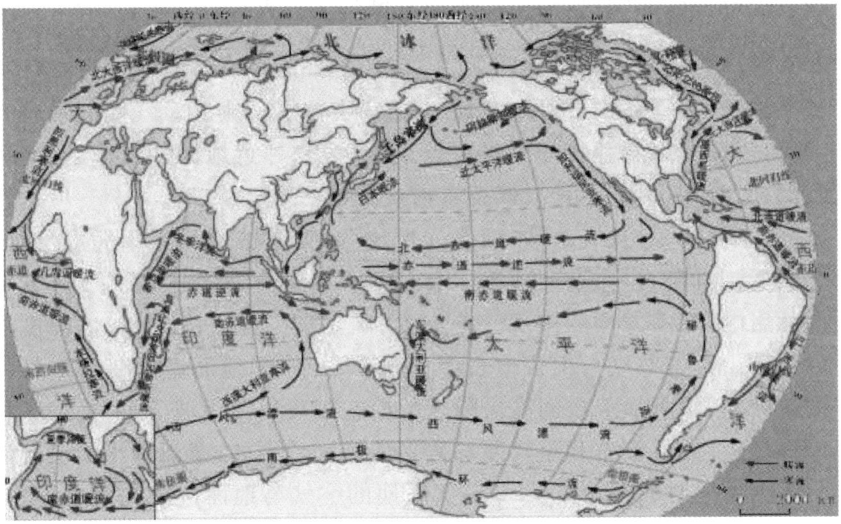

扫码见彩图

图 7.2　世界大洋中的暖流和冷流

洋流主要是由于长期稳定的风力驱动作用形成的。所以世界上洋流的分布与大气环流的方向相似。在北半球赤道附近,洋流从东向西流动,到大洋的西岸转向北流,在 30°N 以南又转向东流,到大洋的东岸再转向南流,于是在低纬度洋面上构成了反气旋式流向。在较高纬度洋面上却形成了气旋式流向。这是因为 30°N 以南东去的洋流在大洋东岸出现了分支,其中有一支向北流动,在 60°N 以南转向西流,到大洋西岸再转向南流,并在 30°N 附近与北上的暖洋流相遇,汇合后东流。

洋流对气候的影响十分显著。它在经向上的输送作用,使不同纬度上的热量得以交换,从而调节南北的温度差异。同一纬度的东西两岸,大洋西岸因受暖流影响可使温度升高 3～5℃,并容易产生降水;而大洋东岸的冷洋流,可降温 3～5℃,并且多雾而少雨。同一沿岸的不同纬度因受不同性质洋流的影响,气温和降水也有明显的不同。例如,热带或副热带大洋西岸,因受暖洋流的影响,温度升高,雨量增大;而温带大洋西岸,因受冷洋流的影响,温度降低,雾多雨少。

洋流都有较稳定的分布状况和变化特征。然而洋流突然变异的情况下却会造成不同范围内的气候异常,并可形成干旱、水涝、高温、冷害等。“厄尔尼诺”现象恰好就是这一问题的例证。简单地说,所谓“厄尔尼诺”现象是指南美西海岸的厄瓜多尔和秘鲁并向西延至日期变更线附近的冷海水有时被暖海水所取代,而使海温明显上升的自然现象。“厄尔尼诺”现象发生时可持续 1～2 年,2～7 年为一个周期。“厄尔尼诺”现象的发生不仅是附近海域的灾难,例如使印尼、澳大利亚等原来雨水丰沛地区变得异常干旱,森林火灾频频发生;使南美西岸原来干旱沙漠地区降水猛增,变成沼泽地。而且还造成全球气候异常,以致引发不同程度的多种灾害。

3. 地形对气候的影响

地形是多种多样的,包括高山、高原、丘陵、盆地、峡谷等。地形对气候的影响是极其复杂的,它既可形成其本身独特的气候特点,又可改变邻近地区的气候状况,以致对辐射、温度、湿度、降水、风等多种气候要素造成影响。

在高山上,由于悬浮物少,空气清洁,使得光照增强,紫外线也比山下明显增强,所以高山植物生长受到抑制,以致茎叶矮小。

地形对温度的影响,有多方面的表现。首先,高山温度变化平缓,而谷地温度变化剧烈。这是因为高山上的空气与山顶地表面接触面积小,受地面温度变化的影响少,地形开阔、湍流交换强,再加上夜间高山附近的冷空气可以沿山坡下沉,换来大气中较暖的空气,所以气温的日较差和年较差均比平地的小。例如,泰山和华山的气温日较差均比其附近平原的日较差小3~4℃。而谷地的空气与地面接触面积大,受地面温度变化的影响大,并且气流不畅通,湍流交换弱,加之山上冷空气下沉积聚到谷地,所以气温的日较差和年较差都比较大。其次,高大山脉两侧温度差异大。这是因为高大山脉(尤其是山走向与盛行风向垂直的山脉)对环流的屏障作用所致。例如,我国秦岭是南北气候的分界线,其南北两侧的温差非常大,山南的汉中1月份平均温度为2.0℃,而山北的西安则为-1.3℃。还有,气温随高度的增高而急剧降低。一般地讲,高度每上升100 m,气温降低0.6℃左右。而在水平方向,每增加一个纬度,温度只下降1℃(相当于1℃/111 km)。

地形对降水的影响主要有以下几个特点:(1)迎风坡雨量大,背风坡雨量小。这是因为山地对气流有抬升作用,空气上升降温,水汽达饱和发生水汽凝结,成云致雨。另外,山脉对气旋或锋面有阻挡作用,导致降水增强和延长。例如,我国秦岭南坡因迎着夏季风,雨量大,汉中年降水量为889.7 mm;而北坡因背着夏季风,雨量小,西安年降水量仅为604.2 mm。又如,天山北面的乌鲁木齐的年降水量为572.7 mm,而南面许多地方的降水量普遍在100 mm以下,若羌仅有45 mm。再如,喜马拉雅山的南坡为西南季风的迎风坡,是世界上降水最多的地区之一,乞拉朋齐年降水量达11429 mm,而北坡一般不超过250~500 mm。(2)在迎风山地,由山脚向上,降水量起初是随高度的增加而递增的,到一定高度后降水量达最大。超过此高度,降水量又随着高度的增加而递减,此一定高度称最大降水量高度。山地最大降水量出现的高度与空气温度、湿度、稳定度等因素有关,一般气候愈潮湿,大气层结愈不稳定,山地最大降水量高度愈低。例如,危地马拉山地最大降水量高度在750 m;喜马拉雅山脉在1000~1500 m;西欧的阿尔卑斯山脉在2000 m;美国华盛顿州的奥匹克山则在

2500 m 的山顶。

地形对局地环流的影响，主要表现在对气流方向、速度和性质的改变上。例如，青藏高原的存在使西风环流发生分支，并造成运动系统的受阻；在东北，由于长白山的阻挡，使辽东湾冬季理应盛行的西北风，变为实际盛行的东北风；台湾海峡的狭管效应，使风力增大 1～2 级，成为有名的大风区；偏西气流越过太行山下沉增温时，其东麓的石家庄日平均温度可升高 10℃左右，形成又干又热的焚风。

四、人类活动

人类活动对气候的影响是多方面的，影响的性质和程度又因社会制度和发展水平而不同，但其影响途径可归纳为下垫面性质的改变、大气成分的变化和人为热量释放。

人们为了耕种、放牧或其他生产活动，大量滥伐森林、破坏草地，造成了地表状况的剧烈改变，使气候日益恶化，以至有些土地沦为沙漠或半沙漠。同时，人们为了发展生产、改善生活也进行着农田灌溉、植树造林、修建水库等各种有益活动。这些活动往往起到改善局地气候的作用。例如，灌溉可使干旱地区蒸发的水汽量增加，空气湿度增大，风沙减少，温差变小；种植防护林可减弱风速，增大湿度，防风固沙；建造水库，可增大湿度，减小温差。在城市，由于楼房的建筑和道路的铺设，严重地改变了下垫面的性质和状况，使其粗糙度、反射率、辐射性质和水热状况等与农村有显著的不同，以致形成城市污染重、烟雾多、日照短、温度高、雨量大、风速小等基本的气候特征。

随着世界工业的飞速发展和人口的急剧增长，CO_2 等气体排放量增多，加剧了大气的温室效应，使全球气候明显变暖。据估计，当 CO_2 浓度倍增时，气温将升高 2～3℃。但同时烟尘和废气的排放，又可使空气变得混浊，从而削弱到达地面的太阳辐射量，造成温度的降低。

人类在生产和生活过程中向大气中释放大量的热量，可直接增暖大气，尤其是在工业区和大都市，局地的增温作用更加显著，产生“城市热岛效应”。这种人为释放的热量虽然远远比不上太阳辐射能量，但由于其逐年增加的趋势，应当引起人们关注。

为保护人类及动植物赖以生存的环境，应尽量减少人类活动对气候产生的不利影响，目前人们已开始注意自然生态系统平衡问题，正进一步研究人类活动对气候的影响。

第二节 气候带与气候型

气候的形成和变化是多种因素共同作用、综合影响的。由于纬度的高低、环流的不同、地形的差异等，世界范围内气候多种多样、错综复杂，以至于几乎找不到气候完全相同的两个地方。但是，人们为了便于认识、比较和研究，不得不对其进行概括和简化。于是就对气候形成的主要因素和分布的基本特点进行分析,舍其小异,取其大同,根据气候的相似性,把世界气候划分成若干个气候带和气候型。

一、气候带

气候带是根据气候成因或多种气候要素(其中最主要的是太阳辐射)的相似性而划分的与纬度大致平行的带状气候区域。人们从低纬到高纬按顺序,将全球划分为十一个气候带,每个半球为五个半气候带,即赤道气候带、热带气候带、副热带气候带、暖温带气候带、冷温带气候带和极地气候带。

1. 赤道气候带

赤道气候带位于 10°S～10°N 之间的赤道无风带,包括南美的亚马孙河流域、非洲刚果盆地、几内亚湾海岸、东印度群岛和我国 10°N 以南的南海诸岛。

赤道气候带终年高温,很少变化。年平均气温在 25～28℃之间,最冷月平均气温在 18℃以上,春分、秋分之后各有一高点,冬至、夏至之后各有一低点。气温年较差小于日较差,年较差一般在 3℃以下,而日较差可达到 6～12℃,晴朗的夜晚气温有时可降至 14℃。赤道气候带全年雨量丰沛,而且分布均匀,无明显的干燥季节。年降水量一般在 2000 mm 或更多,有些地区受地形和盛行风的影响,年降水量可达到 10000 mm 以上。赤道气候带内以辐合上升气流为主,空气湿而不稳定,多雷阵雨,一天中降水时间多发生在午后至子夜。

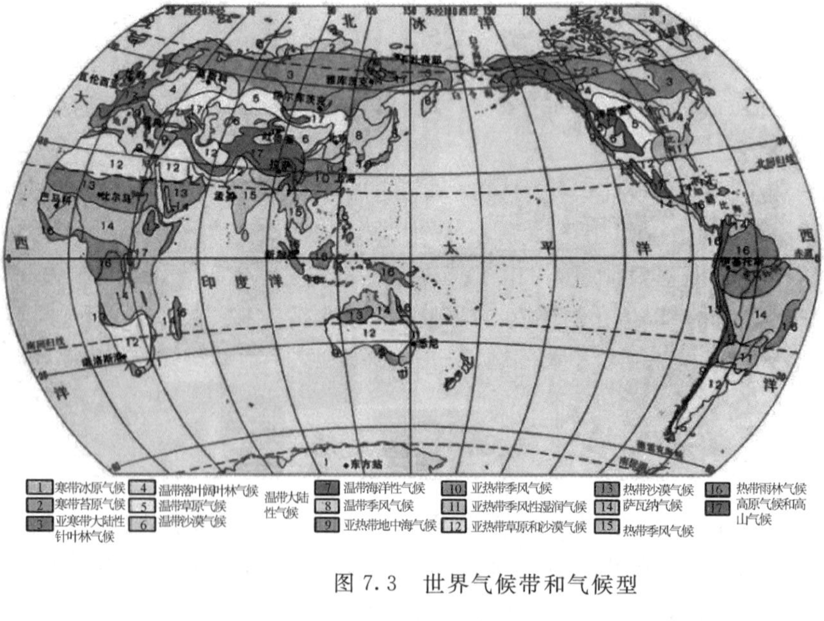

扫码见彩图

图 7.3　世界气候带和气候型

气候带内适于赤道雨林终年繁茂生长，林内乔木、灌木、攀缘植物、附生植物、寄生植物都很繁茂。植物的生长无季节性更替现象。农耕季节也不显著。

2. 热带气候带

热带气候带位于纬度10°到回归线之间。我国从台湾省台中到广东汕头、广州和广西南宁一线以南地区，至赤道气候带北界属热带气候带。

热带气候带因太阳高度角终年较高，温度接近赤道气候，受副热带高压带和信风带的交替控制，气温年、日较差大于赤道气候带，在5～15℃左右，最热月平均气温可高达32℃以上，最冷月20℃左右，冷季里也可见霜。一年可分热季、雨季和凉季，年降水量在1000～1500 mm之间，越靠近赤道雨季越长，雨量也越大，但年际变化超过赤道气候带，故易出现旱涝。

热带气候带的自然植被为疏林草原。植物生长具有明显的季节性，营养生长在雨季，结实收获在干季。因雨热同季，盛产稻、棉等喜温作物。

3. 副热带气候带

副热带气候带位于回归线与纬度33°之间。由于受副热带高压下沉气流的控制和信风带盛行陆风的影响，温度高雨水少，以致形成沙漠。世界上最大沙漠都在副热带，如北非的撒哈拉沙漠、西南亚的阿拉伯沙漠及南非西北部的卡拉哈里沙漠、澳大利亚西部的维多利亚沙漠等。不过，在副热带大陆的东西两边，由于盛行风性质的不同，气候状况也明显不同。东部受海洋气流影响较湿润，西部受陆地气流影响较干燥。我国淮河、秦岭以南的副热带地区就处大陆东部的湿润区。副热带气候带气温较高，但年、日较差大。年较差一般在15℃以上，沙漠和草原可达20℃以上。而日较差比年较差更大，在撒哈拉沙漠冬季的一天曾观测到最高气温37.2℃，最低气温−0.6℃，日较差达37.8℃，真可谓“早穿棉袄午穿纱”。副热带气候带中空气十分干燥，沙漠地区年降水量大多在100 mm以下，而蒸发量却远远大于降水量，所以相对湿度很小，空气干热。

在沙漠气候条件下，由于受到水分的限制，植物的形态和生理变化很大。如根系和贮水组织发达、叶片变形以减小蒸发量等等。

4. 暖温带气候带

暖温带气候带位于纬度33°～45°之间。这里夏季处在副热带高压的控制下，具有副热带气候特征，冬季在盛行西风的控制下，具有冷温带气候特征。另外，由于海陆位置的不同，使得暖温带大陆西部海岸具有夏干冬湿的特点，其分布地区有地中海沿岸、美国加利福尼亚海岸、非洲的西南角和澳大利亚的西部沿岸等地。大陆东部海岸却具有夏季湿热、冬季干冷的季风气候特点。这种季风气候以欧亚大陆东部沿海最为显著（如我国东部、日本南部、朝鲜半岛），还有澳大利亚东部沿海、南非东部沿海等地。

暖温带大陆西部海岸，最冷月平均气温常在5～10℃之间，最热月则在20～28℃之间，平均年较差15℃左右。气温日较差夏季常在12℃以上，冬季在8℃以上。但地中海地区，虽然冬季多雨，但年雨量并不太多，约350～900 mm。而且越向东或越向南，雨量越少，雨季越短。

暖温带大陆东部海岸冬季平均气温比西岸低，最冷月平均气温在0℃以下，且天气变化频繁。当寒潮暴发时，一天内气温可下降15～20℃。夏季气温在25～30℃，盛夏的高温可达32℃以上，有时甚至可超过40℃。暖温带大陆东部海岸的降水相当丰沛，年雨量大致都在600～1500 mm，降水多集中在夏季。

在暖温带，由于大陆东西两岸气候特征的差异，自然植被也显著不同。大陆西岸夏季高温与干旱配合，冬季多雨与低温配合，所以多灌木和副热带果树，如柑橘、柠檬、葡萄等。农业上，多以夏收作物为主。而大陆东岸夏季高温与多雨配合，自然植被多为落叶阔叶树与针叶树混交林，也适合落叶果树的生长。农业上，水稻、棉花、玉米等多种作物均可良好地生长。但是，冬季低温与少雨配合，树木落叶休眠，农业生产条件不利。

5. 冷温带气候带

冷温带气候带处于纬度45°至极圈的盛行西风带。冷温带大陆西部海岸常年受向岸西风和暖洋流的影响，具有海洋性气候特点。例如，西欧、加拿大西岸、智利南部西海岸、斯堪的纳维亚半岛等。特别是西欧，因沿海是平原，盛行西风可深入内陆，故海洋型冷温带气候最为显著，区域也最辽阔。大陆东岸冬季受干冷的离岸风影响，具有显著的大陆性气候特点。我国新疆、内蒙古和黑龙江的北部地区属此类气候。

在冷温带大陆西岸，夏季不热，冬季气候温和，气温年较差小，如巴黎7月温度平均为19℃，最冷月平均为3℃。不过由于气旋过境频繁，温度的日变化较大。这里全年湿润，降水丰富，四季均匀，但年降雨量因地形有显著差异，平原为500～1000 mm，迎风坡可达2500 mm，局地可达5000 mm，云雾较多，日照较少。

在冷温带大陆东岸，夏季炎热，冬季严寒，气温年、日较差均大。夏季的7月平均气温在25℃以上，平均最高达26～32℃，冬季平均多在0℃以下。这里日照充足，云雾较少，降水稀少，只有350～500 mm以下，且集中于夏季。

湿润大陆型冷温带气候适宜种植玉米、春小麦、燕麦等作物；而干燥大陆型冷温带气候以草原和沙漠为主。海洋冷温带气候因日照少、云雾多，不利农业生产。

6. 极地气候带

极地气候带一般位于极圈之内，其范围可因海陆分布而不同。在北半球极地海洋上可偏南10个纬度；在南极圈内因陆地面积小，其界限可扩大到45°～50°S之间。

极地气候带最热月平均气温在10℃以下。其中，最热月平均气温在0～10℃的地区可生长苔原植物，故称为苔原气候；不足 0℃的地区，为冻原气候。

苔原气候在北半球伸展到加拿大、阿拉斯加、冰岛和欧亚大陆北面的海岸地带；南半球仅限于南极大陆北部的几个岛屿。夏季地表冰雪可有短期融解，但下层土壤冻结不化，所以排水困难，沼泽遍地。

冻原气候则是世界上年平均温度最低的地区，冰雪终年不化，降水也很少，缺乏植被。

极地气候带中，极圈以内夏季可全天有日照，冬季却全天无日照，出现极昼和极夜现象。

二、气候型

气候型是根据气候的基本特征划分的气候类型。在同一个气候带里，常由于地理环境或环流性质的不同，出现不同的气候型；相反，在不同的气候带里，由于地理环境或环流性质近似，也可出现同类的气候型。这里着重介绍几类主要的气候型及其气候特点。

1. 海洋性气候和大陆性气候

海洋性气候一般是指海洋中的岛屿与邻近海洋的地区由于受海洋、洋流以及来自海洋上的暖湿气团影响，所形成的气候。其一般特征是冬无严寒、夏无酷暑，春温低于秋温，温度变化和缓，气温的年、日较差均小，最热月在 8 月，最冷月在 2 月；降水丰沛，季节分布均匀，年际变化小；相对湿度大，云雾多，日照少。海洋性气候一般都出现在临近海洋的地区，但临近海洋的地区并非都具有海洋性气候特征。例如，位于南美大陆西岸的智利北部地区，由于盛行离岸风，几乎不受海洋潮湿气流的影响，成为世界上最干旱地区之一，并不属于海洋性气候。位于欧亚大陆东岸的我国华北地区，与智利北部情况类似，海洋影响也不显著，只是不及智利北部那么典型。

大陆性气候一般是指分布于远离海洋的内陆地区，常受大陆气团控制，而很少受到海洋暖湿气团影响所形成的气候。其一般特征是：冬季寒冷、夏季炎热、春温高于秋温、温度变化剧烈，气温的年、日较差均大，最热月在 7 月，最冷月在 1 月；降水稀少，季节分配不均匀，且多集中于夏季，年际变化大；气候干燥，相对湿度小，云雾少，日照多，终年多晴朗天气。

大陆性气候植物生长期短，根系发达，谷物含蛋白质和糖分高，植株矮小，森林分布的纬度高（森林北界在 72°N）；海洋性气候植物生长期长，生长旺盛，根系不发达，淀粉含量高，营养器官发达，森林分布纬度低（森林北界在 58°N）。

2. 季风气候和地中海气候

季风气候是指受季风环流影响在大陆东部地区形成的夏季温暖湿润、冬季寒冷干燥的气候类型。其主要气候特征是：一年内冬、夏两季的盛行风向、云雨量和天气系统等都随着季节发生明显的变化。冬季风从大陆吹向海洋，降水稀少，气候寒冷干燥；夏季风从海洋吹向大陆，降水丰沛，气候炎热潮湿。世界上主要的季风气候区一般都出现在大陆东岸。其中以东亚季风最强，范围最大。我国东部的广大地区(除华南外)、朝鲜、日本等处于东亚季风气候区，其雨季和旱季降水量的对比不如南亚季风气候区显著，但冬、夏的温差很大。如上海年降水量1139 mm，其中6—9月的降水量占52%，其余8个月占48%，11月至次年2月的4个月降水量只占全年的17%，仍显示夏雨冬干的季风特征，气温年较差为23.8℃。印度、中南半岛等地和我国西藏南部、云贵高原及华南地区为南亚季风气候区，其雨季和旱季的降水量对比显著，而夏季风和冬季风期间的气温差异不大，如印度孟买年降水量为1878 mm，其中95%集中在6—9月，气温年较差只有5.8℃。

季风气候由于"雨热同季"，对农业生产十分有利，尤其对水稻一类高产粮食作物更为有利，所以中国、朝鲜、日本、南亚、东南亚等地都是水稻的集中产地，是世界上主要粮食生产基地之一。但由于季风的更替时间和强度等年际变化很大，易出现旱、涝自然灾害。

地中海气候一般是指纬度30°～40°附近大陆西岸的夏季炎热干燥，冬季温和湿润的气候类型。例如美国加利福尼亚的太平洋沿岸、智利沿海、澳大利亚南部沿海地区和非洲南部的开普敦地区，以地中海地区最为典型。其基本特点为：夏季在副热带高压控制下，气流下沉，干旱少雨，夏半年降水只占全年降水的20%～40%；冬季副热带高压南移(北半球)，西风带气旋活动频繁，降水丰富，降水最多月是最少月的3倍以上，气候温和湿润。冬季气温5～10℃，夏季21～27℃，年降水量约300～1000 mm。由于地中海气候夏热而干旱，故多常绿灌木树丛或常绿针叶林与灌木混合林，一些不耐旱的植物于夏季凋萎。然而，由于冬暖而潮湿，可盛产热带水果，如橄榄、葡萄、无花果等。地中海气候因盛产橄榄故又有橄榄气候之称。

3. 高山气候和高原气候

就海拔高度及其对气象要素的影响而论，高山和高原有其共同之处，但就气候特点来看高山和高原是不同的。高山气候具有海洋性，高原气候则具有大陆性。

高山气候是因山地高度和地貌的影响而形成的特殊气候。高山地区太阳辐射随山地高度的增加而增加，山地紫外线随高度增加尤为明显，据观测在2000 m高山处，冬季接受到的紫外线约为海平面的2倍。

山地气温高于同纬度同高度的空气温度，如西藏班戈与安徽芜湖都在同纬度上，前者海拔高度为4700 m，后者为14.8 m，7月份多年平均气温分别为8.5℃和28.5℃。如以平均温度递减率0.6℃/100 m计，则芜湖上空(相当于班戈高度)的气温仅为 0.8℃。高山气温日较差和年较差均比平地小，极值出现时间随高度增加而推迟，而且高度愈高，较差愈小，时相愈落后。

在一定高度上，山地云雾和降水比平地多；水汽压随高度的增加而减小，但相对湿度随高度的增加却是增加的，这是因为气温随高度的增加下降得比水汽更快，这种情况夏季表现得尤为明显。由于气流受山地阻挡被抬升，故迎风坡多地形雨，并且在一定高度范围内，降水量随高度增加而增大，当达到最大降水高度以后，又随高度的增加而减小。而背风坡因气流下沉增温具有焚风效应，干燥而炎热。另外，高大山系阻滞气团和锋面移动，可延长降水时间和增加降水强度。

高山常可出现以日为周期的山谷风，高山风速较大，且素有“一山有四季”“十里不同天”之说，气候水平分布复杂，垂直分带明显。山谷热、坝区暖、山区凉、高山寒，形成自山麓到山顶的垂直气候和立体景观，有从低纬到高纬相似的气候及相对应的植被分布。高山不仅海拔高度对气候有影响，坡向、坡度等同样对气候产生影响。

高原气候是因高原地形影响而形成的气候。这种特殊地形相当于整个下垫面普遍抬高，高原以较大的海拔高度区别于平原，又以较大的平缓地面和较小的起伏区别于山地。由于高原上大气层厚度和大气密度较平原小，空气较干洁，太阳直接辐射较强，其中紫外辐射强度增加尤为显著。青藏高原上大部分地区的年总辐射量在 $0.75\times 10^7\ J/(m^2 \cdot a)$以上，比我国东部平原地区高出约 1 倍。高原上白天和夏季都有强烈增温，往往成为一个巨大的热源，夜间和冬季地表有强烈的辐射冷却又成为冷源。所以高原的气温日变化显著，大部分地区地面温度日较差比同纬度平原大 1～2 倍。如青藏高原的昌都，冬季 1 月份日较差为 18.7℃，而成都为 5.4℃；夏季 7 月的日较差两地分别为 14.4℃和 7.0℃，气温年较差高原也较大。此外，高原上向阳面和背阳面的气温相差悬殊。高原地形对降水有明显影响，一般在迎湿润气流的高原边缘有一个多雨带，而高原内部和背湿润气流的一面雨量较少。如青藏高原南麓印度的乞拉朋齐，平均年降水量达 11429 mm，而高原腹地和西沿、北沿的降水量却很少，一般在年均 100 mm 以下。

青藏高原除上述气候特征外，还具有光照强、风力大、多大风、雷暴和冰雹等气候特点。

高山和高原气候的垂直带状分布同样也反映在植被上。我国川西高地东侧，海拔 200～400 m 的江河两岸为副热带雨林；400～1500 m 为常绿林；1500～2000 m 为半常绿或落叶林；2000～3000 m 为阔叶针叶混交林；3000～4000 m 为针叶林；4000～4500 m 为高山灌木；4500～4800 m 为高山草原；4800～5300 m 为地衣冻原；5300 m 以上终年积雪不消。在农牧业上，4000 m 高度主要是放牧，间种青稞，1600～3000 m 种玉米，1000 m 以下种水稻。青藏高原上，热量条件好的地方，小麦可种植到 3800 m 高的地方。但在高纬地区，种植高度要低些，如阿尔泰山，大麦到1500 m就成熟得不够好了。

4. 草原气候和沙漠气候

草原气候是半干旱大陆性气候，而沙漠气候则是极端干燥的大陆性气候；它们的共同特点是：降水少且集中于夏季；空气非常干燥，蒸发量远远超过降水量；日照充足，太阳辐射强；气温日、年变化都大，草原气候又可分热带草原气候和温带草原气候，前者夏热多雨，冬暖干燥，年降水量在500～1000 mm，干、湿季节分明；后者冬寒夏暖，年降水量200～450 mm，冬季有积雪覆盖层。热带草原的植物多为喜温作物，如水稻、棉花、香蕉、甘蔗、咖啡等。温带草原的植物主要有小麦等耐旱作物。

沙漠气候空气干燥，蒸发极盛，降水稀少，年降水量＜100 mm；白天太阳辐射和夜间地面辐射冷却都很强；气温日较差可达35～45℃，甚至可达50℃以上。沙漠气候可分为热带沙漠气候和中纬度沙漠气候，前者主要分布在南、北纬20°左右的大陆西侧；夏季炎热、冬季不冷；由于这些地区长期处于副热带高压控制下，其西侧沿海又常受冷洋流影响，故降水稀少，水分长期入不敷出，形成了干燥的沙漠气候；如撒哈拉大沙漠、澳大利亚西部和秘鲁等地区的沙漠气候。中纬度沙漠气候主要分布于大陆的中心腹地，这些地区远离海洋，湿润气流难以到达，形成了极端的大陆性气候，夏季炎热、冬季寒冷，气温日、年较差几乎是全球的极大值；降水极少，甚至终年无雨。如我国的塔克拉玛干大沙漠和中亚的卡拉库姆沙漠，都是典型的中纬度沙漠气候。沙漠气候自然植被缺乏，多风沙，日照丰富，年日照时数一般都在3000 h以上，只在有灌溉条件的沙漠绿洲，才有发展种植业和利用太阳能的条件。

第三节　气候变化

一、气候变化历程

地球上的各种自然现象都是在不断变化的，气候也不例外。据分析，地球上冷暖、干湿是交替出现的，且具有不同振幅的波动。地球气候变化的周期是长短不一的。按照时期的不同，气候变化可分为地质时代的气候变迁、历史时代气候变化和近代气候变化。研究地质时代的气候变迁，主要依据地质沉积物、古生物学和同位素地质学方法；历史时代气候变化，主要利用史书、地方志和物候分析等方法；而近代气候变化则主要根据气象观测资料来研究。

1. 地质时代的气候变迁

经研究证实，地质时期气候曾发生过冷暖干湿的演变。目前学术界公认地质时期的气候变迁有三个气候寒冷的大冰期和两个气候温暖的间冰期。三个大冰期分别为距今 6 亿年前的震旦纪大冰期、2 亿～3 亿年前的石炭至二叠纪大冰期和 200 万年前至今的第四纪大冰期。两大冰期之间是间冰期，间冰期持续时间比大冰期长得多。在大冰期和间冰期内还可划分若干个时间尺度不同的亚冰期和亚间冰期。在第四纪大冰期内，亚冰期气温约比现代低 8～12℃，亚间冰期约比现代高 8～12℃。据研究，我国第四纪大冰期中约有 3～4 次亚冰期，并且与欧洲的亚冰期对应。

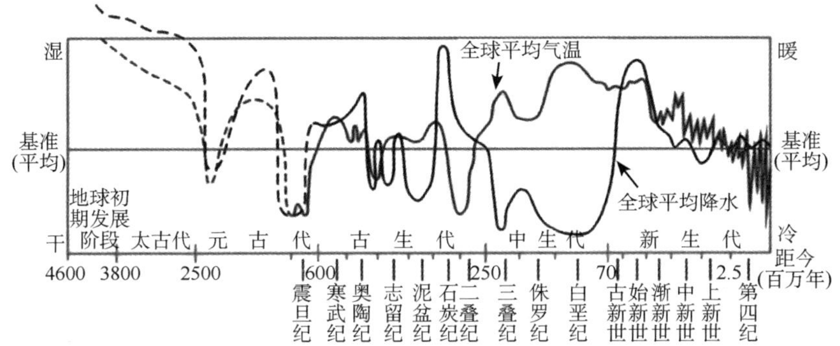

扫码见彩图

图 7.4　地质时期的气候变迁

2. 历史时期的气候变化

历史时期的气候通常是指距今约一万年的被称为"冰后期"的气候。在这近万年中，后期的 5000 年已有文字记载，而前期的 5000 年气候仍需通过地质、古生物等资料去考察。竺可桢 1972 年根据中国物候观测资料、考古研究和文献记载，概括近 5000 年来的 4 次冷暖周期为：①近 5000 年的最初 2000 年中，大部分时间的年平均温度比现在高 2℃左右；②公元前 1000 年的周朝初期以后气候有一系列冷暖变动，最低温度出现时期分别在公元前 1000 年、公元 400 年、公元 1200 年和公元 1700 年，温度变幅为 1～2℃。③近 5000 年气候变化的趋势是温暖期越来越短，温暖程度越来越低；④气候波动是全球性的，虽然世界各地的最冷时期和最暖时期发生在不同年代，但气候的冷暖起伏是前后呼应的。

3. 近代的气候变化

近百余年来由于有了大量的观测记录，区域和全球气温序列不必再使用替代资料。由于所获观测资料和处理计算方法不尽相同，不同学者的结论也不完全一致。但总的趋势大同小异且在过去一百多年里，我国的气候变化与世界的变化是同步的，

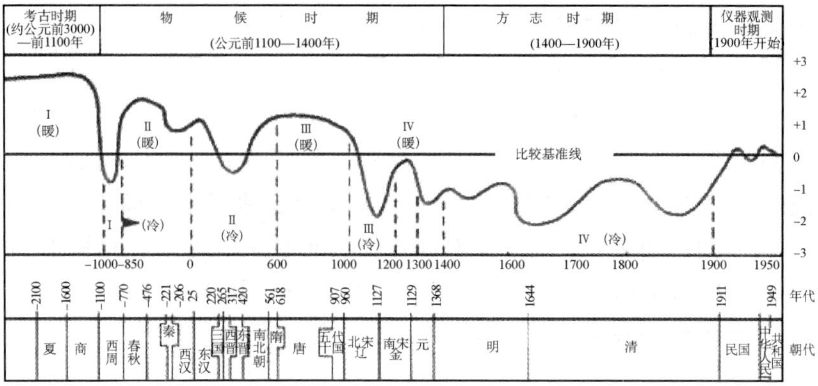

图7.5　中国近5000年历史时期的气候变化(竺可桢,1972)

从19世纪末到20世纪40年代世界气温曾明显波动上升。这种增暖在北极最为突出,1919—1928年间巴伦支海面温度比1912—1918年高8℃,在20世纪30年代出现过许多从来没有出现过的喜热性鱼类,1938年有一艘破冰船深入新西伯利亚岛海域直到83°05′N,创造了当时世界船舶自由航行的最北纪录。增暖在20世纪40年代达到顶点,此后世界气候有变冷现象。以北极为中心的60°N以北气候越来越冷,进入20世纪60年代以后高纬度地区气候变冷的趋势更加显著。例如1968年冬,原来隔着大洋的冰岛和格陵兰竟被冰块连接,北极熊可从格陵兰踏冰走到冰岛。进入20世纪70年代以后,世界气候又趋向变暖,尤其是1980年以后变暖趋势更为突出。2014年联合国政府间气候变化专门委员会(IPCC)第五次评估报告指出:自20世纪50年代以来,许多观测到的变化在几十年乃至上千年时间里都是前所未有的;1880—2012年,全球地表平均气温大约上升了0.85℃,在北半球,1983—2012年可能是过去1400年中最暖的30年。

二、气候变化的原因

气候的形成和变化受多种因子的制约。近代气候学将那些能够影响气候而本身不受气候影响的因子称为外部因子,如太阳辐射、地球轨道参数的变化、大陆漂移、火山活动等;气候系统各成员之间的相互作用称为内部因子;外部因子必须通过与系统内部因子的相互作用,才能对气候产生影响。

对气候形成和变化有影响的因子可归纳为:①太阳辐射;②宇宙地球物理因子;③环流因子(包括大气环流和洋流);④下垫面因子(包括海陆分布、地形与地面特性、冰雪覆盖);⑤人类活动的影响。太阳辐射和宇宙地球物理因子都是通过大气和下垫面来影响气候变化的。人类活动既能影响大气和下垫面,从而使气候发生变化,又能直接影响气候。大气和下垫面、人类活动与大气及下垫面之间又互相影响和制约,形成了重叠的内部和外部反馈关系，使同一来源太阳辐射的影响不断地来回传递、组合、分化和发展。在长期的影响传递过程中又出现许多新变动，它们对大气的影响与原有变动产生的影响叠加起来交错结合，以多种方式表现出来，使气候变化更加复杂。

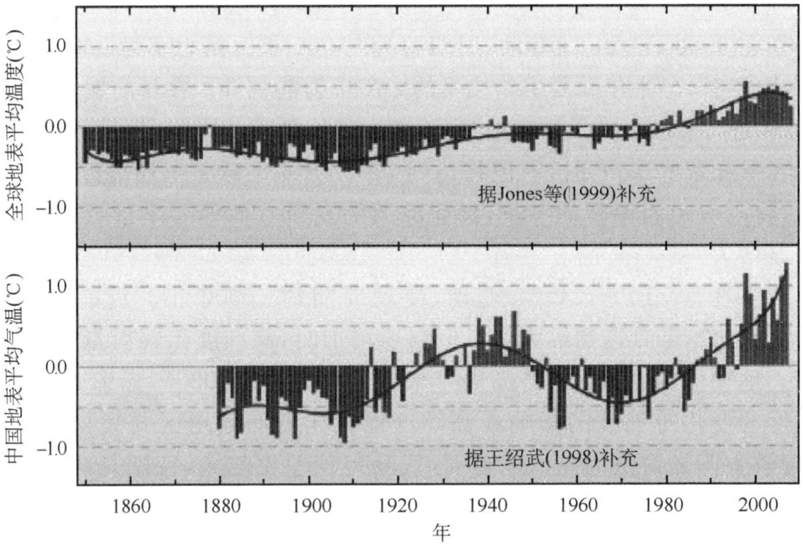

图 7.6　全球和中国地表平均温度(相对于 1961—1990 年均值)变化(资料来源:中国气象局气候变化中心)

1. 太阳辐射的变化

太阳辐射是地球气候系统的能量来源和气候形成的最主要因素。气候的变化与到达地表的太阳辐射能变化关系至为密切。到达地面的太阳辐射能又受到太阳活动、大气透明度、地球轨道参数改变等因素的影响。

(1)太阳活动

大气活动的能量主要来源于太阳辐射，太阳的运动和变化必然对气候状况产生影响。据研究，太阳常数的可能变化在 1%～2%，太阳常数增加 2%，地面气温可能上升 3℃；太阳常数降低 2%，地面气温可能下降 4.3℃。

中国近 500 年来的寒冷期正好处于太阳活动的低水平阶段，其中三次冷期(1470—1520 年，1650—1700 年，1840—1890 年)对应着太阳活动的不活跃期，而在中世纪太阳活动极大期间(1100—1250 年)正值中国元朝初期的温暖时期，说明气候的长期变化与太阳活动的长期变化有一定联系。

(2)地球轨道因素的变化

地球在自己的公转轨道上接收太阳辐射能。太阳与地球间的距离以及太阳辐射入射角等在不断改变,导致地球所吸收到的太阳辐射量也随之改变。主要影响因素有三种:地球公转轨道偏心率的变化(长轴与短轴之比)、地轴倾斜度改变及春分点的移动。

偏心率在 0.00～0.06 间变动,周期约为 96000 年。偏心率为 0 时地球公转轨道为圆形,冬夏等长,冬半年和夏半年接受的太阳辐射能相等。在目前偏心率 0.016 的情况下,地球在近日点获得的天文辐射量(不考虑其他条件的影响)较远日点大 1/15。当偏心率 e 值为极大值 0.06 时,差值将达到 1/3。当北半球冬至通过近日点,夏至通过远日点时,将具有短而温暖的冬季,长而凉爽的夏季。而偏心率接近极小值时,冬夏温差将明显增大。

倾斜度 ε 在 22.10°～24.24°变动,变动周期约 40000 年。目前地轴倾斜度是 23.44°,大约 8000 年后达到最大值。倾斜度增加时,高纬度年辐射量增加,赤道年辐射量减少。地轴倾斜度增大 1°,极地年辐射量可增加 4.02%,赤道却减少 0.35%。地轴倾斜度的变化对气候的影响在高纬度地区比低纬度地区要大得多。倾斜度越大,冬夏接收太阳辐射量的差值就越大,气温年较差也越大,特别是高纬度地区必然是冬寒夏热;倾斜度小时则冬暖夏凉,有利于冰川的发展。

春分点沿黄道向西缓慢移动,大约每 21000 年绕地球轨道一周。春分点位置的变动引起四季开始时间的移动和近日点与远日点的变化。地球近日点所在季节每 70 年推迟 1 天。大约在 1 万年以前,北半球冬季处于远日点,目前 1 月 3 日是近日点,那时的冬季比现在更冷,南半球则相反。

(3)火山活动引起大气透明度的变化

火山活动对大气透明度的影响最大,强烈火山喷发的火山尘和硫酸气溶胶能喷入平流层,在大气中存在一年或更长时间,并可在全球输送,从而改变平流层的化学成分和影响地气系统的辐射收支。大的火山爆发出大量的火山灰,上升到高空形成气溶胶层,强烈反射和散射太阳辐射,减小到达地球表面的太阳辐射,使温度降低,称为“阳伞效应”。研究表明,在巨大火山爆发后的几个月甚至几年中,地面平均温度可降低零点几摄氏度,如 1815 年 4 月印度尼西亚坦博拉火山(8.25°S,118.0°E)爆发时,500 km 内三天不见天日,欧美各国在 1816 年普遍出现“无夏之年”,估计整个北半球中纬度气温平均比常年偏低 1℃。1991 年 6 月菲律宾皮纳图博火山爆发后,1992 年全球平均气温也下降了 0.2℃,北半球气温下降了 0.4℃。

火山爆发对气候的影响程度还与留在平流层的悬浮颗粒物含量有关。一般地,停留在平流层中的悬浮微粒会因重力作用逐渐沉降到对流层最后消失。停留时间最多 2～3 年,但如连年发生大型火山爆发,可影响较为长期的气候变化,使气温降低;

火山活动少的时期气温容易升高。20 世纪 80 年代以来全球大的火山爆发明显减少，可能也是气候变暖的原因之一。

2. 下垫面地理环境的变化

整个地质时期中，下垫面地理条件发生过巨大的变化，包括地极移动、大陆漂移、海陆分布变化、地形变化等都对气候产生了深刻影响，其中以海陆分布和地形变化的影响最大。

地质学家根据地层分析材料恢复了白垩纪晚期和石炭纪晚期的世界古海陆分布图，得出当时的海陆分布与现代完全不同的结论。认为石炭纪晚期在北半球有古北极洲、北大西洋洲（包括现在的格陵兰和西欧）和安加拉洲三块大陆。前两块大陆相连，三大洲之南为坦第斯海。此海之南为冈瓦纳大陆，连接现在的南美、南亚和澳大利亚。这样的海陆分布形势有利于赤道太平洋暖流向西流入坦第斯海，该洋流分出一支经伏尔加海向北流去，因此这一带有温暖的气候，从动物化石可以证明石炭纪北极区和斯匹次卑尔根地区的温度与现代地中海的温度相似。冈瓦纳大陆由于地势高耸，有冰河遗迹，其南部由于赤道暖流被东西向的大陆隔断，气候比较寒冷。此外，在古北极洲与大西洋洲之间有一个向北的海湾，同样由于与暖流隔绝，附近地区有显著的冰原遗迹。

中国地质时代的海陆分布也经历了明显的巨变。在漫长的地质时代中，中国并不像现代那样位于亚欧大陆的东南部，而是海陆交错，直到中生代的三叠纪。以后虽然大陆面积扩大，但在中国西南仍是一片汪洋，气候温暖而湿润。具有“世界屋脊”之称的喜马拉雅山脉，在地质史曾是一片汪洋，称喜马拉雅海。直到距今 7000 万到 4000 万年前的新生代早第三纪，在喜马拉雅造山运动中地势升高，才变成一片温暖的浅海，缓慢沉积以碳酸盐为主的沉积物，整个沉积层中发现不少海生的孔虫、珊瑚、海胆、介形虫、鹦鹉螺等多种生物的化石，足以证明当时这里的确是一片海区。有海洋性暖湿气流从海区吹向中国西北地区，那时新疆、内蒙古一带气候还很湿润。大约 4 千万年前，北漂的印度板块与亚洲板块相碰撞，开始了造山运动，出现了青藏高原的一系列山脉，阻挡了海洋季风进入亚洲中部，使中国西北和中亚的气候变得十分干旱。

3. 大气环流和大气化学组成的变化

大气环流与天气和气候的变化密切相关，近几十年来出现的旱涝异常都与大气环流形势的变化密切相关。20 世纪 50 年代和 60 年代北半球大气环流的主要变化是北冰洋极地高压的扩大和加强，导致北大西洋地面偏北风加强，促使极地海冰南移和气候带向南推进。这一过程在大气活动中心的多年变化中也反映出来。从冬季环流形势看，大西洋上冰岛低压的位置和太平洋上的阿留申低压都一直在向西南移动。

与此同时中纬度的纬向环流减弱，经向环流加强，气压带向低纬方向移动。1961—1970 年是经向环流发展最明显的时期，也是中国气温最低的 10 年。在转冷最剧烈的 1963 年，冰岛竟被冷高压所控制，原来的冰岛低压移到了大西洋中部，亚速尔高压也相应南移，使得北欧极冷。撒哈拉沙漠也在向南扩展，在副热带高压控制下盛行下沉气流，造成这一区域的持续干旱。地中海正处于冷暖气团交绥地带，静止锋在此滞留，致使暴雨成灾。

地气系统吸收和发射太阳辐射能都与大气中的化学成分有关，大气化学成分的变化将改变大气的辐射平衡，从而影响气候变化。众所周知，温室具有让阳光进入和阻止热量外逸的功能。在地球大气中存在一些微量和痕量气体，如二氧化碳、一氧化碳、水汽、氧化亚氮、甲烷等，也有类似于温室的功能，即能让太阳短波辐射自由通过，同时又强烈吸收地面和空气发射的长波辐射，从而造成近地层增温。这些气体称为温室气体，其增温作用称为温室效应。大气温室气体的含量变化虽然有自然的原因，但人类活动有着极重要的影响，有的温室气体完全是人类活动的产物。虽然在大气中的含量很小，但其温室效应对地气系统的辐射能收支和能量平衡起着极重要的作用，其浓度的变化对地球气候系统可造成明显扰动，引起全球气候的变化。

4. 宇宙地球物理因子

太阳辐射、大气环流和下垫面性质是气候形成的三个基本因子，但有些气候现象难以用上述理论加以解释，说明气候形成和变化还存在另外的因子。经分析研究人们发现包括地球自转速度变化的惯性作用、天体引潮力、行星运动的力矩效应、地球重力场变化等在内的宇宙地球物理因子的时空变化会引起地球上变形力的产生，从而导致地球上海洋和大气的变形，进而对不同时间尺度的气候变化产生显著的作用。

月球质量虽比太阳小得多，但因离地球近，引潮力为太阳的 2.17 倍，为重力的 0.56‰～1.12‰，其多年变化在海洋中产生月球潮汐的大尺度波动，以在极地最为显著，可使海平面高度改变 40～50 mm，并改变海洋环流系统，进而影响海-气热交换和引起气候变化。

地球表面重力分布是不均匀的，重力分布的不均匀性又引起海平面高度的不均匀，并使大气发生变形。北半球大气四大活动中心的产生及其宽度、外形和深度都带有变形的性质。

天文观测证明地轴在不断地移动，地球自转速度也在变化，都会引起离心力的改变，相应引起海洋和大气的变化，从而导致气候变化。

5. 人类活动

按照现代气候学观点，自有人类以来的气候变化是气候的自然变化和人为变化叠加的结果。人类活动有意无意、直接间接地影响着气候，主要表现在：①工农业生产排放至大气中的温室气体和各种污染物质改变了大气的化学组成；②农牧业发展和其他人类活动改变了下垫面性质，如破坏森林和草原植被，海洋石油污染等；③城市气候效应。

人们为了耕种、放牧或其他生产活动大量滥伐森林、破坏草地，造成地表状况的剧烈改变，使气候日益恶化，以至有些土地退化为沙漠或半沙漠。同时，人们为了发展生产、改善生活也进行着农田灌溉、植树造林、修建水库等有益活动，往往起到改善局地气候的作用。例如，灌溉可使干旱地区蒸发的水汽量增加，空气湿度增大，风沙减少，温差变小；种植防护林可减弱风速，增大湿度，防风固沙；建造水库可增大湿度，减小温差。在城市由于楼房建筑和道路铺设，严重改变了下垫面性质和状况，使粗糙度、反射率、辐射性质和水热状况等与农村显著不同，以致形成城市污染重、烟雾多、日照短、温度高、雨量大、风速小等基本的气候特征。

大气中温室气体和气溶胶浓度、地表植被覆盖率和太阳辐射的变化都会改变气候系统的能量平衡。自 1750 年以来，由于人类活动，全球大气 CO_2、甲烷（CH_4）和氧化亚氮（N_2O）浓度已明显增加，目前已经远远超出了根据冰芯记录测定的工业化前几千年中的浓度值。

人类在生产和生活过程中向大气中释放大量的热量可直接增暖大气，尤其是在工业区和大都市，局地的增温作用更加显著，加上城市下垫面热性质的改变而产生“城市热岛效应”。城郊风就是在城市与郊区热力差异不断扩大而形成的。这种人为释放的热量虽然远远比不上太阳辐射能量，但由于其逐年增加的趋势，应当引起人们关注。

为保护人类及动植物赖以生存的环境，应尽量减少人类活动对气候产生的不利影响，目前人们已开始注意自然生态系统平衡问题，正进一步研究人类活动对气候的影响，以利控制温室效应并使人类活动有序化。

三、气候变化对生态系统和农业的可能影响及应对措施和对策

1. 可能影响

许多生态系统的适应弹性可能在 21 世纪内被气候变化、相关扰动（如洪涝、干旱、野火、虫害、海水酸化）和其他全球变化驱动因子（如土地利用变化、污染、对自然系统的分割、资源过度开采）的空前叠加所超过。

在 21 世纪内，陆地生态系统的碳净吸收在 21 世纪中叶之前可能达到高峰，随后减弱甚至出现逆转，进而对气候变化起到放大作用。如果全球平均温度增幅超过 1.5～2.5℃，目前所评估的 20%～30%的动植物物种可能面临增大的灭绝风险（中

等可信度)。如果全球平均温度升高超过3.5℃,全球将出现大量物种灭绝(占所评估物种的40%～70%)。在生态系统结构和功能、物种的生态相互作用、物种的地理范围等方面,预计会出现重大变化,并在生物多样性、生态系统的产品和服务(如水和粮食供应)方面产生主要不利的后果。

在中高纬地区,如果局地平均温度增加1～3℃,预计农作物生产力会略有提高。而在某些区域,如果升温超过这一幅度,农作物生产力则会降低(中等可信度)。在低纬地区,特别是季节性干燥的区域和热带区域,即使局地温度有小幅增加(1～2℃),预计农作物生产力也会降低,这会增加饥荒风险(中等可信度)。在全球范围内,随着局地平均温度升高1～3℃,预计粮食生产潜力会增加,但如果超过这一范围,预计粮食生产潜力会降低(中等可信度)。

2. 应对措施和对策

(1)气候变化的两种对策

对于气候变化,特别是全球增温的农业对策,一是对抗性对策,减少温室气体的排放和增加对其的吸收或减少辐射等降温措施;二是适应性对策,使农业生物或农业系统适应变化了的气候环境。即使人类开始削减温室气体的排放,温室效应仍将持续相当长的一段时期。仅采取减排措施还不足以消除温室效应带来的种种后果。若要等到全球温室气体降低到工业革命以前的水平,至少要几十年到上百年之后,因此,不可坐等灾难性后果的发生,必须提前制定适应对策以减轻负面效应。

(2)生物气象学本质上是一门适应的科学

1993年国际生物气象学会第13届大会首次冠以“适应全球大气的变化与波动”的主题。前主席Weihe在开幕词中指出,“适应”是“生物对环境变化产生的应激的被动适应中与不平衡有关的过程”,“生物气象学主要是一门适应的科学,生物通过斗争调节使其生存本领和所需生存能力达到最佳”。因此,生物气象学应该成为人类对于气候变化适应对策的一个理论依据。农业气象学是研究农业生产与气象条件关系的一门科学。气候变化对抗对策中的减排温室气体,主要任务在工业部门。农业,特别是种植业,基本上是温室气体的“汇”,仅水稻田和反刍动物饲养存在CH_4释放问题。农业气象学家除研究CH_4减排途径外,主要应着眼于适应对策的研究。

(3)关键减缓技术和措施

改进作物用地和放牧用地管理、增加土壤碳储存、恢复耕作泥炭土壤和退化土地、改进水稻种植技术和牲畜及粪便管理以减少CH_4排放,改进氮肥施用技术以减少N_2O排放、以专用生物能作物替代化石燃料使用、提高能效、提高作物产量,为改进土地管理、保持土壤中碳含量、有效使用化肥和灌溉的财政激励措施和规章制度等。

(4)农业适应性战略措施

调整种植日期和作物品种、作物迁移、通过植树活动控制水土流失和土壤保护等改善土地管理等;研发政策、体制的改革,土地使用权和土地改革、培训、能力建设、作物保险,通过补贴和税收优惠进行金融奖励措施政策调控等。

第四节 中国气候

我国位于欧亚大陆东南部,东濒广阔的太平洋,幅员辽阔,全境面积 960 万 km^2,约占亚洲面积的四分之一,比整个欧洲还要大。我国具有从赤道气候到冷温带气候之间的多种气候带;也包括了从沿海的湿润地带到内陆的沙漠地带。中国地形极为复杂,有平原、盆地、丘陵、高山和高原等。地势西高东低,西部有占全国面积五分之一的青藏高原,其平均海拔高度约为 4000～5000 m,有世界屋脊之称。东部高度一般在 500 m 左右,有宽广的平原和丘陵,这种地形有利于夏季海洋暖湿空气向内陆入侵。我国的山脉多东西走向,如秦岭、阴山、天山、昆仑山等;少数为东北—西南走向,如大兴安岭、太行山、黄山等,对冬季风和夏季风都起了不同程度的障壁作用。因以上的自然地理条件,致使我国具有季风性气候明显,大陆性气候强和具多样性气候的特点。

一、中国气候特征

1. 季风气候明显

由于特殊的地理位置,使我国成为世界上季风气候极为明显的国家。中国气候的季风性不仅表现在风系的转换上,还表现在温度和降水等气候要素的变化上。

(1)季风性在风上的反映:冬季中国受蒙古冷高压的控制,盛行风以偏北为主。强盛的冬季风 9 月控制东北、华北,10 月中旬以后快速地控制全国。夏季转受太平洋副热带高压的控制。盛行风以偏南为主。夏季风 3 月初开始影响华南,4 月北扩到长江沿岸,5 月波及淮河流域,6 月到达华北和东北,7 月是夏季风极盛期,可影响到 55°N 附近地带,8 月中旬夏季风减弱南退,以后又转受冬季风控制。

(2)季风性在温度上的反映:由于盛行风对热量的交换作用,使我国寒暑的更替与季风的性质密切相关。冬季风极盛时,气候寒冷、干燥,成为世界上同纬度最冷地区。夏季风鼎盛时,气候暖热。湿润多雨,炎热程度胜于同纬度其他地区(见表 7.2)。季风的每次进退,都会造成气温的升降。例如,夏季风北上时,气温相应升高;冬季风南下时,气温骤然降低。这种现象不仅每年都会出现,而且季风所达地区都有表现。

表 7.2　同纬度各地温度比较　　单位:℃

地点		北京	纽约	里斯本	新奥尔良	汉口	开罗
纬度		40°	40°	40°	30°	30°	30°
月平均温度	1月	−4.7	−0.8	10.8	12.0	2.8	12.4
	7月	26.0	22.6	21.8	26.6	29.0	28.2
年较差		30.7	23.4	11.0	14.6	26.2	15.8

(3)季风在降水上的反映:由于盛行风对水分的输送作用,使我国降水的空间分布和时间变化都具有相应的特点,在盛行风的作用下,我国的水汽来源主要有三个方向:一是来自东南方向的东海和南海;二是来自西南方向的孟加拉湾和印度洋;三是来自西北方向的大西洋和北冰洋。由于水汽输送状况的不同,形成了我国降水的三个显著特点:雨量分布从东南向西北方向逐渐减少;降水量年内分配不均,夏季雨量一般占全年一半以上;各地雨季起止时间先后不同,与季风进退相一致。

2. 大陆性气候强

由于我国处于世界最大陆地——欧亚大陆的东南部,气候受大陆的影响远比受海洋的影响大。因此,气候的大陆性超过了海洋性,特别是在广大的内陆地区。我国气候的大陆性主要表现在温度和降水方面。

(1)大陆度及其分布:在气候学里,通常以气温年较差来衡量气候的大陆性和海洋性。但由于气温年较差随纬度增高而增大,所以必须排除纬度的影响。波兰学者焦金斯基(Gorczynski)采用的大陆度公式如下:

$$K = \frac{1.7A}{\sin\varphi} - 20.4 \tag{7.1}$$

式中:K 为大陆度;A 为气温年较差多年平均值;φ 为地理纬度。

大陆度 K 一般在 0～100 之间变化,0 为最强海洋性气候,100 为最强大陆性气候,50 为海洋性和大陆性气候的分界线。我国大陆度分布概况为:台湾、海南岛小于40;川滇地区受地形影响,冬暖夏凉,大陆度也在 40 以下;华南地区大陆度在 50 以下;青藏高原上,因地势高,大陆度也在 50 以下,均具有海洋性气候特点。其余各地都在 50 以上,具有大陆性气候特点,尤其是新疆、内蒙古和东北为最大,约在 70～80,属于典型大陆性气候。

(2)大陆性在温度上的反映:气温年较差大是我国气候大陆性强的重要特征之一。我国气温年较差分布的总趋势是北方大、南方小,且各地气温年较差均大于全球同纬度的平均值。例如,长江中下游地区的年较差为 24～26℃,同纬度全球平均为12℃左右;海河流域为 30～32℃,同纬度全球平均为 18℃左右;内蒙古和东北大部分地区为 32～42℃,同纬度全球平均为 25℃左右;北京年较差为 30.7℃,而同纬度地区(40°N)平均 18.5℃。

春温高于秋温是我国气候大陆性强的另一重要特征。有资料表明，西北内陆、塞外草原和华北、东北等地都是春温高于秋温。而黄河中下游以南地区，以及大连、上海和广州等沿海地区则为秋温高于春温，带有海洋性气候色彩。

(3)大陆性在降水上的反映，大陆性气候的降水特征分三：一是雨量集中于夏季；二是多对流性降水；三是降水变率大。从我国各地年降水量的季节分配看，绝大部分地区以夏季降水为多。一般夏季(6、7、8 月)占全年降水量 40%～50%，内陆地区比例更大；相反，冬季(12、1、2 月)只有长江以南占 10%以上，其余均不足 10%，见表 7.3。另外，在内陆地区，夏季的午后，剧烈增温造成空气层结对流性不稳定，从而产生热雷雨。大陆性越强，对流性热雷雨越多，所以热雷雨出现频率的大小可反映气候大陆性的强弱。在我国内陆地区降水以热雷雨为主，尤其是西北和华北更为突出。我国年降水相对变率的分布与大陆度的分布有对应关系。年降水变率大的地方，大陆度也大；反之，年降水变率小的地方，大陆度也小。例如，华南是我国年降水变率最小的地区之一，一般多在 15%以下，云南南部和岭南山地还不足 10%，而这一地区也是我国气候大陆性最小的地区；长江流域年降水变率增大到 15%～20%，这一带的大陆度也比较大；淮河流域和华北地区年降水变率增大到 20%～30%，这一地区的大陆度也显著增大，达 60 以上；再到河西走廊和新疆年降水变率增大到 60%～70%，这些地区的大陆度可增至 80。

表 7.3 中国各地四季降水量占年总量的百分比

地名	乌鲁木齐	呼和浩特	哈尔滨	酒泉	北京	大连	西安	开封	青岛	成都	武汉	上海	昆明	梧州	广州
年总量(mm)	573	426	534	82	683	656	604	622	777	936	1260	1129	992	1525	1681
春(%)	29	13	13	15	10	14	23	18	14	17	32	28	11	34	31
夏(%)	51	69	65	54	75	64	45	56	58	63	43	37	59	43	44
秋(%)	16	15	20	22	13	18	32	21	24	18	15	22	26	14	18
冬(%)	4	3	2	8	2	4	4	5	4	2	10	13	4	8	7

3. 多种气候类型

我国幅员辽阔，自北向南气候跨越冷温带、暖温带、副热带、热带和赤道气候带。因各地与海洋距离不同、地形错综复杂、地势相差悬殊，致使我国具有除极地气候和地中海气候外的所有气候类型。

东北为湿润、半湿润温带地区，仅大兴安岭北部属冷温带。冬季严寒而漫长，夏季短促，农业上的最大灾害是低温冷害和干旱。

华北为湿润、半湿润暖温带地区，冬季寒冷干燥，夏季炎热多雨，且暴雨常见，春旱严重,夏季旱涝灾害频繁,严重影响了农业生产。

华中和华南中部为湿润副热带地区,冬季冷湿,春雨连绵,初夏梅雨,盛夏高温伏旱、夏秋多台风侵袭,如果夏季风强度不正常,还会引起雨水失调,发生旱涝灾害。

华南热带湿润地区仅分布于滇南低热河谷和雷州半岛及海南岛与南海诸岛;终年气候暖热、长夏无冬,降水丰沛,干湿季分明,春旱夏涝。偶尔侵袭的强寒潮,严重危害热带经济作物的生长。夏秋频繁入侵的台风,危害更大。

内蒙古温带草原属半干旱、干旱季风气候。冬长寒冷、夏短温暖,降水少、变率大,春旱尤为严重。

西北以温带和暖温带荒漠为主。干旱少雨,昼夜温差悬殊,冬夏温变剧烈。风大、日照丰富、辐射强烈。因此风能和太阳能资源十分丰富,但同时风沙也给农牧业生产带来严重危害。

青藏高原寒冷而干旱,随着海拔和纬度的降低,气候从寒带、冷温带、温带、副热带过渡到热带。因此,青藏高原各地之间的气候差异很大。墨脱一带年降水量多达3000～4500 mm,气候温热湿润,被誉为“西藏的西双版纳”;察隅一带年降水量为1000～2500 mm,气候温和,有“西藏的江南”之称。雅鲁藏布江流域和三江流域已是温带气候,从东部的湿润逐步过渡到西部的干旱,除羌塘高原西北部为寒带外,其他青藏高原地区则是寒温带气候。

气候类型的多样化对国民经济的发展意义重大。

二、中国的节气和季节

1. 中国的二十四节气

二十四节气来源于黄河流域地区,是我国劳动人民自春秋时代开始逐步发展起来的。由于二十四节气反映了农事季节,又便于掌握和指导农事活动,因而逐渐推广到全国各地,并结合各地农业生产,创造了适合各地农事活动的二十四节气谚语。

二十四节气的划分是从地球公转所处的相对位置推算出来的。地球公转一周需时约365.23 d,公转轨道(黄道大圆)是360°,将地球公转一周均分为24份,每一份15°。地球每跨过间隔15°点作为交一个节气,地球从交前一个节气到交下一个节气的时间约15 d,由于一年的天数不能被24整除,地球运动轨道又不是正圆,地球在近日点和远日点公转速度也不相同,致交节日可相差1～2 d,用阳历来推算二十四节气,日期是很有规律的,用歌诀表述如下:“春雨惊春清谷天,夏满芒夏暑相连;秋处露秋寒霜降,冬雪雪冬小大寒;上半年逢六廿一,下半年逢八廿三;每月两节日期定,至多相差一两天。”二十四节气的命名各有明确的含义,它反映了季节交替和天气气候的演变,以及物候的更新,具有自然历的特征。

在二十四节气中，立春、立夏、立秋、立冬，这“四立”表示农历四季的开始；春分、夏至、秋分、冬至，这“两分、两至”表示昼夜长短的更换。雨水、谷雨、小雪、大雪，表示降水。小暑、大暑、处暑、小寒、大寒，反映温度。白露、寒露、霜降，既反映降水又反映温度。而惊蛰、清明、小满和芒种，则反映物候。

2. 中国的季节

春夏秋冬，通称为四季。季节的划分，有天文季节、气候季节和自然天气季节。

(1)天文季节

根据地球绕太阳公转的位置而划分的季节，称为天文季节。

我国现在采用的四季与欧美各国一致，以“两分两至”为四季之始。从春分到夏至为春季，从夏至到秋分为夏季，从秋分到冬至为秋季，从冬至到春分为冬季。在气候统计中为了方便，按公历月份以 3、4、5 月为春季，6、7、8 月为夏季，9、10、11 月为秋季，12、1、2 月为冬季。

(2)气候季节

我国现在常用的气候四季是 20 世纪 30 年代张宝堃先生以候平均温度为指标划分的，故又称温度四季。候平均温度低于 10℃为冬季，高于 22℃为夏季，介于 10～22℃之间为春季或秋季。按此指标划分，福州至柳城一线以南无冬季，哈尔滨以北无夏季，青藏高原因海拔高度关系也无夏季，云南四季如春(秋)。此外其他各地四季都比较明显，尤以中纬地区更为明显。气候四季的划分，照顾了各地区的差异，为农业服务较天文四季更符合实际。

(3)自然天气季节

东亚大气环流随着时段出现明显的改变和调整，并在各时段中具有不同的天气气候特征。根据大气环流、天气过程和气候特征划分的季节，称为自然天气季节。我国是季风特别盛行的地区，季风气候东部比西部明显，华南和东南沿海比华中、华北和东北明显。我国大多数地区冬季多刮西北风，天气晴朗干燥；夏季则多刮东南风，天气多阴雨。其中特别突出的转折点，分别在 3 月初、4 月中、6 月中、7 月中、9 月初、10 月中和 12 月初。因此，我国科学家认为把东部季风气候区划分为初春、暮春、初夏、盛夏、秋季、初冬、隆冬等 7 个自然天气季节更为合适。7 个季节分别为：①初春——3 月初—4 月中，冬季风第一次明显减弱，夏季风开始在华南出现；②暮春——4 月中—6 月中，冬季风再度减弱，华南雨季开始，华中开始受夏季风影响，雨量增多；③初夏——6 月中—7 月中，华南夏季风极盛，降水量略减少，东南丘陵地和南岭附近出现干季；④盛夏——7 月中—9 月初，华南夏季风减弱，梅雨结束，相对干季开始，华北、东北夏季风开始盛行，雨季开始；⑤秋季——9 月初—10 月中，冬季风迅速南下，我国大陆几乎都受冬季风影响；⑥初冬——10 月中—12 月初，夏季风完全退出我国大陆。⑦隆冬——12 月初—翌年 3 月初，冬季风全盛期。

第八章　农业气候

第一节　农业气候资源

一、基本概念和特征

气候是农业生物生存、生长发育和经济性状形成的主要环境条件和物质、能量的主要来源。对农业生产有利的温度、光照、水分、气流和空气成分等条件及其组合是一种可利用的自然资源,称为农业气候资源。

农业气候资源具有可更新性、有限性、非线性和相对性等特征。评价一地的农业气候资源是否有利,不仅取决于某个或某些气候要素,更取决于这些要素的组合与配置是否合理与优化。与矿藏、森林等自然资源不同,非线性指农业气候指标并非数值越大越好,只有在适合农业生物生长发育及高产与优质形成的范围内才成为可利用的资源,任何指标的数值过高或过低不仅不能成为可利用资源,还会形成灾害。不同的农业生物对环境气象条件的要求不同,对此种生物有利的气象条件,对另一些生物却可能成为胁迫甚至灾害,这就是农业气候资源的相对性。例如,冷凉气候下水稻、甘蔗等喜温作物不能成熟,但麦类、马铃薯等喜凉作物却生长良好;多云雾的山地不适宜种植喜光作物,却有利于茶叶与烟草的品质提高。

气候作为一种环境因素和自然资源,对农业的影响是多方面的:

(1)光、热、水等气候要素是决定种植制度的基本因素,其中热量更是决定某一地区一年能够种植几季的主导因素。

(2)光、热、水等气候要素的不同组合对农业生产的影响不同。光、热、水等提供农作物生长发育所需的能量和物质,我国东南部地区光热同季,水分条件好,有利于全年农业增产;青藏高原光照丰富,但热量不足,不利于周年农业生产;西北地区光照丰富,但水分不足,农业布局受到很大限制。

(3)土地资源自然生产力的地区差异,主要是水热条件的地区差异所致。面积超过全国50%的西部干旱半干旱地区,生物量仅占全国的13%;面积不到全国一半的东部地区，生物量占全国的87%。我国东西部土地资源自然生产力的这种差异，主要是东西部水分条件的差异引起的。东部地区生物量从热带向寒温带递减，南北相差5～6倍，这种土地资源自然生产力的南北差异，主要是由南北热量条件的差异所造成的。

(4)作物的种类和品质与气候条件密切相关。某一地区适宜生长的作物种类与当地的气候条件（主要是温度、光照和湿度）密切相关。如北方适宜种植喜长日照、温凉气候的作物，南方则适宜生长喜短日照、热量充足的作物。

从全球范围来看，作物产量水平是受地区光热水资源共同作用的，任何充足的气象单因素都不能形成作物高产，只有合理的光热水匹配与适当的人工调节才能产生高产优质的综合效益。

在现有的生产水平下，人类通过如修建水库、植树造林、温室大棚、地膜覆盖和人工增雨作业等调节和改善局部地区的农业气候资源状况。但是，不合理的活动，例如，砍伐森林，破坏自然植被，破坏生态系统平衡等，将使整个自然环境特别是农业气候资源受到破坏。另外，工农业废弃物大量排入大气、土壤和水体，过量使用化肥和农药，引起水体、土壤和大气污染，出现酸雨、温室效应等，导致农业气候资源利用价值的改变和降低；农业上用水科学性的不足，使受降水资源制约的淡水资源供应不足状况加剧。因而，对农业气候资源既要开发利用，更要科学保护。

二、农业气候资源分析

分析气候资源和农业气候资源的时空分布特征，是合理利用资源、有效规避灾害和高效服务农业的技术方法。通常以经验正交函数分解和旋转经验正交函数分解等数理统计方法，揭示农业气候资源空间分布特征；通过分析农业气候要素的周期、波动和变异性，探究农业气候要素时间演变（年际、年代际）的趋势；比较气候学季节、作物生长季、不同生育期和季节各气候或农业气候要素值的时间演变规律，揭示农业气候要素的季节变化规律；从水分供需和光水热匹配状况进行农业气候适宜性分析，揭示农业气候资源与农业布局、种植界限、熟制和种植制度农业生产潜力和农作物产量与品质的关系等，进行农业气候区划。

农业气候生产潜力是评价农业气候资源的根据之一，农业气候生产潜力的大小，取决于光、温、水三要素的数量及其相互配合协调程度。分析农业气候资源的分布规律，有利于合理利用农业气候资源，发挥各地区的农业气候资源优势，为适应农业结构调整和种植制度的变化、新品种的引进和推广、降低农业风险、制定农业区划和规划等提供科学依据。

农业气候生产潜力是以气候条件来估算的农业生产潜力，即在当地自然的光、热、水等气候因素作用下，假设作物品种、土壤肥力、栽培技术和作物群体结构a

于最适状态时，单位面积可能达到的最高产量。

农业气候生产潜力的高低依光、温、水条件及其组合状况而不同。估算时可分别计算光合生产潜力、光温生产潜力和气候生产潜力。

1. 光合生产潜力

光合生产潜力是指当温度、水分、CO_2、养分、群体结构和栽培技术等均处于最适状况下，由作物的光合效率所形成的群体最高产量，亦称作物产量的理论上限。研究光合生产潜力的重要意义在于探讨作物干物质生产的限制因素，以采取有效措施，充分利用太阳能，最大限度地提高作物产量。

光合生产潜力 Y_1 的计算式为：

$$Y_1 = f(Q) = \sum Q\varepsilon\alpha(1-\rho)(1-\gamma)\varphi(1-\omega)(1-\chi)^{-1}\cdot H^{-1} \tag{8.1}$$

式中：$\sum Q$ 为投射到单位面积上的年辐射总量[J/(m^2·a)]；ε 为可用于光合作用的光合有效辐射占太阳总辐射的比率，一般 ε 取 0.49；α 为作物群体吸收率。在作物整个生育期间，吸收率是叶片面积增长的函数，即 $\alpha=0.83L_i/L_0$，其中 L_0 为最大叶面积指数，L_i 为某时段的叶面积指数；ρ 为非光合器官的无效吸收率，取 0.1；γ 为光饱和限制率，自然条件下，$\gamma=0$；φ 为光合作用量子效率，取 0.224；ω 为呼吸作用的耗损率，取 0.3；χ 为含水率，一般取值 0.14；H 为形成 1 g 干物质所需要的热量，取 1.8×10^4 J/g。

将各系数代入(8.1)式，得到下式：

$$Y_1 = 3.75\times10^{-5}\times\frac{L_i}{L_0}\sum Q = 0.375\frac{L_i}{L_0}\sum Q \tag{8.2}$$

当群体为最优结构时，即 $L_i/L_0=1$ 时，有：

$$Y_1 = 0.375\sum Q \tag{8.3}$$

Y_1 单位为 kg/hm^2，显然，光合生产潜力表示作物处于最优的生活环境，最适状态下的光合生产量，这是产量的上限，目前大田很难达到。

2. 光温生产潜力

温生产潜力是指在 CO_2、水分、养分、群体结构等得到满足或处于最适状态下，积单位时间内，由当地太阳辐射和温度所确定的产量上限。

光、温两个因子与农业生产的关系，即对光合潜力进行温度订正后的值称为潜力(Y_2)。其算式为：

$$Y_2 = Y_1\cdot g(t) = 0.375\frac{L_i}{L_0}\sum Q\cdot g(t) \tag{8.4}$$

温度订正系数，计算方法如下：

$$g(t)=\begin{cases}0 & t<t_b\\ \dfrac{\bar{t}-t_b}{t_0-t_b} & t_b\leqslant\bar{t}<t_0\\ \dfrac{t_u-\bar{t}}{t_u-t_0} & t_0\leqslant\bar{t}<t_u\\ 0 & t\geqslant t_u\end{cases}\tag{8.5}$$

式中：$\bar{t}$ 为某阶段平均温度，t_b、t_0 和 t_u分别为三基点温度中的作物生长最低、最适、最高温度。

3. 气候生产潜力

气候生产潜力是指土壤养分、CO_2、群体结构等得到满足或处于最适状态下，单位面积单位时间内，由当地太阳辐射、温度和水分等气候因子所确定的产量上限。对光温生产潜力进行水分订正后的值，可视为气候生产潜力(Y_3)。其表达式为：

$$Y_3=f(Q)\cdot g(t)\cdot h(\omega)=Y_2\cdot h(\omega)\tag{8.6}$$

式中：Y_2 为光温生产潜力；$h(\omega)$为水分订正函数，其大小可用土壤水分系数(即实际蒸散量 ET_a 与可能蒸散量 ET_P 的比值)来表示，其式为：

$$h(\omega)=\frac{ET_a}{ET_P}\tag{8.7}$$

式中：实际蒸散量(ET_a)可视为降水量(R)与流出量(NR)之差，即：

$$ET_a=R-NR=(1-N)R$$

式中：N 为径流与渗漏的总流出量系数。将此式代入上式，可得到水分订正函数的计算式：

$$h(\omega)=\frac{(1-N)R}{ET_P}\quad 0<(1-N)R<ET_P\tag{8.8}$$

若$(1-N)R\geqslant ET_P$，则可令 $h(\omega)=1$。将上式代入 $Y_3=Y_2\cdot h(\omega)$，便得到气候生产潜力计算式：

$$Y_3=0.375\,\frac{(1-N)R}{ET_P}\,\frac{L_i}{L_0}\sum Q\cdot g(t)\qquad(\text{kg/hm}^2)\tag{8.9}$$

单一气象要素并不能决定作物的丰歉，需要用诸因素进行综合评判。一般地，日照时数多的地区，作物产量较高。但日照时数与水温条件配合不同，作物产量不同。年日照时数多，而水分少的地区作物产量低；年日照时数较多，水分多的地区产量高；年日照时数较多而温度高的地区产量并不太高；日照时数多而温度低，喜凉作物产量高；日照时数少，温度低，产量低。太阳辐射量决定一个地区作物生产的潜力和产量的高低。从总的趋势来看，太阳辐射量多的地区，作物总产量高，但太阳辐射利用受水热条件的限制。年降水量＜200 mm 的地区，在没有灌溉条件下无法进行作物栽培;在年降水量200～400 mm的地区旱地作物的产量很低。高纬度和高海拔地区,温度低,限制了光照条件的利用,如东西伯利亚作物产量很低,青藏高原北部在自然条件下不能进行作物生产。世界各地的温度与水分、温度与光资源的匹配情况对农业生产影响很大。中国的东部季风区,雨热同季,有利于玉米、水稻等高产喜温作物生产。加拿大南部农业区,温度较低与水分配合也较适宜,适宜春小麦等作物生产。欧洲地中海地区,夏季温暖但降水稀少,温度与水分不匹配,需要有灌溉条件,而冬季温度不低,降水较多,适宜冬作物生产。非洲北部高温,而且干旱少雨,严重限制农业生产的发展。

三、中国农业气候资源和生产潜力的分布

农业气候资源是为农业生产提供基本物质和能量的气候要素及其组合,是影响农作物生长发育和产量形成最重要的外界因素之一。主要包括太阳辐射资源、热量资源和降水资源。

1. 雨热同季,光温水资源利用潜力大

全国大部分地区太阳辐射强,光照充足,年总辐射量多在3760～6680 MJ/m^2,一般西部多于东部,高原多于平原。绝大多数地区的光能对于作物的生长发育和产量形成是充裕的,但光能利用率不高。单产3450 kg/hm^{2}的粮田,光能利用率一般仅0.4%～0.5%。一季高产作物(小麦、玉米)单产超过7500 kg/hm^{2}的,光能利用率不超过1%,南方三熟制高产田超过11250 kg/hm^{2}的,光能利用率也不超过2%。而小麦光温生产潜力理论上可达9000～10500 kg/hm^2,玉米大于15000 kg/hm^2。可见,提高光能利用率的潜力还很大。

作物生长期间的热量条件,除东北的寒温带和青藏高原外,72%的地区冬冷凉、夏温热,季节变化明显。积温自北向南逐渐增多,种植制度由一年一熟演变为两年三熟、一年两熟甚至三熟。通常0℃以上积温大于4000 ℃·d的地方就有实行复种的可能,大于5700 ℃·d可种植双季稻或实行三熟制。多数地区冬半年种植喜凉作物,夏半年种植喜温作物。复种面积广是中国农业气候资源的一大优势,使中国成为世界同纬度地区复种指数最高的国家。

中国东部受夏季风影响,雨量充沛,降水量集中在作物活跃生长期的夏季,有利于农、林、牧、渔多种经营的全面发展,是中国农业气候潜力最大的地区。高温多雨同季出现并与作物生长旺季相吻合,使光热水资源能够得到充分利用,使中国喜温作物的种植纬度高于世界其他地区。西北地区年降水量多在400 mm以下,虽有较丰富的光热资源,但受水分不足的影响,农业生产受到限制,成为中国主要的草原牧区。在河西走廊和新疆的部分地区,因有天山、祁连山、昆仑山及阿尔泰山的冰雪融水补

给，形成“绿洲农业”，具有独特的气候优势，成为小麦、棉花、甜菜及瓜果的优质产地。

2. 地形复杂多样，气候垂直地带性明显

中国地形复杂，地形对光、热、水资源的再分配影响很大。高大山体对冷空气的阻滞作用，沟谷和盆地的冷湖作用，江湖水体的热效应，以及海拔高度、山脉走向，坡度、坡向不同而引起的垂直气候差异，形成复杂多样的农业气候环境和相应的农业布局及熟制类型。东西走向的山脉如秦岭、南岭等对冷空气南下的屏障作用和气流越山下沉增温作用，常使背风侧具有明显的冬暖气候特征，甚至成为气候的分界线，这在亚热带地区尤为明显。

山区随海拔高度增高存在温度的垂直递减，年平均气温垂直递减率为 0.4～0.5 ℃/100m，积温也随之下降。其他因子也有一定的垂直分布规律，从而形成立体气候，在不同海拔高度出现不同的气候带，并有南北坡之别，植物分布也随高度而变化，如云南高原地形的热量呈热带—亚热带—暖温带—温带—寒温带的垂直分布，10℃ 以上积温从 8000 ℃·d 减少到 1300 ℃·d，作物种植从三熟制逐渐过渡到一季喜凉作物，形成独特的立体农业气候类型。中国亚热带山地热量分布的一个特点是山腰常有 200～400 m 厚的逆温层存在，有利于柑橘等经济林果的安全越冬。

3. 气候灾害频繁是农业发展的主要障碍因素

中国季风气候的不稳性，表现在降水量的地区和季节分配不均衡和年际变化大，最大与最小降水量可相差 10 多倍；温度的年际变化也很大。旱、涝、风、冻等自然灾害相当频繁。1950 年以来，平均每 3 年有一次较大范围的灾害。东北、华北大部和西北以旱灾为主。从干旱的季节分布看，春旱以黄淮流域以北和东北的西辽河流域最为严重，夏旱在长江流域较为常见，秋旱影响华北地区晚秋作物后期生育和秋耕秋种，冬旱主要发生在华南南部和西南地区。旱灾的特点是发生面积大、时间长，不仅危害农作物，而且影响林业和畜牧业。

中国水涝灾害总体而言是东部多，西部少；沿海地区多，内陆地区少；平原地区多，高原地区少。黄淮海平原、长江中下游、东南沿海和东北平原是水涝灾害发生较多的区域，不仅造成严重的经济损失，大雨和暴雨还是水土流失的气象原因。

低温灾害对东北商品粮生产的影响很大，春秋季出现的短时期低温对南方水稻生产有很大危害，亚热带、热带地区如遇冻害，对柑橘、茶树、橡胶等果林业产生危害。另外，热带气旋、干热风、草原雪灾等都频繁发生，给农业生产带来不利影响。

4. 农业气候生产潜力分布

同农业气候资源一样，我国农业气候生产潜力也具有明显的地理分布特征。在不同气候类型地区，光能的转化能力及其受温度、降水的影响是不同的。因此，划分我国农业气候生产潜力分布特征，可为国家农业发展规划和实施提供科学依据。根据气候生产潜力的计算式并取经济系数 0.35，计算并分析我国农业气候生产潜力的分布状况见表 8.1。

由表 8.1 可以看出，我国农业气候生产潜力在东部地区有明显的带状分布，高值区主要分布在热量丰富，年降水量大于 1600 mm，光热水配合较好的华南和台湾。偏高值区分布在降水量 1200～1600 mm 的长江以南、云贵高原以东的地区，中值区在长江以北到大兴安岭等地，而西北内陆和青藏高原由于年降水和温度的限制，是全国农业生产潜力的低值区。

表 8.1　中国农业气候生产潜力分布表

级别	潜力(10^4 kg/hm^2)	地区
高值区	＞2.6	华南南部、台湾
偏高值区	2.3～2.6	长江下游以南、云贵高原以东、南岭以北云贵高原南缘
中值区	0.8～2.3	大兴安岭、太行山以东、长江以北、云贵川大部、西藏东部
低值区	＜0.8	内蒙古、新疆、青藏高原大部、陕甘宁晋一部分

第二节　农业气象灾害

一、农业气象灾害概述

农业气象灾害指农业生产过程中因不利天气或气候条件造成的损失。我国农业灾害损失的 70%～80%都是由于气象灾害引起的。其他的农业灾害，如农业地质灾害、农业生物灾害和农业环境灾害的发生和危害也往往与气象条件有着密切的关系。

农业气象灾害按照致灾气象因子分类如图 8.1 所示。

农业气象灾害
- 水分因子
  - 水分不足——大气干旱、土壤干旱、生理干旱、草原黑灾
  - 水分过多——洪水、涝害、湿害、凌汛、冻涝、白灾
  - 水分相变——雪害、冻融、冰雹、结冰、雾灾
- 温度因子
  - 高温危害——高温逼熟、雨后暴热、热浪中暑
  - 低温危害——冷害、冻害、霜冻、寒害
- 光照因子
  - 光照过强——灼伤和日烧病
  - 光照不足——阴害
- 其他因子——大风、雷电
- 复合灾害——沙尘暴、连阴雨、干热风、焚风、台风、暴风雪

图 8.1　农业气象灾害的分类

农业气象灾害具有非线性特征。气象要素的数量或强度处于适当范围才能满足农业生物的需求，过强过弱、过高过低、过多过少都会产生不利影响甚至形成灾害，这

是农业气象灾害与其他灾害类型的一个显著区别。

农业气象灾害具有一定的相对性。不同农业生物对环境气象条件的要求不同，对某种生物不利的气象条件，对另一种生物却可能有利。但就某一个农业区域而言，已形成适应当地常年气候条件的农业结构及技术体系，一旦气候异常，由于农业生物或农业系统的不适应，就会导致经济损失而酿成灾害。

气候异常是古今中外常见的现象，一般来说，大陆性气候和季风气候的季节和年际变化较大，与海洋性气候的西欧国家相比，通常农业气象灾害要更为频繁和严重。

一国的经济实力强弱和生态环境保护的水平高低也决定着对自然灾害的调节、缓冲和抗御能力。土地利用强度大，复种指数高，产量水平也较高的地区，农业生产对气象灾害也更敏感。

我国大部分地区为大陆性季风气候，复种指数很高，经济发展水平不高，几千年来农业生态环境持续恶化，总体抗灾能力薄弱，因而我国是世界上农业气象灾害严重的国家。

农业气象灾害分突发型和累积型两类。农业生物对气象条件的反应有两种情况。一种是由外界气象条件超出生物正常生活的范围，但未达到致死指标。所产生的生理反应，有的是弹性的，即具有恢复能力；有的是塑性的，即不能恢复到原来状况。如果不利条件持续维持，这两种状况都能造成生长发育延缓，成本提高，产量下降，严重的可形成灾害，一般属累积型灾害。另一种情况是外界气象条件过于严酷或变幅太大，达到和超过临界致死指标，或长期处于受害指标范围内，使生物体受伤或致死而形成灾害，有的是突发性的，有的是伤害不断加重，后者属累积型灾害。在我国农业生产实践中累积型农业气象灾害的危害并不亚于突发型灾害，但往往易被人们忽视。

农业气象灾害的发生有三种情况：大多数情况是由外界特殊不利气象条件所造成；第二种情况是滥伐、滥垦、过牧、烧荒等不合理的人类活动造成水土流失、草原退化，破坏了生态平衡，导致气候恶化和灾害增多；第三种情况是气候并无异常，但由于在生产中违背气候规律而人为导致的气象灾害。例如，将对日长非常敏感的杂交晚稻从湖南南部盲目大量引种到安徽北部，结果不能抽穗成熟。又如，浅播导致小麦发生越冬冻害，蔬菜过早移栽遇霜冻危害等。反之，合理有序的人类活动可以改善孕灾环境，减轻灾害的损失。

不利气象条件除直接对农业生物造成危害外，还可能通过诱发病虫害或影响生态环境而形成其他次生灾害或衍生灾害。

二、水分异常引起的气象灾害

水是一切农业生物必需的生存因子。水分状况的异常，包括过多、过少、突发相变及水污染都有可能成灾，是最常见的一大类农业气象灾害。

1. 干旱

干旱是农业生产上最严重和最常见的农业气象灾害，是因长时期降水偏少，造成空气干燥，土壤缺水，水源枯竭，影响农作物或牲畜正常生长发育而减产的现象。我国从公元前 206 年到 1949 年平均每两年发生一次大的旱灾，1949 年以来我国平均每年受旱面积 2000 万 hm^2，成灾 1000 万 hm^2，以春秋两季为主，但近年来夏旱有增加的趋势。

(1)干旱的分类

根据干旱发生的原因可分为以下几类：

①土壤干旱：耕层水分含量少，作物根系难以吸收足够水分补偿蒸腾消耗，使体内水分失去平衡而不能正常生长发育。这是最常见的干旱类型。

②大气干旱：空气干燥，大气蒸发力强，植物蒸腾过快，根系从土壤吸收的水分难以补偿，水分收支失衡而造成危害。

③生理干旱：土壤环境不良使植物生理活动发生障碍，体内水分失去平衡。有时土壤并不缺水，如作物被淹，根系缺氧不能正常吸收水分而发生萎蔫；早春回暖，果树蒸腾失水加剧，根系不能从未化冻土壤吸收水分，因而发生抽条；盐碱地常因幼苗根系渗透压低于土壤溶液而不能吸收水分。

④黑灾：草原冬季持续少雪使牲畜饥渴风寒致死，是牧区干旱的一种形式。

根据干旱发生时期还可分为春旱、夏旱、秋旱、冬旱、季节连旱、连年大旱等。

(2)干旱的时空分布

我国的大范围干旱有 50 年和 100 年左右的周期，16 世纪及 17 世纪，20 世纪 20 年代、40 年代、60 年代和 70 年代干旱比较严重。全球 35°～40°纬度带干旱发生较多，此纬度带往北和往南都相应少些。

黄淮海地区约占全国受灾和成灾面积的 1/2，是干旱最频繁和严重的地区；其次是长江流域和西南；西北地区降雨虽稀少，但主要是绿洲灌溉农业，受当年降雨多少影响不大，干旱次数和面积反而较小。

①春旱：北方春季升温快，少雨多风蒸发量大，华北地区和东北西部的春旱发生概率都在 70%左右，且经常出现连年春旱；西北地区发生频率为 44%，尤以陕北、宁南、陇中、青海东部更严重；华南和西南春旱频率也较高。

②夏旱：北方春旱严重，雨季又晚的年份常出现初夏旱，作物水分供需矛盾最为突出。主要发生在东北西部、甘肃中部、宁夏南部、关中东部、山西南部、河南中北部、河北南部和山东中部，影响小麦灌浆和夏播，还影响春播作物的生长。有的年份长江流域形成“空梅”，使长江流域盛夏长期处于副热带高压控制之下，多晴少雨，形成

伏旱。

③秋旱：副热带高压南撤过快，秋雨偏少会形成秋旱，以长江中游发生较多，北方也很常见；东南沿海因多台风秋旱较轻。

④冬旱：华南冬季作物仍旺盛生长，但降水变率很大，广州1月降水变率高达88%，常发生冬旱；北方冬麦区冬季持续少雪造成的冬旱，可加重冻害。

(3)干旱的防御对策

①根据当地水资源条件打井、引水，挖掘水源，发展节水灌溉；②搞好农田基本建设，提高土壤肥力，合理耕作保墒；③旱区推广节水栽培技术，建立节水型农业生态结构。

2. 洪涝和湿害

(1)我国的洪涝灾情

全球洪涝灾害的经济损失约占自然灾害经济损失总量的40%，与人口和经济主要分布在沿江沿海有关。我国年均受涝面积和经济损失均占自然灾害受害面积和经济损失的25%左右，平均每年受涝1000万hm^2，成灾500万hm^2，以夏秋季洪涝灾害为主。公元前206年到1949年较大的涝灾平均每两年一次，1949年以来较严重的洪涝灾害每3～4年一次。例如，1954年和1998年的长江中下游洪涝、1963年海河洪涝、1975年淮河上游洪涝、1991年和2003年的江淮洪涝、1994年华南和辽西洪涝等都造成了巨大损失。

(2)洪涝和湿害的类型

①洪水：包括江河洪水和山洪，一般由突发暴雨或长期降雨引起，北方也可能由冰雪大量融化引起，沿海可能由风暴潮或海啸引起。洪水冲垮水库大坝或河湖海堤可造成农田受淹甚至灭顶之灾。历史上黄河曾决口1500多次，大的改道26次。

②涝害：大量降雨后未能及时排水使农田出现积水，使作物受害或房屋被淹。

③土壤湿害：土壤长期处于水分饱和状态，植物根系缺氧受害发育不良，又称渍害或沥涝，可导致多种病害，在长江流域的小麦生产中很常见。

④凌汛：北方冬末早春河流上游解冻，流冰在下游积聚形成冰坝，阻断河水并漫溢泛滥成灾，1996年1月下旬至2月初在黄河中游和渭水下游都曾发生过。

⑤冻涝：北方农田由于灌溉不当或大量融雪而在冻土层上形成积水。

⑥空气湿害：持续阴湿天气的作物水分蒸腾受抑制，诱发多种病害。

(3)洪涝的时空分布

洪涝具有2～3年、11年、22年和30～40年及80～90年的准周期变化，与太阳黑子活动密切相关。但连涝的概率远比连旱小得多。洪涝按照发生季节可分为三种。

①春涝:以湿害为主,有时也成涝,局部可发生洪水。以华南和江南南部发生较为频繁,东北的三江平原早春大量融雪和沿江出现凌汛时也可发生春涝。

②夏涝:季风气候雨季集中,以夏涝发生最多,东部广大地区都可能发生。

③秋涝:入秋后降雨减少,但东南沿海台风仍可带来暴雨成涝,我国中西部、陕西中部到四川西部一带经常存在华西准静止锋形成的相对多雨带,秋涝较多。

我国各地洪涝集中的月份也有区别,华南和东南沿海多台风,洪涝可能发生时期较长,为5—9月,江南为5—7月,江淮为6—8月,北方为7—8月,关中和四川除夏涝外还有秋涝。

(4)涝害的影响因素

①天气形势:副热带高压外围冷暖空气交汇相持的锋面附近和沿海台风登陆时常带来大暴雨造成水灾。台风深入内陆减弱为低气压后仍可形成特大暴雨。

②地形:迎风坡山前平原是多雨带,汇水面积大而出口小的扇形平原下游排水不畅易积涝,山前冲积扇缘洼地和沿江平原低地,地下水位高,排水不畅,易发生湿害和沥涝。

③土壤质地和结构:黏土和存在坚实犁底层或夹有不透水层的土壤易积水成涝。

④技术因素:在低洼或黏性土壤上种植不耐湿涝作物,水田和旱地相间使地下水位抬升,都可能人为加重涝害。

⑤作物种类与发育期:水生作物最为耐涝,谷子等耐旱作物较不耐涝,玉米吐丝期最为耐涝,但苗期极不耐涝。

⑥社会因素:人们盲目在山区伐木垦荒导致水土流失加重;人类在湖区库区围垦,削弱水体调蓄功能;水利设施多年失修废弃等都可能加重涝害。

(5)洪涝的防御与减灾对策

①防御大江大河洪涝:制定防洪规划和设防标准,健全机构、加强管理和基础建设,建立洪水监测预警系统,实施防洪、拦蓄、疏浚、排涝等重大水利工程,多方集资开展洪水保险。

②山区植树造林,保持水土、改善生态环境。

③开展农田基本建设,改良土壤,提高排涝和耐涝能力。

④调整农业结构,选用耐涝和适应多雨环境的作物品种。

⑤推广抗涝栽培技术。

3. 水分相变引起的灾害

(1)雪灾

冬季降雪过多可形成暴风雪、白灾、雪崩、雪害等多种灾害。

暴风雪通常伴随强寒潮,可吹散畜群,阻断交通,1966年早春新疆的几次暴风雪损失牲畜411万头，内蒙古和青海也常发生暴风雪，牧民有时称之为“白毛风”。

白灾指冬季积雪过厚，时间过长，使牲畜采食困难、冻饿掉膘，甚至感病死亡，1977年10月26—29日内蒙古锡林郭勒盟牧区积雪15～30 cm，牲畜死亡2/3，约300万头。

高山春季融雪过快时常发生雪崩，对道路交通和附近村庄威胁很大。

农区大雪后积雪常压垮塑料大棚，2007年3月初的暴雪使东北各地交通阻断，数十万间塑料大棚被压垮。越冬作物在积雪持续覆盖下因缺氧变黄和感病，最抗寒的冬小麦在持续积雪超过5个月的地区也将因雪害而无法越冬。

(2)冰凌

又叫雨凇、冻雨、积冰。1977年10月26—29日辽宁和河北北部发生严重雨凇，河北省塞罕坝林场有3.8万 hm^2 林木挂冰太厚弯曲倒折，损失木材96万 m^3。

(3)冻融灾害

我国东北冬季冻土层深，早春返浆道路泥泞农田积水，常使田间作业难以进行，交通阻塞。

(4)冰雹

我国是世界上冰雹灾害比较严重的国家，与大陆性气候特征和多山有关。有20多个省(区、市)几百个县经常受到雹灾。冰雹虽然不像旱涝灾害影响范围那么大，通常是雹打一条线，但对农作物的摧残极重，对人畜安全威胁极大，在局地常造成毁灭性的灾害。

强烈对流是形成冰雹云的基本条件，冷暖空气交锋或地形抬升都有利于冰雹云的形成。冰雹云边缘常发黄红色，带有推磨似的雷声，常伴随大风和暴雨天气。

我国降雹日数年际变化很大，并具有明显的季节变化，降雹天气随季节自南向北推移：2—3月主要在西南、华南和江南；4—5月主要在长江流域、淮河流域和四川盆地；6—9月主要在西北、华北和东北；7—8月内蒙古冰雹较多。从全国来看，4—9月为降雹主要时段，占总数的84%；5月、6月为高峰期，各占22%；冬季极少降雹。中纬度地区以午后到傍晚降雹为主，四川盆地和湘西、鄂西受青藏高原影响，以夜间降雹为主。

多雹区主要在高原和大的山脉，成带状分布。各地冰雹大都有常发的源地和主要路径，一般沿山脉或河谷成带状分布，有时还呈跳跃式分布。雹击带宽几到几十千米，长几十千米，最长的有数百千米。

冰雹的防御和补救：种植耐雹作物或使其敏感期避开多雹季节；开展人工消雹作业，打高炮爆炸冰雹云同时释放催化剂或发射火箭释放催化剂，促使冰雹云提前下雨；植树种草，改良生态环境，使低层大气结构趋于稳定；开展雹灾保险以取得补偿；

灾后采取适宜补救措施，促进植株恢复生长。

(5)雾灾

雾由飘浮在空气中的小水滴组成，冬季北方有时还出现由小冰晶组成的冰雾。在作物旺盛生长季节，雾有可能诱发一些植物病害的发生。

三、温度异常引起的气象灾害

1. 冷害

农业生物因0℃以上相对低温受到的伤害称为冷害。

(1)冷害的灾情

1949年以来，我国东北发生过8次低温冷害，其中有4次减产粮食达50多亿千克。长江流域的晚稻在孕穗、开花和灌浆期经常发生冷害，1976年和1980年减产都达数十亿千克。华北一年二熟制地区和西北高寒一熟制地区的秋粮受夏秋冷害影响也很突出。

(2)冷害的类型

冷害分为障碍型、延迟型、混合型和病害型等。障碍型指作物生殖生长期间遇低温使生理过程发生障碍造成不育而减产。延迟型指因持续低温发育延迟，不能在霜冻前正常成熟而减产或降低品质。混合型指前两型同时发生，危害更大。病害型指低温、阴雨、高湿导致作物发病而减产，又称间接型冷害。按照冷害发生的季节又可分为春季低温冷害、夏季低温冷害、秋季低温冷害和热带作物寒害。

春季低温冷害主要危害南方的早稻育秧，强冷空气后低温连阴雨可造成烂秧。北方的棉花、花生播后持续低温也可导致养分耗尽而烂种。春季持续低温使蔬菜生长缓慢，产量下降，淡季缺菜更加严重。低温的反复刺激可诱导某些蔬菜先期抽薹而失去食用价值。

夏季低温冷害主要发生在北方，尤其是东北，以延迟型为主，但高寒地区水稻也可发生障碍型冷害。1951—1990年，东北共发生严重的夏季冷害5次，平均减产30%以上。

秋季低温冷害是南方晚稻生产的主要灾害，在华南北部称“寒露风”，发生在孕穗开花期可造成籽粒不孕，持续低温可造成瘪粒。北方大白菜包心期气温持续偏低可使包心不足产量下降。冬小麦冬前积温偏少使分蘖减少，影响养分积累和分蘖成穗率，也可看作冷害。

华南许多热带、亚热带作物遇0～10℃的低温可发生枯萎、腐烂或感病，直至死亡，称为寒害，在云南和海南岛的橡胶园经常发生。热带作物一般含有较多的饱和脂肪酸，在0℃以上的低温就可以凝固并发生水分的溢泌，导致细胞失水枯萎，其症状与冻害相似。因此，也有人将热带、亚热带作物的寒害列为与冷害并列的另一种 0℃ 以上低温灾害类型。

动物的冷害：冷雨春末夏初在牧区经常突然降临，是牧区常见的灾害。牲畜的皮毛有很强的隔热保暖作用，但春暖脱毛后，如被雨打湿则很不耐寒，尤其是产后母畜和剪毛、抓绒后的羊很容易发病致死。南方冬季缺乏优质草料，耕牛体质虚弱，遇持续阴冷天气易感病，严重的发生死亡。北方冬季寒潮频发年份经常发生仔猪受寒拉黄白痢，死亡率很高。

(3)减轻低温冷害的对策

①调整作物品种布局，掌握适宜的播栽期；②选择耐寒品种，促苗早发，合理施肥，促进早熟；③调节田间小气候，提高局部温度；④冬季注意畜舍保暖和牲畜营养。

2. 冻害

(1)冻害的灾情

冻害指植物或动物在 0℃以下强烈低温作用下受到的伤害，主要发生在越冬期间、深秋和早春。

由于大陆性季风气候的特点，我国冻害要重于世界同纬度地区，导致越冬作物和多年生喜温作物分布纬度明显偏低。如欧洲柑橘可在 40°N 种植，我国则需在 28°N 以南种柑橘。

冻害可造成植株死亡，冻伤株长势衰弱也能导致减产。牲畜在冬季也经常发生受冻死亡灾害。

(2)冻害的地区分布

冬小麦冻害最严重的地区是华北、黄土高原和新疆北部，其次是黄淮平原和新疆南部。油菜冻害以华北南部和黄淮平原为严重。大白菜砍菜期冻害东北、华北都较重。蔬菜越冬冻害长江流域最严重。柑橘冻害以江南丘陵冷空气易进难出地形较严重。北方果树冻害以长城沿线较重。

(3)冻害的发生条件

突发性冻害(如大白菜砍菜期冻害)与强寒潮活动密切相关，但大多数越冬冻害与长时期不利越冬条件相联系，具有累积型灾害的特征。冬前急剧降温、作物抗寒锻炼很差、冬季冷暖变化剧烈或旱冻交加，都有可能发生冻害。新疆北部的冻害则与积雪不稳定有关。20 世纪 80 年代以来，我国北方冬季变暖，有的农民引进抗寒性差的品种或秋播过早，造成旺长，易发生冻害。

(4)冻害发生时间和指标

按照发生时间可分为初冬冻害、隆冬冻害和早春冻害。初冬冻害指剧烈降温提前入冬,因作物缺乏抗寒锻炼养分积累不足,即使冬季不冷也仍然经受不住严冬持续低温。一般以入冬降温幅度或抗寒锻炼减少天数为冻害的参考指标。隆冬冻害与严寒持续时间及程度相联系,主要以冬季负积温、有害积温和分蘖节承受极端最低温度为冻害指标。早春冻害与作物抗寒锻炼的解除相联系,常以稳定通过某一界限温度之后的极端最低温度为冻害指标。不论何种作物或品种,都可用50%植株冻死的临界致死温度作为其冻害指标,也可看作该品种抗寒力的参考指标,主要由遗传特性决定,但田间实际耐寒力还与抗寒锻炼、苗情壮弱、养分状况等有关。

(5)防御冻害的对策

①选用适度抗寒的丰产品种,适时播种,培育壮苗;②选择冷空气难进易出或背风向阳的地段种植经济作物;③采取地膜覆盖、风障、营建防护林等调节农田小气候的技术。

3. 霜冻

(1)霜冻概念及种类

霜冻是植物在接近0℃的0℃以下低温时体内冻结而产生的伤害。与冻害不同之点是霜冻发生在作物活跃生长期间,而冻害发生在作物越冬休眠或缓慢生长期间。我国的霜冻大多发生在春季作物生长初期和秋季作物生长末期,分别称为春霜冻和秋霜冻,其中春季末次霜冻和秋季初次霜冻分别称为终霜冻和初霜冻,其危害最大。华南冬季仍是作物活跃生长期,强寒潮南下可发生霜冻;高海拔地区的夏季也可发生霜冻,这两类地区都无所谓初霜冻还是终霜冻。

按照霜冻形成的天气条件可分为平流型霜冻(风霜)、辐射型霜冻(静霜)和混合型霜冻。平流型霜冻是由强冷空气入侵剧烈降温引起的,以迎风面为最严重;辐射型是在冷高压控制之下地面和作物表面夜间强烈辐射降温形成的,通常无风或风力微弱;生产上最常见的是混合型,即在强冷空气入侵降温过后,傍晚风停转晴,夜间强烈辐射进一步降温形成。

空气湿润时发生霜冻,常在地面物体上看到白色冰晶,称为“白霜”。北方春秋空气干燥,发生霜冻时往往水汽不足,不出现白霜,但地面或作物表面温度同样可降到0℃以下,仍然形成伤害,农民称为“黑霜”。由于形成白霜时水汽凝华成冰晶要放出热量,冰霜还有隔热作用,所以出现“黑霜”的危害通常要比“白霜”更大。有时空气和地表特别干燥,夜空特别晴朗又完全静风,最低气温与地面最低温度相差很大,可达到8～9℃,所以在最低气温4～5℃时植物表面就可能发生霜冻。

(2)我国的霜冻灾情

我国的霜冻灾害较重与大陆性季风气候年际变化大有关。霜冻灾害一般是北方重于南方，山区重于平原，内陆重于沿海。1953 年和 1954 年 4 月中旬，北方冬麦区连续发生大范围晚霜冻害，最低气温 −5～−1℃，受冻面积 600 多万 hm^2，占当年全国受灾面积的 25%，华北小麦平均减产超过 20%。1995 年和 2003 年春季黄河流域也发生了较重的霜冻。

(3)霜冻发生的时间和地区分布

纬度和海拔高度越高，春霜冻结束越迟，秋霜冻开始越早。长城以北春霜冻在 4 月中旬到 5 月中下旬结束，秋霜冻 9 月上旬至 10 月上旬开始，无霜期不到 180d。黄淮流域春霜冻 3 月中旬到 4 月上中旬结束，秋霜冻 10 月中旬到 11 月上旬开始，无霜期 180～250 d。长江流域春霜冻 2 月下旬到 3 月中旬结束，秋霜冻 11 月下旬到 12 月上旬出现，无霜期 250～300 d。华南无明显霜期，青藏高原的高海拔地区无明显的无霜期。

(4)霜冻的危害机理

霜冻对植物的危害实质是组织中的水溶液结冰。喜温作物遇 0℃以下低温常发生细胞原生质直接结冰导致死亡。耐寒作物在降温时原生质脱水至胞间结冰，原生质保持过冷却状态而不结冰。但降温特别强烈时胞间冰晶可造成细胞的机械损伤，或脱水过多使原生质浓度过大而使细胞内的三磷腺苷合成受阻甚至中毒死亡。霜冻后如急剧升温，细胞间隙中的冰晶迅速融化和蒸发，可导致植株失水萎蔫。如缓慢升温，水分可逐渐渗回细胞内而恢复膨压。当植株表面存在较多的冰核活性细菌时，可作为冻结核使冰点提高，更易受到霜冻害。

(5)霜冻的防御对策

①选用耐寒作物和品种；②促进作物抗寒锻炼，培育壮苗，提高植株抗寒力；③选择背风向阳避冻地形，营造防护林和风障；④采取暂时改善局地小气候的措施；⑤抑制冰核活性细菌，降低结冰温度；⑥合理安排播期和栽期，使敏感期避开霜冻。

4. 热害

(1)热浪

热浪使人畜中暑，畜禽产生应激反应，生产力下降。我国夏季最炎热地区是新疆吐鲁番盆地，有“火洲”之称，7 月平均气温 32.4℃，平均最高气温 39.9℃，极端最高气温达 47.6℃，全年 35℃以上酷热天数平均 98.4 d，其中 40℃以上 37.3 d。但由于空气干燥，夜晚有山谷风调剂，并不感到太难熬。对人畜危害最大的是长江流域的夏季，在副热带高压持续控制下天气湿热，7 月平均气温在 28℃以上，平均最高达 34℃以上，尤其是江南丘陵，历史上多次发生热浪天气下人畜中暑死亡的事件。炎热天气还使畜禽食欲下降,呼吸急促,养分消耗大,即使不生病,生产力也会明显下降,特别是奶牛产奶量和品质都明显下降。

(2)干热风

干热风是一种复合灾害,包括高温、低湿和风三个因子,但主导因子是热,其次是干,因此也可归入热害之列。干热风是北方小麦生产的重大灾害之一,又称“火风”,多发生在 5—7 月,轻者灌浆速度下降,粒重降低,重者提前枯死,麦粒瘦瘪,严重减产。1964 年陕西关中地区小麦受干热风危害减产 35%;1975 年甘肃武威和张掖地区春小麦因干热风千粒重下降 8～10g;1982 年北方麦区受害 1400 万 hm^2,占播种面积的 71%,减产 18.4 亿～36.8 亿 kg。

干热风按其强度可分为轻、重两级,北方麦区的具体划分指标如表 8.2 所示。

表 8.2　我国北方麦区干热风指标

麦类	区域	轻干热风			重干热风		
		T_m	R_{14}	V_{14}	T_m	R_{14}	V_{14}
冬麦	平原	≥32	≤30	≥2	≥35	≤25	≥3
	旱塬	≥30	≤30	≥3	≥33	≤25	≥4
春麦	河套	≥32	≤30	≥2	≥34	≤25	≥4
	河西	≥32	≤30	不定	≥35	≤25	不定
冬春麦	新疆	≥34	≤25	≥3	≥36	≤20	≥3

注:T_m 为日最高气温(℃),R_{14} 为 14 时空气相对湿度(%),V_{14} 为 14 时风速(m/s)。

气流越过山脉下沉时绝热增温降湿形成的“焚风”实际也是一种干热风。但有人将雨后暴热枯熟型作为干热风的一种类型是不科学的。因雨后枯熟通常空气并不干燥,一般也不刮风,其危害机制并非蒸腾过度,而是根系突然死亡丧失蒸腾能力,属另一类型的热害。

中国小麦干热风危害最严重的地区是西北靠近沙漠而海拔又不高的垦区,如甘肃河西走廊西部、南疆东部、北疆准噶尔盆地南缘等。其次是黄淮平原,特别是太行山东麓。南方和高海拔、高纬度地区小麦灌浆期已进入雨季,干热风很少发生。

(3)高温逼熟或早衰

单纯的高温可造成生育期缩短,穗形或果实变小,产量下降,北方小麦和南方早稻都很常见,高温还可灼伤早稻颖壳。还可因呼吸强烈,养分消耗过多而早衰感病,如北方初夏高温常造成番茄早衰。冬小麦过早播种或播后遇 18℃以上温度会发生徒长,叶片细长,分蘖节入土浅,越冬极易遭受冻害。高温超过适宜温度还可能抑制植物生长发育,使生育期延迟。

(4)伤热烂菜烂果

蔬菜水果贮藏中温度过高会导致呼吸旺盛、有害物质积累、烂果烂菜，如冬贮大白菜在气温持续 5℃以上就会掉帮，时间长了还会烂心。

(5)热害的防御对策

①选用耐热作物和品种，利用附近高海拔山区建立淡季蔬菜基地；②通过浇水、覆盖、遮阴等措施降低局部气温；③植树造林改善生态环境，缩小温度日变幅；④喷洒植物生长调节剂，提高耐热性，促进恢复生长。

四、气流异常导致的气象灾害

1. 大风

(1)大风指标和时空分布

风力在 6 级以上就可对作物产生危害，中央气象台规定瞬时风速≥17.2 m/s(8 级)，称为一个大风日。我国各地 8 级以上大风天数大多在 5～50 d，总的趋势是北方多于南方，沿海多于内陆，高山隘口多于盆地河谷。东北、华北、西北和青藏高原为 10～75 d，西南、华南和长江流域为 3～25 d。全国大风天数最多的地区是青藏高原、中蒙边境地区和新疆西北部、沿海及近海岛屿，尤其是台湾海峡、东北松辽平原。高山上的大风日数一般都在 100 d 以上，如五台山 189 d，泰山 133 d，新疆北部的阿拉山口为 166 d。

我国绝大多数地区春季大风多于冬季，夏季最少，秋季与冬季相近。瞬时最大风速除高山隘口和龙卷风以外，只有中蒙边境和沿海出现过 40 m/s 以上的风速。东南沿海风力大主要是受台风影响，超强台风中心附近的最大风速甚至可达 73 m/s。

(2)大风的成因

沿海夏秋大风主要是台风造成，冬春大风主要是气旋和寒潮造成。除台风和龙卷风外，冷锋后的强冷空气活动、高压后部的偏南大风、温带气旋发展加深是形成大风的主要原因。

(3)大风的危害

大风对农业的直接危害包括风蚀、机械损伤、吹散吹跑畜群、破坏农业设施、加剧蒸腾失水、加重冻害等。大风的间接危害还包括土地沙化、伴随沙尘暴等。

(4)大风的减灾对策

①营造防风林带和风障；②牧区注意选择避风场所，看住头畜，沿海渔船及时回港避风；③临时加固大棚等农业设施；④种植抗风作物品种，苗期促进根系和茎秆发育，提高抗风能力；⑤加强对大风的监测和预报，及早采取预防措施。

2. 沙尘天气

(1)沙尘天气及其起因

沙尘天气是大风造成的一种恶劣天气,能埋没农作物,产生机械损伤或污染农产品,沙尘天气还侵蚀土壤,使土壤肥力下降。沙尘天气分为浮尘、扬沙、沙尘暴、强沙尘暴和特强沙尘暴。

沙尘天气的发生必须具备四个条件:有沙源地;足够强而持续的风力,能把沙尘吹到空中;大气低层结构不稳定;大风所经地区少雨,土质干燥疏松沙尘含量大。

(2)沙尘天气的时空分布

中国干旱半干旱地区经常发生,以春季居多,这时空气和土地干燥,低层空气又不稳定,尤其冷锋后的大风可把大量沙尘卷入空中。如果接连有几条冷锋经过,不断把沙尘扬向空中,可形成严重的沙尘天气。沙尘天气最强地区在中蒙边境,年沙尘天气日数达 75~150 d。大兴安岭以西,阴山以北,贺兰山以西年沙尘天气日数 125 d 以上。

由于沙粒的比重大,只能近地跃迁运动,沙尘暴大多发生在靠近沙漠的地区,移到内地时只是尘暴。但强冷空气也可卷起本地区的地面沙尘而形成以尘为主的沙尘暴。

(3)沙尘暴的危害

沙尘暴中的特强沙尘暴俗称"黑风暴",是西北地区的严重灾害。1993 年 5 月 4—6 日席卷新疆、甘肃、宁夏、青海的沙尘暴是 1949 年以来最严重的一次,波及 110 万 hm^2,1200 多万人口的地区。黑风暴到来时沙墙高数百米,遮天蔽日,风力 9~12 级,毁坏农田 3.8 万 hm^2,死亡 85 人,失踪 31 人,伤 264 人,大多是中小学生被刮到水渠、水井和水塘淹死或沙埋的。受灾农田 87 万 hm^2,绝收或严重减产 11 万 hm^2,受灾果树 2 万 hm^2。受灾牲畜 73 万头,死亡和失踪 12 万头。沙埋渠系 2000km 以上,毁房 4412 间,大批畜棚倒塌。灾情最重的甘肃省有 3389 个温室和大棚被毁,2.4 万只羊和 6500 头大牲畜失踪。这次黑风暴的直接经济损失 7.25 亿元,土地退化等生态灾变及社会影响等间接损失难以估量。苏联在 20 世纪 60 年代,美国在 20 世纪 30 年代也发生过严重的黑风暴。

(4)沙尘的防御

最重要的是增加地面植被覆盖。草原应防止超载过牧,农牧过渡带应防止滥垦,北方干旱半干旱地区要营造林草防护带。包兰铁路穿越腾格里沙漠的宁夏沙坡头段由于固沙工程和防护林草发挥作用,在 1993 年 5 月的特大沙尘暴中完好无损。美国 1934 年黑风暴后制定了水土保持法,生态环境已有明显改善。中国自 2000 年以后加强了沙区和农牧交错带的生态治理,风沙危害加剧的态势已得到初步扭转。

五、光照异常引发的气象灾害

1. 日灼或日烧病

日灼指夏季强烈的太阳辐射使果实或果菜表面灼伤形成斑痕而品质下降。果树枝条在夏季强烈日晒可损害皮层。日烧病指隆冬或早春的早晨当太阳高度角较低时，果树和林木主干或大枝条的向阳面温度急剧升高到0℃以上，使休眠状态的细胞解冻。夜晚树体又急剧降温到0℃以下使细胞重新结冰，如此反复冻融，可导致南侧树皮的皮层细胞死亡，表面产生红紫色块状或长条形灼斑。严重时导致树皮脱落，发生病害直至树干腐烂。冬季日烧病通常伴随冻害发生。覆盖遮阴、促进树冠发育自遮也可减轻夏季日灼，树干涂白反射阳光可防御日烧病。

2. 阴害

指持续阴天光照不足导致光合作用下降，养分积累不足，茎秆细弱易倒折，授粉不良，病害蔓延等。种植密度过大或间套作两茬作物间调节不当都可人为造成群体内光照不足产生阴害。目前对阴害尚无有效的防御办法，在日照明显偏少地区应适当安排种植耐阴作物，日光温室遇连阴天要加强夜间覆盖保温或进行人工加温，在温室后墙和地面设置反光物质可改善室内光照。光助剂可将部分红外线转化为可见光。

3. 紫外辐射增加的危害

工业和制冷器的氯氟烃类物质大量排放导致大气中 O_3 含量下降，形成 O_3 层空洞，使到达地面的紫外辐射增强，可能导致灾难性的后果，如，诱发人畜皮癌增多并抑制畜禽生长，对水稻、大豆等多种作物的生长发育有明显抑制作用，使产量降低。

第三节　农业气候相似理论及其应用

一、气候相似理论

1. 气候相似理论的产生

气候相似理论是人类在农业生产与农业科学试验的实践中，为寻找生物引种驯化的规律而提出的。20世纪初，德国著名林学家迈耶尔（Mayer）在研究树木引种时首先提出气候相似理论。他认为木本植物引种成功的最大可能性，要看原产地气候条件是否与引种地的气候条件相似。他采用以温度为主的几个气候指标，用代表温度条件的野生指示植物把北半球划分成平行的6个林带，认为在这些林带内迁移林木应该没有什么困难。

迈耶尔在强调气候相似理论的同时,却忽视了生物本身的适应性与变异性,低估了林木的变异性和可能发展的一面。由于他所采用的指标主要强调温度条件且过分简单,结果到20世纪30年代气候相似理论几乎被全盘否定。

1923—1931苏联植物地理学家瓦维洛夫组织了空前规模的全球考察,搜集了各大洲近60个国家的数万份品种材料,在进行详细比较分析后,于1935年发表了《主要栽培植物的世界起源中心》一文,提出主要栽培植物起源中心学说。根据遗传变异性的同源系列规律提出世界栽培植物的八大起源中心。他认为引种某一植物时,要判断它的生态适应性如何,应该查明它的地理分布,即可决定它的适栽区,这是以物种地理分布为基础的植物地理中心论。瓦维洛夫的研究证明了生物引种驯化过程是一个复杂过程。他列举一些反例来说明气候相似理论的不完备性,并提出引种驯化活动必须通过直接的试验。例如,热带、亚热带草本植物通过幼苗培育可栽种到极地附近;有些品种现在生长在干燥地区,但在湿润地区却比原产地表现得更好等等。这些观点对于科学指导引种有重大意义,但又过分强调直接试验,不但极大增加了引种试验的成本,而且导致引种驯化活动被认为是无规律可循,处于更加盲目的境地。

生产实践中,凡生长发育良好,产量与品质优秀的品种,一定是适应它现存生态环境的。对引种来说,可以不用追究它的最原始产地,把现在适产地的优良品种引种到与其气候相似的地方是最容易成功的。实践证明,物种在自然条件下是符合这一规律的。但由于物种的自然迁移、人工迁移、冰川活动等的被迫迁移以及物种基因突变和变异等复杂原因,有时可导致某些物种在引种时出现相反情况。

将某一地方物种引到与现产地气候环境相似的地方,成功的可能性最大。这就是农业气候相似理论。反之,将某一地方物种引种到与现产地气候环境极不相似的地方一定不会成功,这一论点也是不成立的。

2. 农业气候相似理论的发展

第二次世界大战以后,美国要向世界各地投放良种。究竟把什么种子投放什么地方最有效、最容易成功,并能最大限度地减少浪费?对此,美国生态学家诺顿逊(Nuttonson)又开始重新认识气候相似理论对于引种的重大指导意义。1947—1961年,他以北美洲为标准,研究世界上其他地方与北美洲哪些地方的农业气候相似,然后标在那个国家的地图上,并附有对照表。通过查看地图及对照表即可查出与北美洲某个地方农业气候相似的地方。

1972年苏联生态学家戈利别尔格根据农业生态学取得重要成就,按已知作物生长可能性的农业气候指标(如积温、干燥度等)来寻找农业气候相似区,并用影响作物的主要因素进行分析,对多年生和冬作物考虑生长期和越冬期,对一年生作物则只考虑生长期内的气候条件。再根据一些用来判定光、热、水条件在世界各地的分布状况的指标及鉴定世界各地秋播作物、果树和亚热带作物越冬条件的主要农业气候指标的等值线分布图，编制了世界农业气候相似图集。

这种采用某种作物和农事生产活动所需农业气候指标来划分农业气候相似区的方法称为农业气候相似分析。它既考虑了生物环境条件、又考虑了作物和农事生产活动本身对环境的要求，对引种驯化活动具有更进一步的指导作用。

各种生物对气候条件的要求不同，不同地域影响生物生长发育的关键时期和主导因素也不同。生物气候相似是针对某种生物，以其本身对气候环境的要求，根据生物体本身的适应性与变异性所决定的各种气候要素的阈值与气候环境所提供条件的吻合程度来衡量其相似程度。

两地生物气候相似程度不仅要求考察气候要素的年平均值、年总量或生长季总量，而且要考虑各要素的年内分配或生育时段内的时间分布。这要求在深入了解某一具体生物的特性、对气候环境的要求与适宜界限值、关键时期主导因素的阈值和生物生育期内主要气候因素的时间分布状况的前提下，进行相似比较和计算。

同一作物在不同地区生长发育进程不同。棉花生产中收花期的气候条件对产量和品质有重要影响，世界各地棉花收花期不同空间对应着不同时间。因此，进行农业气候条件比较时，不能简单地比较年内同时段气候条件，而应该选择比较作物生长关键期的关键气候因子。

二、农业气候相似程度判断

1. 相似距的提出

利用地图和气候资料直接比较分析以及利用各农业气候指标的等值线图进行相似性比较和相似区域划分，存在许多不足之处：①相似程度的无法定量表示；②各地之间相似程度大小无定量排序；③不能充分考虑各要素的综合情况以便给出一个综合各因素的相似指标和度量；④等值线的相似图只能反映水平变化和海陆差异，未能反映垂直变化和其他下垫面的不同。因此，为表达各地之间相似程度的度量问题，采用空间距离定量地比较各地气候或农业气候条件的相似程度。

将某个地方的每一种气候、农业气候因素作为一维空间，m 种要素即有 m 维空间，世界上每一个地方作为 m 维空间上的一个点，计算世界上任意两个地方相似距离，就相当于计算这 m 维空间上两个空间点之间的距离。这样，各地气候或农业气候相似程度就可以用空间相似距离（以下简称相似距）来衡量。相似距越小，表示两地间相似程度越大；相似距越大，则两地间相似程度越小。将相似距以任一点为中心排序，即可得出世界各地对该中心相似程度大小的顺序。

2. 农业气候相似距的计算

首先,根据研究对象选取影响生物生长发育的关键时期的 m 个关键因子,在研究区域选择 n 个站点作为 m 维空间上的点,形成样本集:

	A_1	A_2	…	A_j	…	A_n
p_1	X_{11}	X_{12}	…	X_{1j}	…	X_{1n}
p_2	X_{21}	X_{22}	…	X_{2j}	…	X_{2n}
…	…	…	…	…	…	…
p_k	X_{k1}	X_{k2}	…	X_{kj}	…	X_{kn}
…	…	…	…	…	…	…
p_m	X_{m1}	X_{m2}	…	X_{mj}	…	X_{mn}

其中,$A_j(j=1,2,\cdots,n)$为空间各点,$p_k(k=1,2,\cdots,m)$为各种农业气候要素。

其次,在气象要素中,各要素单位不同,平均值和标准差也不同。为使它们能在同一水平上进行比较,常使用标准化处理方法,使它们变成同一水平的无量纲的变量。标准化处理如下:

$$X'_{kj} = \frac{X_{kj} - \overline{X}_k}{\sigma_k} \tag{8.10}$$

$$\overline{X}_k = \frac{1}{n}\sum_{j=1}^{n} X_{kj} \tag{8.11}$$

式(8.10)中:$\overline{X}_k$ 为第 k 个要素的平均值,σ_k 为第 k 个要素的标准差。

$$\sigma_k = \sqrt{\frac{1}{n}\sum_{j=1}^{n}(X_{kj} - \overline{X}_k)^2} \tag{8.12}$$

从而得到变量经标准化处理后的样本集:

	A_1	A_2	…	A_j	…	A_n
p_1	X'_{11}	X'_{12}	…	X'_{1j}	…	X'_{1n}
p_2	X'_{21}	X'_{22}	…	X'_{2j}	…	X'_{2n}
…	…	…	…	…	…	…
p_k	X'_{k1}	X'_{k2}	…	X'_{kj}	…	X'_{kn}
…	…	…	…	…	…	…
p_m	X'_{m1}	X'_{m2}	…	X'_{mj}	…	X'_{mn}

最后，计算 m 维空间任意两点的欧氏相似距为：

$$d_{ij} = \sqrt{\sum_{k=1}^{n} (X'_{kj} - X'_{jk})^2} \tag{8.13}$$

由于各气候因子在农业生产中所起的作用不同，假设第 k 个气候要素的影响权重为 W_k，相应地，相似距公式修正为：

$$d_{ij} = \sqrt{\sum_{k=1}^{n} [W_k \cdot (X'_{ik} - X'_{jk})^2]} \tag{8.14}$$

式(8.14)就是农业气候相似距的计算公式。式(8.14)中，$\sum_{k=1}^{n} W_k = 1$，d_{ij} 为 i、j 两地农业气候相似距。

3. 相似程度的判断

当 $d_{ij} < 1.0$ 时，认为两地农业气候条件相似，是生物引种的适宜和次适宜地区；当 $d_{ij} \geqslant 1.0$ 时，认为两地农业气候条件不相似，是引种的不适宜地区。同时，在农业气候相似的地区，按照 d_{ij} 的大小，把相似程度分为四个等级(表 8.3)：一级相似地区，作物种类、种植制度及主要生育期基本相同，可作为直接引种地区；二级相似地区，作物种类、种植制度基本相同，主要生育期有所差异；三级相似地区，作物种类大体相同，种植制度及主要生育期不尽相同；四级相似地区，作物种类大体相同，种植制度及主要生育期差异较大。一般地，二、三、四级相似地区可作为间接引种或驯化地区。

表 8.3　农业气候相似距与引种适宜程度对照表

相似距离(d_{ij})	相似级别	相似程度	引种适宜程度
$0.0 \leqslant d_{ij} < 0.3$	一级	高	适宜，直接引种，重点引种区
$0.3 \leqslant d_{ij} < 0.5$	二级	较高	适宜，引种重点参考区
$0.5 \leqslant d_{ij} < 0.7$	三级	较低	次适宜，考虑引种和驯化区
$0.7 \leqslant d_{ij} < 1.0$	四级	低	次适宜，间接引种和驯化区
$d_{ij} \geqslant 1.0$		不相似	不适宜，慎重考虑引种

三、农业气候相似理论的应用领域

农业气候相似理论在生物引种的实践中产生和发展，随着社会的发展，它已不仅仅局限在这一方面，其应用正向更广更深的领域拓展。

1. 动植物的科学引种

为优化农业生产结构，常需要异地引种高产优质的生物品种。引种前运用农业气候相似理论，科学地分析哪些地方成功的可能性大，先在这些地方试种，成功后再扩大种植面积,就可以减少人力、物力的浪费,成功的把握性更大,并能缩短培育和驯化过程。

通过比较中国太行山区与日本甜柿主产区的农业气候相似距离(表8.4),认为保定、石家庄、邢台和邯郸等引种区具有与福岛、东京、和歌山和福冈等地的甜柿生产相似的气候条件,相似级别为二至四级。其中,以石家庄和邯郸与福岛的相似程度最高,而以保定与福冈的相似程度最差,几乎接近不相似。因此,太行山区应以引种福岛主栽品种为宜。实践证明与理论分析是一致的,说明农业气候相似理论可以为科学引种提供依据。

表8.4　引种区与日本甜柿主产区农业气候相似距

	福岛	东京	和歌山	福冈
保定	0.71	0.81	0.96	0.99
石家庄	0.31	0.53	0.85	0.89
邢台	0.43	0.59	0.83	0.90
邯郸	0.32	0.42	0.52	0.66

引种实践中,有许多盲目引种而失败的实例。中国曾有人将美国明尼苏达州的玉米引种到北京,几年都得不到成功。俄国曾从英国引进一些早熟肉用品种绵羊,因两地气候差异太大,这些羊在俄国极为不适应,成年羊死亡率达12%~30%,羔羊死亡率高达76%,存活下来的羊也因发育不良丧失了原有的肉用体型和早熟性。

根据生物气候相似原理去寻找引种源地,可使引种成功率有所提高。当然,也有不少作物的适应性较为广泛,如瑞典的一个燕麦品种"征服(Conguest)"对很不相似的气候和土壤条件都能适应,在西伯利亚西部和乌克兰都引种成功。有些在热带和亚热带原产的草本、花卉植物,一直可栽种到北冰洋。而中国引种南美巴拉圭高寒地区生长的甜菊,北起黑龙江、南到广东、东起山东即墨、西到新疆塔城,均有引种成功实例,可见它的适应性极为广泛,尽管如此,它还是存在最适宜的种植区域即长江中下游、中国东部、南部沿海高温、多湿、日照短的地区。

总之,大多数生物对于环境具有一定的要求,满足不了这些必要条件就无法生存或生长不好。研究生物气候相似,对引种驯化有着重大的意义。

2. 气候区划和农业气候区划

随着生产力的发展,区域化的范围不断扩大,专业化程度不断提高。农业发达的美国、法国、澳大利亚都有著名的作物带。中国农业与发达国家相比,农产品自给比重大,商品率低,科技水平低,抗灾能力差。加上各地地形、气候、水文、土壤和社会经济发展水平的差异也比美国等发达国家大得多,因此,目前中国还不能像美国、法国那样同种作物种植高度集中，但也要向适当集中的方向发展，逐步建立“一业为主，多种经营”的农业生产结构。根据中国国内各地、中国与世界各地农业气候相似程度和农业生态适应性，以最优化理论和方法，在比较中寻求最优方案，优化区域布局，为合理利用和挖掘当地气候资源、土地资源、水资源和生物资源以便形成专业化、区域化提供科学依据。

在农业气候相似的同一类型地区，同一种作物在不同地方的产量均不相同。例如，中国黑龙江省的牡丹江、海伦，吉林省的敦化、延吉、通河一带与加拿大的多伦多相似距为 0.267，与美国明尼苏达州的德卢斯相似距为 0.249，这些相似较好的地方都是生产大豆、玉米的著名地方。加拿大全国大豆单产为 2250 kg/hm^2，美国为 1725 kg/hm^2，而中国黑龙江省全省大豆平均单产为 1350 kg/hm^2，吉林省为 1125 kg/hm^2，与美国和加拿大的差距不大；美国玉米平均单产近 6000 kg/hm^2，中国东北仅有 2250～3000 kg/hm^2，有较大差距，但也蕴含着潜力。如果将土壤条件的相似分析考虑进去，对生产潜力的估计将更为可靠。

美国有 4 个植棉区，面积 530 多万 hm^2。中亚南部和外高加索地区，植棉区共 330 多万 hm^2，但年产皮棉却超过美国，单产较高，在 900 kg/hm^2 以上。从相似距计算结果来看，中国与中亚国家产棉区相似距很小的地区不少，如中国新疆的伊宁、莎车、库车、和田、哈密、巴楚等地与哈萨克斯坦的古里耶夫相似距为 0.3 以下，与乌兹别克斯坦的克拉斯诺伏茨克相似距为 0.5 以下。中国甘肃兰州、张掖等地与哈萨克斯坦的古里耶夫、阿拉尔斯克相似距也在 0.3 以下。中国宜植棉地区比中亚国家多，其增产潜力将是十分巨大的。中国长江及华南棉区逐渐向西北转移，可以避免这些棉区阴雨连绵、落铃落蕾及病虫害严重、品质不好等问题。因此，在相似地区内，以某些局地所能达到的最高产量水平来估计低产地区的生产潜力是很可靠的办法。同时对于不相似的气候类型可用以研究产量与品质差异的气候学原因和规律。

3. 动植物检疫分析

病虫害与气候条件有密切关系，尤其是危险性病虫草害对作物和林木具有毁灭性威胁。对危险性病、虫、草害的适生地分析，划分其严重发生区、一般发生区和不发生区，以控制它们的蔓延，这是植物检疫部门一项十分重要的工作。正因为是危险性病虫草害，故必须首先依靠分析手段，而不可能在田间试验。世界范围内的气候、农业气候及生物气候相似研究为分析危险性病虫草害发生可能性提供了良好途径和手段。中国植物检疫总所已经利用各种气候相似距进行分析，收到了良好效果。

有效的植物检疫工作必须立足于科学的预见性，分析外来病虫害对中国农业生产可能潜在威胁，既要研究病虫害自身的生物学特性，也要研究外来病虫害的基础生态要求。任何危险病虫害一旦进入新区，其繁殖和发展既取决于新区与原产地生态条件的差异,也取决于外来有害生物的遗传可塑性,即对环境差异的适应能力。各种有害生物对环境条件有着不同的适应能力,有的可以广泛生存于世界各种地理气候区,有的则明显地表现出局限性。

外来有害生物从其原始栖息地进入新区时,会受到一系列环境因素和生物学因素的影响。在环境条件的各种因素中,气候条件起着主导作用。其中温度和湿度通常起着决定性作用,而温度是影响有害生物生命活动的关键。对大多数具有休眠形态的病菌,其能否存活主要取决于外界的低温条件。但病菌能否耐受夏季的高温,即能否活动和繁殖,则成为能否在新区定植的关键。例如,甜菜锈病的冬孢子虽有可能在中国东北地区的低温条件下越冬,但其夏孢子在夏季不能耐受 22℃以上的高温而停止活动和繁殖,因而就不能进行侵染。

对于某些土传病害,土温条件是病菌存活和繁殖的限制因素。例如,马铃薯癌肿病是危害马铃薯的最危险病害之一,不仅在马铃薯生长期间造成严重减产,而且在采收后的贮藏期间病害仍能继续发展,造成烂薯烂窖,引起重大损失。由于此病菌能通过病薯进行远距离传播,所以广泛分布于欧洲和美洲。据研究,土壤温度高于 30℃以上就可抑制病菌侵染和病害发生。马铃薯既是重要的粮食作物,又是重要的蔬菜和工业原料作物,查明此病在中国的适生区,无疑将会有助于对此病的有效防范。

湿度是气候诸因素中确定病害能否发展的另一关键因素。对于活动期的病菌,湿度(包括雨量、相对湿度、土壤含水量)的作用尤其明显。大多数植物病原菌需要在适宜的湿度下才能萌发。

上述情况说明,在各种有害生物发育循环的某个关键阶段,环境条件尤其是病菌对温度、湿度或光照的环境要求有时能起到决定性的作用。对有害生物适生性研究的一个主要目的就是准确确定有害生物发育循环的薄弱环节与其对气候条件的依赖性,有针对性地采取措施,达到有效防治的目的。

除气候因素外,在各地理气候区域内作物生长的土壤类别、结构和 pH 都有可能对外来有害生物的存活和发展产生一定影响。

4. 发展特种农畜产品

特殊生态环境下形成的农畜产品在产量和品质上均有一些特色。计算分析中国与世界各地气候的相似距,发现有不少地方与世界各地极不相似或相似范围很窄。在这些地方形成了中国特有的农业气候特点,产有举世闻名的珍贵特产,如温州蜜橘、广东无核黄皮、海南岛鹅蛋荔枝、湖北枇杷、山东乐陵小枣、新疆吐鲁番无核白葡萄和库尔勒香梨等特产。

有些果树和经济作物是在特殊生态环境中生长的,它的适应范围很窄,对环境要求较严。例如,荔枝曾一度引起国外许多人的兴趣,竞相引种,但它并非热带果树,在热带的低地引种均未成功或只能作为观赏树木。由于其花芽分化需要适度的低温刺激，在冬季缺少冷空气活动的地区反而不能结实或产量很低。

畜牧业情况也是如此。在中国青藏高原上的特殊生态环境下生长的牦牛，能适应海拔 3000 m 以上的高寒地区，可以在空气稀薄的高原上生活，还能在大雪覆盖的高山草地吃草，全身长有触地长的粗毛，粗毛下面长有厚厚一层绒毛，可制成高档纺织原料，其肉嫩味鲜美，有很高的食用价值。但这种牦牛在世界上的分布范围很窄。

因此，对中国一些特有生态环境下的农畜产品应当十分珍惜，这是中国特有的资源和财富，应妥善保护并发扬光大。此外，森林树种、各种经济作物、花卉等也均有中国独特之处。中国的许多野生资源，有些是极为珍贵的，我们要充分认识它的价值，不可随意破坏和廉价外流。

四、应用中要注意的问题

(1)选择作物生长关键时期的关键农业气候因子作为对比分析因子，这是引种成败的关键。影响一种作物生长、发育的气象因子是很多的，但这些因子在作物整个生长、发育过程中所起的作用是不同的，在进行农业气候相似程度分析时，一定要选择对引种作物生长发育影响最大的气候要素为对比分析因子。

(2)无论引种何种生物，都必须遵循先小面积试验，后大面积推广的原则，以确保引种成功。也为缩短大面积推广周期提供气候依据。同时，由于物种的迁移、适应、突变和变异，把适产地优良品种引到极不相似地方也不一定不成功。因此，从某种程度说，农业气候相似原理只是加快优良品种引进的进程，但并不能替代试种。

(3)大气候与小气候。区域间农业气候相似距等级计算大多以地面气象观测站观测的大气候资料为背景，而一个地区由于地形、坡向、海拔等差异，形成各具特色的多样的小气候环境。因此，要注意区分大气候与小气候的差异。

(4)防止外来生物入侵。生物气候相似，引种可以成功，但要防止外来生物入侵。轻率的引种往往会造成地方特有物种濒危和生态多样性的破坏。

(5)生物引种过程中，除了要求气候适宜还要考虑土壤适宜，不同地区土壤中的成分有着很大的差异，对生物品质影响很大。农业生产实践中，农业气候相似是成功引种不可缺少的依据，但并不是唯一的依据。

第九章　农业小气候

第一节　农业小气候特点

一、小气候

1. 基本概念

小气候指的是小范围的气候。任何一个地区内,由于其下垫面性质不同,从而在贴地气层和下垫面上层的小范围内形成一种与大气候不同特点的气候,通称小气候。小气候主要表现在个别气象要素和天气现象上的差异,如温度、空气湿度、风、降水以及某些天气现象(如霜、雾)的分布,但不影响整个天气过程。不同下垫面形成各种不同的小气候,如地形小气候、水域小气候、温室小气候、畜舍小气候、果园小气候等。

大气候决定于大地形、地理纬度、离海远近和大气环流等因素;而小气候则决定于小地形和周围自然环境状态,如地段方位、坡面倾斜度、土壤植被性质以及围绕地段有无林木、池塘、灌溉渠、建筑物等。

小气候的形成主要决定于地面对太阳辐射的吸收、近地气层的乱流运动和下垫面的热量交换。其中太阳辐射是小气候形成的热力基础,乱流交换是小气候形成的动力基础。小气候随下垫面条件改变而变化。因此,局地下垫面条件是造成各种小气候差异的根本原因,是内因。而天气条件、太阳辐射条件则是施加在这些局部地段上的外加因素,是外因。

小气候是生物活动最重要的环境,它直接影响作物的生长发育和产量、品质的形成,也影响病虫害的发生和消长。生产越发展,越需要精确研究小气候条件,充分合理地利用各地的小气候资源。目前对小气候的研究主要集中在小气候现象的形成、分布及其与人类活动、动植物生存的相互影响等方面。

2. 主要特点

与大气候相比,小气候具有范围较小、差别很大和稳定性强的特点。

"范围较小"是指小气候现象的垂直和水平空间尺度都是很小的。一般认为，它的垂直尺度大致包括整个贴地气层，约 100 m 以内，但主要还是局限在 2 m 以下的薄层内，这一层正是人类活动和动植物生存的主要空间。水平尺度可以从几毫米到几十千米或更大一些。

关于小气候的尺度，各国学者还有不同的看法。1982 年，日本学者吉野正敏根据气候尺度将气候划分为微气候、小气候、中气候和大气候四类（表 9.1），多数学者认同了中气候，但习惯将微气候和小气候统称小气候。

表 9.1　气候尺度的水平和垂直范围及其代表性的气候现象

气候尺度	地域水平范围(m)	垂直范围(m)	气候现象举例
微气候	$10^{-2} \sim 10^{2}$	$10^{-2} \sim 2\times10^{0}$	农田气候，室内气候
小气候	$10^{-1} \sim 10^{4}$	$10^{-1} \sim 10^{3}$	霜道、斜面的逆温带
中气候	$10^{3} \sim 2\times10^{5}$	$10^{0} \sim 6\times10^{3}$	城市气候，盆地气候
大气候	$(2\sim4)\times10^{5} \sim 10^{7}$	$10^{0} \sim 2\times10^{5}$	气候带、季风带

"差别很大"是指气象要素在垂直方向或水平方向上差异都很大。小气候特点反映在温度、湿度和风的梯度上，要比大气候的变化剧烈得多，在小气候范围内，温度铅直梯度有几摄氏度、几十摄氏度，甚至是几百摄氏度以上。如，沙漠地区贴地气层几毫米内，温差可达十几摄氏度或更大。南、北房间的冬季室内温度可相差 2℃ 或以上。

"稳定性强"是指小气候规律的相对稳定性。由于尺度小，小气候局地差异不易被大规模空气运动混合，于是各种小气候现象差异就比较稳定，几乎天天如此，但不同季节和天气类型略有差异。

3. *活动面和活动层*

小气候形成和变化的因素有两个，一个是辐射因素，另一个是局地平流或湍流因素，而局地平流因素是小气候形成和变化的动力基础。由小范围下垫面性质和构造不同而产生辐射收支差异形成的小气候，称为"独立小气候"。而由于受性质不同的邻近地段移来的空气影响形成的小气候，称为"非独立小气候"。当然，这也是相对而言的，因为辐射因素和局地平流因素也不是完全孤立的，而是相互影响的。在晴朗无风的天气条件下，辐射因素占主导地位，这时独立小气候表现得最为突出。此时进行观测，才能获得典型的小气候资料，掌握真正的小气候特征。而在大风、阴雨的天气条件下，辐射因素变成次要地位，平流因子变成了主导地位，这时的小气候已成为非独立的了，也有时不但没有"独立"和"非独立"的区别，小气候和大气候现象也界限不清。

由于辐射作用直接吸热和放热,从而影响其上下物质层(包括气层、土层、水层、作物层等)热状况的表面,称为活动面。活动面是一个物质面,是不同物质层的交界面,也是能量变化最急剧、水分相变最剧烈的面。对裸地,土面就是活动面;对水域,水面也是活动面;而农田,一般表现有两个活动面:一个在茎叶最密集的高度(约为 2/3 株高),一个在地面。

农田活动面与裸地不同,在作物幼苗期,土壤表面是吸收和放射辐射的主要场所,是邻近气层和土层热量变化的源地,因此,活动面即是土壤表面。此时农田小气候状况与裸地间的差异甚微。但作物封行以后,作物茎叶最密集的部位成为吸收和放射辐射的主要场所,是邻近其上的空气层和其下作物层热量变化的源地,茎叶最密集的部位称为农田外活动面。而地面成为辐射交换的次要场所,称为内活动面。此时内活动面和外活动面相比,一般内活动面是次要的。到了生育后期,茎叶枯萎脱落则以内活动面为主。

实际上,辐射能的吸收和放射、水分的蒸发和凝结等,不只是发生在一个面上,而往往发生在具有一定厚度的物质层中,这个物质层就称为活动层。砂土的活动层只有零点几毫米;作物的活动层几乎就是整个作物层;而水体的活动层则可达几米甚至几十米。

二、农业小气候

1. 基本概念

农业生物周围直接影响农业生物生长发育并且起重大作用的小尺度气候环境及其与农业生物之间通过生物学和物理学过程相互作用所形成的一种局部气候,称为农业小气候。也常指农业生物生活环境(如农田、果园、温室、畜禽舍等)和农业生产活动环境(如晒场、喷药、农产品贮运环境等)的气候。农业小气候与农业生物和农业生产有着密切的联系,其垂直尺度一般不超过 10 m,水平尺度通常为几米到几百米。

农业生物和农业生产种类繁多,分别处在不同类别的农业小气候系统之中。农业小气候系统是由众多客观实体所组成,各实体间通过各种物理过程相互联系、相互作用。根据构成农业小气候系统实体的不同,以及实体间的主要物理过程的不同,从而划分出不同类别的农业小气候系统,如农田小气候、园林小气候、保护地小气候、温室小气候、畜禽舍小气候、贮藏库小气候,以及地形小气候、水域和岸边小气候等。

2. 主要特点

虽然不同类型的农业小气候系统具有不同的农业小气候特点,但与大气候相比,农业小气候具有如下共同特点:

(1)不均匀性　系统所占空间尺度小，系统内及内外之间物质和能量交换传输速度非常小。因此，农业小气候要素的空间分布很不均匀，水平和垂直方向上均存在较大梯度。这种要素空间分布的不均匀性增加了小气候观测设计和布局的难度。

(2)复杂性　农业小气候要素随时空的变化规律，除受大气候和天气背景的影响外，还受系统内生物群体生长发育和生理活动规律、土壤(或水)的物理化学特点、围护结构特性、人工调控措施实施与人工设备工作状况等的影响。这种多因素综合影响形成了农业小气候要素时空分布和变化的复杂性。这种复杂性增加了小气候观测和研究的难度。

(3)稳定性　在各组成成分、所处的大气候与天气背景和其他外界环境不变的情况下，农业小气候系统内的小气候特征较稳定。在同样条件下，几乎总能观测到相似的农业小气候要素时空变化规律，故通常不必像大气候观测那样进行持续不断的常年观测，一般只要选择不同季节、生物不同发育阶段、典型天气状况下进行短期观测，即可确认小气候特征，这使农业小气候模式比大气候模式更容易构建。

(4)易调控性　小范围的空间尺度使得人为影响和调控小气候容易操作和掌控。在外界背景相同的情况下，为适应不同生物需求和达到不同的生产管理目标，可人为创造各种不同的农业小气候环境。

(5)生物群体主导性　生物群体在农业小气候系统的各组成成分中起主导作用，它是活的有生命的活动面和活动层。只有了解生物群体对农业小气候的要求及其反馈作用，才能深刻理解农业小气候特征及其形成，才能确定调控农业小气候的方向和方法，使之适合生物需求，以提高农产品的产量和品质，提高各种效益。

三、农业小气候的研究方法

1. 农业小气候的观测方法

农业小气候观测分为定位观测和流动观测、垂直梯度观测和水平分布观测等。这里以农田小气候观测为例，简述观测位置、观测时间和项目设置的基本方法。

农田小气候观测的目的，主要是揭示农田小气候特征，了解不同作物、不同栽培条件和不同农业技术措施所产生的不同小气候效应对作物生长发育的影响，以便进一步改善农田小气候环境，提高农业技术措施的实效。农田小气候观测不同于大气候观测，它没有长期固定的观测场地，也没有统一的观测规范，其观测内容常根据研究对象和任务来确定。

(1)农田小气候观测的一般原则

农田小气候特征不仅表现在时间的变化上，而且也反映在空间分布的特点上。因此，进行农田小气候观测时，要正确选择观测地段、观测高度和观测时间。

农田中光照、温度、湿度、风等气象要素值是通过各种气象仪器的测量取得的,这些要素值的准确性与测点的选择关系很大。因为农田小气候特征除了受下垫面性质影响外,还与植株高度、密度、品种、农业技术措施等有关。因此,测点的选择必须具有代表性和比较性。

(2)观测地段和测点的选择

农田小气候观测地段面积取决于观测目的和内容,一般在 15 m×15 m 以上,该地段要求能反映所要了解的小气候特征,且方便观测。

地段内测点分为基本观测点和辅助观测点。基本观测点设置在最有代表性的观测地段上。基本观测点的观测项目要求比较齐全,观测时间、次数比较固定,同时要观测作物的生长发育状况。为补充基本观测点资料,完善基本观测点的小气候特征,需要设置辅助观测点。辅助观测点可以不固定,观测项目和次数也可以与基本观测点不同,一般观测次数相对较少,但观测时间应基本一致。

(3)观测高度和深度的设置

由于空气温度、湿度和风等气象要素在垂直方向的分布规律随高度呈对数比例变化,所以选择观测高度不能等距离分布,一般近地面的地方观测高度密一些,远离地面的地方的高度稀一些。测点高度一般需包括 20 cm、150 cm 和 2/3 株高三个高度。20 cm 高度基本能代表贴地气层的情况,同时 20 cm 高度又是气象要素垂直变化的转折点;150 cm 高度能够代表大气候的一般情况,观测资料可和附近气象站的观测资料进行比较;2/3 株高是植株茎叶茂密的地方,代表农田植被活动层情况。

农田中风速的观测高度一般是 1/3 株高、2/3 株高和外活动面以上 1 m 高。辐射观测一般选择植株基部、2/3 株高和作物层顶。作物层顶的光照强度表示自然光强,2/3 株高的光照强度可以反映植株的主要受光情况,基部的光照强度反映作物下部的受光情况。

土壤温度的观测深度,一般在地表层布点密,而深层稀,常用地面 0 cm、地下 5 cm、10 cm、15 cm、20 cm、30 cm、50 cm 等 7 个深度。

(4)观测时间的确定

农田小气候观测不需要长时间逐日观测,一般根据观测目的可结合作物的生育期选择不同天气类型(晴天、阴天、多云)进行观测,晴天小气候效应最明显,可连续观测 3 天。观测时间应按以下原则进行选择:

①选择观测时间所测的记录,算出的平均值应尽量接近于实际的日平均值。

②一天至少应有 1～4 次的观测时间与气象台站的观测时间相同,便于比较。

③根据所选时间的观测,可表现出气象要素的日变化,其中包括最高值和最低值出现的时间;可反映出农田中气象要素的垂直分布类型,如空气温度的日射型和辐射型,空气湿度的干型和湿型等。

农业小气候观测也可采取考察路线上的不定位观测，即以流动方式进行观测。测点所在的自然环境和人为条件要详细描述。观测时间与次数应根据需要与可能条件确定，但其中必须有数次观测与邻近气象站气象观测保持同步。为消除考察过程的时间误差，对同一观测项目应在往返时各观测一次，取其平均值作为观测结果。

此外，不同测点之间以及观测点与对照点之间，除计划探讨的小气候环境外，其他自然条件如地理环境、土壤质地、作物种类和生育状况，以及农业措施等也应力求一致，使之具有可比性。

2. 平行观测法

平行观测指的是同时观测气象要素和生物要素，气象要素观测包括气候和农业小气候观测，生物要素观测包括物候现象和生物量的观测。也就是说，除对无生物的围护结构进行小气候效应的本底观测外，在进行农业小气候要素时空变化规律观测的同时，必须对生物群体进行各种必要的生物学观测，如生育期、高度、密度、光合速率、蒸腾速率、叶面积系数、干物质质量等。这样，才能从生物学和农业生产角度来评价农业小气候的生物学效应及农业经济效益，才能达到观测目的。

地理播种法的研究方法就是平行观测法，是将同一作物品种播种在不同地理区的试验点内，按统一的计划和方法进行物候与小气候的平行观测。为对比分析试验结果，要求各地理区的试验点的地形、土壤和作物栽培的农业技术措施应尽可能一致或相似。此法的优点是：①能直接鉴定不同地区的农业气候条件，为农业气候区划与作物引种提供较客观的资料和结论；②使同一作物品种在同一生育期内遇到不同的气象条件，创造了较多的对比条件，缩短了试验年限；③对比条件的差异比单点分期播种中所遇到的差异要大得多，使单点试验不能解决的农业气象问题得到了解决；④如果各地理区试验点按统一计划进行分期播种，这种地理分期播种集中了地理与分期两种播种法的优点，弥补了彼此的不足，可使试验研究更为科学。此法不足之处是各地理区试验点的地形、土壤条件难以一致，同时由于试验涉及的人数较多，掌握观测标准常有出入。这些缺点在精心选点、加强管理的条件下在一定程度上可得到克服。

3. 模型实验法

根据相似原理，将农业小气候系统按比例缩小，制成背景条件与实际系统相似的模型，在模型内安置测量农业小气候要素的传感器，综合观测系统的农业小气候特征。根据相似原理，把在模型实验中取得的数据资料再放大到实际系统中，并经过多次检验和修正后才能应用于实际。

涉及风障、防护林、障碍物阻雪积雪、土壤风蚀、水面蒸发等方面的研究，可采用动力学模型实验；对温室、畜舍和冷库等进行保温性能研究的实验，可应用热力学模型实验；对物体表面截获辐射等方面的研究，可使用辐射学与辐射几何学模型实验。

模型实验方法是从流体力学和空气动力学引用过来的,必须按照相似原理,满足实验模型与实际农业小气候系统间达到几何相似、运动相似、动力相似、物理现象相似等条件,才能将模型实验结果应用于实际。

4. 数学模拟法

运用数学方法,将农业小气候观测及生物学观测所得变量间的关系模拟为数学方程式(或方程组),从而得到各要素定量的变化规律和相互影响的结果。

农业小气候系统是相当复杂的,受人类认识和监测手段的限制,要真实准确地用数学方法定量模拟生物与环境的关系很难。在使用数学模拟方法时,应当了解数学模式的假设前提、模式中应用了哪些参数、边界条件是什么、为什么要这样设置参数、是否合理等。了解这些假设及处理与实际情况是否相符,如不完全符合,应清楚差距有多大,合理程度如何等。

数学模式一般分为机理模式、经验模式和半机理半经验模式三类。其中机理模式能否成立及价值如何,几乎完全取决于假设条件的合理程度。只有深入了解农业小气候系统各组成成分的特性及其相互关系,使假设条件接近实际,并取得足够的和可靠的观测资料,才能建立具有应用价值的经验模式。因此,建模必不可少的条件是应当具备严格、周密、完善的试验工作系统,并且该系统长期运行,准确无误地提供大量的试验观测数据。当然,建立经验模式也要求模式建立者具有丰富的实践经验,对系统中的各个过程认识得比较透彻,具有扎实的数学和计算机知识及运用这些知识的能力。半机理半经验模式兼具前两类模式的优点,一定程度上避免了它们的缺点,既接近实际、较易建立,又具有一定的普遍性,是大量建立并应用于实践的模式。

5. 大气候与农业小气候相关分析法

农业小气候观测所需仪器、设备、财务、人力和物力繁多,故而不太可能建立像大气候观测那样的农业小气候观测网。通过一定数量的大气候与农业小气候的同步监测,对监测所获得的数据进行相关分析方法,建立大气候与农业小气候特征量间定量关系的相关模式是目前常用的一种农业小气候研究方法。如根据天气、气候资料推断近地面霜冻状况和温室内的最高、最低温度等,这些模式虽然有一定实践指导作用,但仍存在不少问题和困难。首先,农业小气候系统没有统一的规格,如温室类型有多种,没有确定哪一种为标准温室,而在同一天气气候背景下不同温室中所观测的小气候特征均有所差异,所以大气候与农业小气候相关分析结果在应用中有局限性;其次,同一农业小气候系统在不同大气候天气背景下,其小气候特征也不同,这也限制了相关分析结果应用的范围;第三,这种方法要求有较足够数量的、完善的、高质量的农业小气候特征观测资料和大气候观测资料相配合。

目前，人类对农业小气候系统与外界环境间的物质和能量交换传输过程认识还不够清楚，因而不能深入地进行大气候与农业小气候相关关系的机理分析，仅依赖于统计分析结果做出的判断与推算很可能与实际情况不符。尽管如此，这种方法对于农业小气候研究成果的推广和应用具有很重要的作用。

第二节　农业小气候要素的人工调控

一、生物周围的环境

生物周围的环境是影响生物进化、生态反应和生长发育的所有外界条件的总和，因而成为农业小气候系统内人工调控的主要对象。人工饲养与栽培的动植物，生活和生长常被局限在某个环境中，生物与环境之间不断地进行物质和能量的交换传输，在生物本身得以生长发育的同时为人类提供生产产品。因此，为生物创造最佳的环境条件，以使生物良好生长发育和实现高产、优质、高效的生产目标，我们就要了解环境因素的构成及其对生物的具体影响、多个环境因子对生物生长发育的综合作用和生物生长发育所需的最佳环境因素指标等。

1. 生物与环境关系的基本定律

（1）基本环境因素的等值定律　生物生长发育所必需的基本环境因素很多，每一个因素对生命过程都是必不可少的，也是不能被其他因素替代的，这就是基本环境因素的等值定律。

（2）环境因素的不等价定律　按照各种环境因素对生物影响的重要程度，划分为基本环境因素和次要环境因素。其中，基本环境因素的影响直接且巨大，而次要环境因素则仅仅起着加强或削弱基本环境因素对生物影响的间接作用。

（3）最低限度定律（或限制因素定律）　在不改变其他条件的情况下，生物的产量、质量水平取决于处在最低限度值的基本环境因素，也就是与生物要求的适宜值相距最远的基本环境因素。例如，在干旱地区，土壤含水量是作物产量提高的限制因素；而在高纬度寒冷地区，热量条件成为限制作物栽培种类和产量提高的主要环境因素。

（4）关键时期定律　生物在某生育阶段对某一环境因素特别敏感，如环境因素的阈值超过了生物生长发育所要求的范围，则生长发育不良甚至死亡而导致减产或绝收。如小麦穗分化的药隔至四分体期是小麦对水分的敏感期，此阶段如土壤水分不足则会导致穗粒数减少，直接影响产量。

（5）最优定律（或称环境因素最佳组合定律）　只有各环境因素达成最优组合，生物生长发育状况才会最佳，农业生产潜力才能得以发挥而出现最高的生产率。

(6)生物自我调节及反馈周围环境定律　当环境条件不能满足生物生长发育的需求时,某些生物具有自我调节周围环境的本领,如蜜蜂、蚂蚁群体能够自我调控巢内温、湿度,使之维持在必需的范围内,以保证女王繁殖、卵的生长发育和群体的壮大。生物还通过反馈作用来适应周围环境,如植物根据光照条件对群体密度的调整就是对环境的反馈。

2. 人工调控的思路和原则

人工调控农业小气候的方法繁多,涉及的学科领域和知识也复杂,下面仅介绍一般的思路和方法。

(1)背景的利用和选择

对某地区而言,大气候背景是无法选择和难以调控的,只能了解其变化范围、规律、形成原因等,从而选择适宜的、经济有效的调控措施或调控设备,也就是说,需考虑在何种大气候条件下才可以使用、才能充分发挥人工调控措施或设备的效果和潜力。

在大气候背景已定的情况下,可以通过选择适宜天气和地形、水域背景,来达到调控小气候为特定生物创造适宜生活环境条件的目的。如选择背风向阳处建造畜舍、温室和在地势开阔处挖塘养鱼等。

当所有背景条件均已确定时,应考虑在充分利用背景条件、趋利避害的基础上,合理设计和选择农业小气候系统的围护结构和内部调控设备。

(2)背景条件的分析

分析农业小气候系统的背景条件(包括大气候、天气状况、地形和水域等)对农业小气候特点形成所具有的影响程度,以此为前提条件,考虑如何进行小气候的人工调控。大气候条件难以调控,只能适应和利用,因此,必须了解当地的大气候特点,以便确定适应当地气候可以引种和驯化的生物种类和品种,充分合理地利用自然气候资源。地形和水域背景虽也很难调控,但具有不同的小气候差异,农业实践中尽量选择有利的条件,达到趋利避害的目的。

对于背景所决定的当地自然气候资源本底值必须做到心中有数,在合理开发利用自然气候资源的基础上,有效地进行各种类型农业小气候的调控。

(3)确定生物环境指标

了解农业小气候系统内各种生物群体对农业小气候要素的要求、对环境的适应能力和反馈能力,并给出定量指标。

具体考虑以下几方面:分析系统内环境因素对生物影响的重要程度,区分基本环境因素和次要环境因素以及它们在不同条件下的转化;确定生物及群体生长发育对环境要素要求的最高、最低值范围和适宜值;了解限制因素和生物适应能力,找出充分满足生物生长发育要求的最佳环境因素组合指标。

(4)分析系统内物质和能量的交换传输

定性分析农业小气候系统中的自然实体、人工实体与生物群体之间的物质和能量交换传输过程,并绘制出示意图。了解系统内物质和能量的源与汇、收支变化情况,比较源与汇强度差异,确定系统内物质与能量交换传输的主要部分和次要部分,进行定性和定量的分析,确定可能建立的模拟方程。

(5)确定人工调控的具体对象

按照以上分析结果,确定影响生物群体生长发育的最重要的农业小气候要素指标及背景的不利方面,结合物质和能量交换情况,探究某种条件下某时段影响生物生长发育和产量的最主要限制因素,确定最主要限制因素为人工调控的具体对象。

(6)实施调控措施

为解除"限制",针对实际问题,采取恰当人工调控措施。具体的做法:对各种措施所需耗费的人力、物力和财力,措施能产生的各种效应(小气候效应、生态效应、社会效益和经济效益)及措施的可行性等进行实验和综合分析,确定切实可行的人工调控措施。

总之,按照生物的需求,在充分合理地利用自然资源、最大限度地发挥生物的生产潜力,不破坏和浪费自然资源的基础上所确定的人工调控措施,在实施后能够提高生物产品的产投比,最终获得较高的综合效益,才是最佳的选择。

3. 改善周围环境的基本方法

从人工调控方法的原理出发,可将改善环境的方法分为生物学控制法、化学控制法及物理学控制法三大类。

这里以农田小气候调控措施为例,介绍开放的农业小气候系统的几种人工调控方法。

(1)通过改变植物群体结构,达到改善群体通风透光条件的措施,一般有以下几种:①不同种植方式(包括不同行向、行距、株距)、不同播种方式(包括撒播、条播、宽窄行条播、方形或矩形穴播)、间套种、带田种植、垄作等;②合理密植或合理稀植,这也可归为上一种方法中,这里单独列为一类只是强调植株密度对农田小气候的作用;③对植株修剪、整枝打杈、去顶、疏叶、疏果和疏铃等,这一类多用于棉田管理措施。

(2)通过改变土壤热学性质、水文学性质、地表状况与辐射学性质等,达到主要改善土壤小气候,也改善气层小气候的目的。属于这一类的措施大致有:①灌溉:包括畦灌(沟灌)、喷灌、滴灌、渗灌等多种方式,目前国内外均向节水灌溉发展,以提高水分利用率。灌溉不仅满足了作物对水分的需求,而且对农田热量平衡、水分平衡有很大影响,从而改变土壤与近地气层的水热状况,一定程度上改善农田小气候。②耕作:包括传统的耕作方式,如深翻改土(沙掺黏或黏掺沙等)、镇压、垄作畦作、轮作休闲等以及免耕、少耕法等。在解决了较坚硬、有残余根茬覆盖农田上的播种技术和化学除草的前提下,才能进行免耕和少耕。③覆盖:尘土、沙石覆盖,杂草、枯枝落叶、秸秆覆盖、留茬覆盖、地膜覆盖、色膜覆盖,人工烟云或烟幕及其他形式的覆盖,其中以地膜覆盖应用最广泛。

(3)对农田施用化学及生物制剂,通过改变植株的形态结构、作物群体几何结构、作物表面和土壤表面辐射学特性、植物生理过程和土壤水热性质等,来改变农田小气候。例如,抗蒸腾剂可抑制气孔开闭或在叶片上形成薄膜,从而减弱蒸腾强度;还有土面增温保墒剂、土壤高分子吸水剂(保水剂)等。

(4)通过改变农田空气流动状况,影响其他农田小气候要素的措施。主要有农田防护林、风障、防风网、防沙网等。这类措施的直接目的和效果是降低风速,减弱湍流交换,减少各种灾害风(干热风、寒风、大风等)对植物的危害,而风和湍流作为输送能量和物质的动力因素,对空气温度、湿度和气体成分等有很大影响,故农田防护林等措施可起到改善农田小气候的综合效应,使作物对此效应有良好的生理反应,从而提高作物产量。

由于农田小气候系统是开放的,尽管上述调控措施已比较系统和成熟,但它们也只能在一定程度上缓和植物生长与限制因子之间的矛盾,人工调控幅度不可能很大。

这些人工调控措施也可用于种植植物群体的半封闭或封闭的农业小气候系统中。对于有围护结构的半封闭或封闭系统,设计、选择和调控围护结构等人工实体,是要根据背景条件而确定的。这种按背景条件选定围护结构的方式本身就是一种人工调控措施。背景条件叠加上围护结构(或设施)便产生设施小气候效应称为人工气候资源,是半封闭或封闭的农业小气候系统中的基底条件,若此条件在某一条件下仍不能满足生物群体的需求,则需要再选择并实施其他人工调控措施。

二、围护材料与结构的性能和作用

围护结构是用建筑物或设施将生物群体限制在一个有限空间中,与背景条件尽可能隔离开来,以便为生物群体创造一个优于背景条件的更适宜生长发育的环境。围护材料及构造方式在辐射学特性、传热学性质、吸湿性、透气性、机械抗压性能和抗腐蚀耐摩擦性能等方面影响着系统内小气候特征,人们通过调控使用材料和构造方式来改善系统小气候。选择什么材料来设计和建造围护结构是决定能否达到设计目标的关键。

1. 材料的辐射性能

材料的辐射特性主要表现在材料辐射的反射率、吸收率、透射率和发射率,材料对辐射光谱特性的影响以及遮挡辐射的性能等方面。

围护材料的选择和围护结构的辐射反射率对外表面辐射降温程度影响很大。特别是材料的反射率在保温隔热方面起着重要作用。为了隔热构成围护结构材料的外表面反射率越大越好，但如为了增温、保温则需要反射率小，而围护结构的内表面则以反射率大为好。反射率的大小一般取决于材料的种类、表面的颜色和粗糙程度等。一般地，表面颜色深的粗糙的材料，反射率小而吸收率大；反之，表面颜色浅的光滑的材料，反射率大而吸收率小。

地膜覆盖、塑料大棚、温室、畜舍和试管栽培等都要考虑透明材料的辐射透射和散光率，散光率＝透过的散射光/(透过的平行光＋透过的散射光)。表 9.2 列举几种常用材料的透射率和散光率。

表 9.2　不同材料的透射率和散光率

材料名称	材料厚度(mm)	透射率(%)	散光率(%)
透明园艺玻璃	4.00	80	0
软质透明聚乙烯薄膜(PE)	0.10	92	0
软质半透明聚乙烯薄膜(PE)	0.10	92	3
硬质透明聚氯乙烯薄膜(PVC)	0.20	91	2
硬质透明聚氯乙烯波纹板(PVC)	1.00	89	7
玻璃纤维增强聚酯波纹板(FRP)	0.70	89	16
	0.80	86	20
玻璃纤维增强丙烯酸树脂波纹板	0.80	91	53
乙烯-醋酸乙烯多功能复合膜(EVA)	0.09	92	
聚氯乙烯无滴膜(PVC)	0.10	91	
聚乙烯多功能膜(PE)	0.10	89	

注：引自张福墁(2001)的文献。

材料的任何辐射学特性均与其光谱特性有关。材料对投射到其表面的辐射具有选择性吸收、反射和透射的能力，材料对不同波长辐射选择性差异还表现在自身发射能力上。表 9.3 列出了几种透明覆盖材料的光谱特性。材料的这种辐射光谱学特性是人们调控小气候的基础。例如，对植物而言理想的透明覆盖材料应对有利于光合作用的可见光和近红外波长范围的辐射透射率高，对近紫外线和红外线范围的透射率低；对动物而言，要求材料对紫外线中危害动物生长发育的波长范围的辐射透射率为零或很小，同时材料表面对于具有热效应波长的短波辐射透过率大，而对长波辐射易透过为宜。不同种类和品种的生物群体对不同波长辐射的反应不同，人们根据这些定量指标选择适宜生物群体的材料，以满足其生长发育要求。

表 9.3　材料的光谱特性

波长	透射率(%)			
	玻璃	聚氯乙烯(PVC)	聚乙烯(PE)	醋酸乙烯(EVA)
紫外光(≤0.3 μm)	基本为零	20	55～60	介于 PVC 和 PE 之间
可见光(0.4～0.65 μm)	90	86～88	71～80	
近红外光(1.5 μm)	80	93～94	88～91	
中红外光(5 μm)	基本为零	72	85	87
远红外光(9 μm)	基本为零	40	84	35
长波区(5～30 μm)平均	基本为零	25	80	55

注:引自张福墁(2001)的文献。

2. 材料的热学性能

材料的热容、热导率和热扩散系数是表征其热特性的物理量,而从围护材料的导热机制来考虑,热导率又是最基本和最重要的。传热学中将 $\lambda<0.2$ W/(m·K)的称为绝热材料,绝热材料应具有尽可能大的传热热阻或尽可能小的传热系数。习惯上把用于控制室内热量外流的材料称为保温材料,防止室外热量进入室内的叫隔热材料,保温材料和隔热材料统称为热绝缘材料。

不同种类、组成与结构的材料,热导率差异很大。一般有机高分子材料的热导率小于无机材料;非金属材料的热导率小于金属材料;气态物质的热导率小于液态物质;液态物质的热导率小于固态物质;固体材料中一般分子结构越复杂、结晶程度越低,其热导率就越小。

绝热材料按其材质结构可分为纤维状、散粒状、微孔状和层状,其中微孔状的材料因其容重和热导率都较小而广泛应用。

从化学成分上,绝热材料可分为无机、有机、复合三大类型。无机材料具有耐久性、耐化学腐蚀性能和耐高温高湿,而有机材料则相对较差。目前,各种泡沫塑料中有不少已成为大有发展前途的新型绝热材料,铝箔等反射辐射性能较好的材料也成为有效的新材料。多种材料配合构成的复合绝热材料,如镀膜玻璃、铝箔夹心隔热膜、吸热涂层玻璃板等在实际中满足了某些特殊要求而在实际中得以应用。

3. 材料的吸湿和透湿性

材料从气态环境中吸收空气中的水汽而变潮的现象称为吸湿,材料对空气中水汽的吸收能力称为吸湿性。发生在材料与空气温度相等的情况下的吸湿过程称为等温吸湿。

当材料在一定的温湿度环境中达到平衡湿度时,以材料中水分重量占材料干重的百分比来表示平衡湿度,空气相对湿度为 100%时达到的平衡湿度称为最大吸湿湿度。不同种类材料的吸湿性不同。普通混凝土的最大吸湿湿度为 2.75%，而加气混凝土的最大吸湿湿度高达 18%。

围护材料吸湿后除了直接增加热导率和降低绝热能力外，材料吸湿后的膨胀和干燥后的缩小，还可能发生破坏性变形（如开裂和鼓胀等），导致机械抗压强度下降；有机材料吸湿后，则可能滋生微生物、昆虫等，降低材料的耐久性，缩短使用时限。这些变化影响到围护结构的保温隔热性能、机械抗压强度、耐久性和卫生状况等，降低围护结构的性能，甚至丧失使用价值。

材料的透湿现象是当材料内部存在水汽压（或气压）、湿度和温度梯度或材料内外两侧存在水汽压、湿度和温度差异时，发生在材料内部的水分迁移现象。在一定条件下材料的透湿能力称为透湿性。在温差为零的情况下的水分迁移过程称为纯湿传导，存在温差的水分迁移则称为热湿传导。围护材料中往往同时存在温差、湿差和水汽压（或气压）差，在三种驱动因素同时作用下发生的水分迁移过程是很复杂的。

当材料的含水量低于同温度下的最大吸湿湿度时，材料中所含水分呈吸附水状态（液态），这种吸附水需经过蒸发，相变为气态水后，沿水汽分压降低方向或沿热流方向扩散迁移。当材料的含水量高于同温度下的最大吸湿湿度时材料中所含水分为自由水状态，这种液态水将以毛细迁移方式，从含水量高处向低处迁移传输。

材料的透湿性同样也会导致围护结构受潮，导致围护结构内外受损，破坏适宜生物群体健康生长发育的小气候环境，威胁围护结构的寿命等。

冷凝通常分为表面冷凝和内部冷凝两种，冷凝是围护结构的一个突出隐患。冷凝造成的围护结构表面或内部变潮湿，会影响和降低围护结构的保温性能、寿命和引起霉变腐蚀等问题。

空气湿度高或表面温度低都可能产生表面冷凝，因此，防止表面冷凝可以通过保温或增温阻止表面温度下降和降低空气湿度或增加水汽扩散两种途径来调控，即保温（增温）或降湿（除湿）。围护结构的内部水分迁移和冷凝过程相对复杂，防止内部冷凝的调控也相对复杂，目前常用的方法有多种材料分层次设计、设置隔气层和设置通风间层等。

4. 围护结构的保温构造

围护结构的保温构造方式大致可分为单设保温层、封闭空气间层保温、保温与承重结合、混合型构造等四种类型。一般地，单设保温层是选用热导率小的材料专门制作的保温层，不要求其具有承重能力。这种保温层可用于外墙体和平屋顶等，由于不需要承重，因此，板块状、纤维状和松散粒状等材料都可以使用。封闭空气间层保温一般以 4～5 cm（也有认为 1～2 cm）厚为宜，单层表面应采用强反射材料（如贴铝箔并在其表面涂塑处理，以防被腐蚀等）；使用强反射遮板分隔成两个或多个空气间层，效果更佳,但应注意这类反射材料必须有足够的耐久性。保温与承重相结合的构造方式,常用的有空心砖、空心砌块、轻质实心砌块等。这种围护结构较简单,既可承重又可保温,也方便施工,如果具有足够的耐久性,则是较理想的保温构造方式。既有实体保温层,又有空气间层和承重层的外墙或屋顶结构就是综合以上几种方式的混合型构造。

保温层的位置在很大程度上影响着围护结构的使用质量。具体的设置方式可简单地分为:内保温,即保温层位于承重层内侧;外保温,即保温层位于承重层外侧;中保温,即保温层位于承重结构中间。过去墙体多采用内保温,屋顶则采用外保温,近年来也采用墙体外保温。

三、调控设备的性能和作用

在围护结构形成的小气候难以完全满足生物群体要求时,就得借用人工调控设备。所有的农业小气候要素都可以通过设备进行人工调控,其中温度较易调控,湿度较难调控,通风设备不仅可调控空气的流速流向,而且也是调控气体成分(包括水汽)和温度的主要设备(只有辐射调控与其无关),故通风设备在具有围护结构的农业小气候系统中是最重要的调控设备,尤其在养殖业中,由于辐射与光对动物的影响相对较小,而动物对环境的反馈作用又很大,故通风设备更为重要,且不可缺少。

调控设备往往配套组成一个复杂庞大的独立系统,如使用水暖的供暖系统包括锅炉、水泵、输水管道、调节阀、散热器等;照明系统包括发电、配电、输电及照明设备(各种人工光源、镇流器、灯具、照明设施、调光装置等);通风系统包括风机、网管、进风口、出风口、调节阀等。

1. 辐射调控设备

辐射调控大致可分为两方面:①直接调控辐射源,调节控制其发射辐射力的大小、方向及光谱组成等;②对接收辐射物体所获得的辐射量和辐射光谱成分的调控。

辐射调控的目的是满足群体对辐射的需求,辐射源包括自然源和人工源两种。在有围护结构的封闭和半封闭的农业小气候系统内对辐射的调控主要是调控太阳辐射和人工源辐射。对接收辐射物体所获得的辐射量和辐射光谱成分的调控包括三个方面:①调控围护结构(包括覆盖材料和透明材料选择及构造方式设计等);②调控专用辐射设备(滤光膜、反光膜、遮阳网、光导纤维等);③调控生物群体,主要是通过调控植物群体结构来改变生物群体内的辐射分布等。

(1)自然辐射的调控

自然界中存在的辐射源最主要的是太阳辐射。农业小气候系统中,主要可通过①选择合适的覆盖材料;②设计和筛选合理的围护结构的类型、构造方式和材料种类;③使用特殊有针对性的调控设备等几种方法来调控辐射,以满足生物群体对辐射的要求。

(2)人工辐射的调控

人工辐射中最重要的确实能够用于系统内调控辐射的,便是将电能转变为生理辐射(主要包括可见光及其邻近的一段紫外和红外辐射)的设备,即电辐射源(电光源),可以通过调控辐照度、辐射光谱成分和光照时间等方面实施,调控灵活方便。对电光源的调控主要包括两个方面:①根据调控目标选择合适的电光源;②对已定的电光源发射出来的辐射进行调控,包括对辐射量的分配、改变光谱成分、改变辐射方向、将辐射集中或分散等。

一般用于温室人工调光的电光源应具备以下特点:具有足够的光通量,能保证温室苗床面上的平均辐照度达到植物生长发育的需求;辐照度可调节;具有类似太阳或光合有效辐射的光谱能量分布。由于人工调光成本较高,故目前温室中仍主要在育种、引种、育苗中使用。

2. 保温调控设备

农业小气候系统内的温度调控主要包括:寒冷季节和高寒地区的保温、加温;炎热季节和低纬地区的降温隔热;系统内的恒温或变温管理;对水温、土温、基质表面或内部温度的调节等。

(1)加温

加温系统主要包括热源、输热系统和加热(散热)器。小型加温设备的体积小,三个组成部分紧密地联系在一起,都设置在农业小气候系统之中;大型加热系统的热源则多在系统之外,而将加热(散热)器放在系统之中,由输热系统(管道等)将二者连接起来。这里仅介绍加热(散热)器以及调节系统内小气候直接有关的热源等。

①加热器的种类:将高温物体的热量传输给低温物体的设备统称为加热器,也可称散热器(或取暖器或换热器)。按工作原理和操作过程,将加热器分为间壁式、混合式和回热式(蓄热式)三类。间壁式加热器最常见、应用最广泛,加热器中冷热流体被固体表面隔开,相互间无掺混,各自在相邻的空间内流动,通过第三种物质相互交换传输热量。混合式换热器则是利用冷热流体直接掺混来达到它们之间传输交换热量的目的,因此,必须使用相互掺混的流体(空气或水),而对于不能掺混的冷热流体,就不能用于混合式换热器。通过用冷热流体依序交替流过同一流道,直接接触同一换热表面,来传输交换热量的换热器,称为回热式换热器。

②加热器的配置:选择合适的加热器类型后,合理配置农业小气候系统内加热器的空间布局,有效调控系统内热量分布是人工调控气温的关键。在配置加热器前,要先完成以下三项工作:调查在自然辐射增温、自然对流增温与散热等引起的系统内的

温度分布,绘出等温线图;计算系统内所需要的热量补充量;对已有加温装置的效果进行调研。然后才可能设计出合理的加热器配置方案。配置加热器的主要目的是使系统内的温度分布均匀一致,某些情况下为了节能保证重点部位达到应有的温度指标即可。此外,在需要采光的地方应尽量避免遮挡阳光。

(2)降温

盛夏炎热季节和低纬度地区,受室外太阳辐照度和气温高的影响,当室内温度超过一定界限时,生物群体的生育就会受到不良影响,如气温超过35℃,温室内的植物无法正常生长发育;气温29℃以上,蛋鸡基本停止产蛋;气温32℃以上,鸡有中暑危险。这时只靠通风换气无法维持适宜温度,必须采取防热降温措施。农业小气候系统中常采用遮阳法、通风换气法和人工制冷法三种降温方法。这三种方法各有利弊,生产中要取长补短综合运用。

①遮阳法:遮阳法是利用不透光或透光率低的材料遮挡太阳辐射,减少进入系统内的太阳光,以维持系统内气温适宜的降温方法。遮阳法又可分:第一类是在室外屋顶之上安置可手动或自动开闭的遮阳网。该方法优点是在系统外直接减少太阳能,降温效果好;缺点是室外安置骨架需耗费钢材,并且要求整套遮阳网设备能适应室外恶劣环境,具有足够的强度和耐候性。第二类是在室内安装遮阳网,同样可减少到达生物群体上方的太阳辐射能,从而降低室内气温,不同的是由于遮阳网在室内,其吸收的太阳能会升高自身温度,成为室内热源之一。故遮阳效果主要取决于遮阳网的反射和辐射能力,反射能力越大辐射能力越小的遮阳网,自身吸收的太阳能越少,向外发射的热辐射越小,遮阳降温效果越好。第三类是在屋顶外表面喷白色遮阳涂料也可减少进入系统的太阳能,并且可以通过人工喷涂的疏密程度来调节遮阳效率,到冬季再将白色涂料清洗掉。

②通风换气法:通风换气法是将系统外的空气以自然通风或强制通风的方式,输送冷空气进入系统内,而排出系统内热空气,从而降低系统内的气温。显然,只有系统外气温低于系统内气温或从地道、山洞等气温低处强制抽取冷空气时,才能取得降温效果。

③人工制冷法:用人为方法从物体中取出能量,使它的温度降低到比环境介质更低的温度,并在所需的时间内维持这个温度的过程称为制冷,此物体称为冷源。采用动力方法,把冷源送入农业小气候系统并把系统中的热量带走,就可达到对系统防热降温的目的。实现制冷的两条途径为利用天然冷源和人工冷源。利用冰雪、地下水、地道山洞等处的冷空气等天然冷源制冷,简便易行,但受到地区、季节和气候等天然条件的限制,难以调控,且一般不能获得低于0℃的温度,故其应用范围有限。以消耗电能或其他能量为代价,使某空间内的温度降低并维持低于环境温度的方法称为人工制冷法。人工制冷最关键的一环是形成冷源,不同制冷原理可获得不同低温程

度的冷源，以适应不同行业的要求。

农业小气候系统中常使用湿帘降温系统、喷雾降温系统、蒸汽压缩制冷和热电式制冷等多种人工制冷法来降温。

3. 湿度调控设备

包括空气湿度、土壤湿度和围护材料含水量等各类介质中的水分含量(湿度)是生物生活的环境因子之一。一般地，生物适应湿度的范围较大，在一定范围的湿度变化对生物生长发育不会影响很大。如畜禽类动物能完全适应空气相对湿度40%～70%的环境，而在低于40%或高于70%的环境会感到不适但仍可忍耐。但在某些情况下，湿度的高低会严重影响生物的生长发育，如畜禽难以忍受高温下高湿的环境，这主要是因为在大于畜禽体温的高温下，蒸发散热是畜禽维持体温恒定的唯一途径，而空气中大量水汽存在阻碍畜禽体表蒸发散热，可导致体内蓄热严重，体温持续上升，最终死亡；食用菌在子实体生长阶段一般要求空气相对湿度为80%～95%，低于或高于这个范围，均会造成损失；植物对水分的需求主要是从土壤中获得，因此，要保持土壤湿度在植物忍受的范围，否则植物将因旱或涝致死；温室中的高湿和植株表面结露是引起植物病害发生的根源，因为病原菌孢子的形成、传播、发芽、侵染等均需在高湿和结露的环境中进行，而病害将大大降低植物产品的产量和品质。因此，适当调控农业小气候系统的湿度是提高农业产量和品质的有效手段之一。

在农业小气候系统内，调控湿度的方法主要包括：空气湿度的调控(除湿和加湿)；土壤湿度的调控，维持土壤湿度在各类植物各生育阶段所需的范围内；控制组成围护结构材料中的含水量低于允许值，防止出现表面冷凝和内部冷凝现象等。这里仅介绍空气的加湿和除湿。

(1)加湿

喷水室喷循环水和喷蒸汽来加湿空气是两种最常用的集中加湿空气的方法。按加湿方法可将加湿器分为加热蒸发式、喷雾蒸发式、红外式、直接喷干蒸汽(不含液态水的纯水蒸气)。

喷循环水加湿空气是利用水吸收空气显热而加速蒸发，使空气湿度增加的过程。这种喷循环水加湿空气的设备，在过渡季节可节省能源，而在冬季则存在水泵耗电，如有蒸汽源，冬季采用喷蒸汽加湿，较经济合理。

喷水蒸气加湿空气是利用外界热源将水制成蒸汽混入空气，对空气加湿的过程。这种方法的特点是节省电力，加湿迅速、均匀、稳定，不带水滴、不带细菌，设备简单、安置方便，配用适当水表，可以满足对农业小气候系统内相对湿度波动较小(±3%)的要求。只要有水蒸气源，在冬季和偏冷过渡季节可以优先采用喷水蒸气加湿空气。

电加湿也属于喷水蒸气加湿的一种，只不过电加湿中水蒸气是应用电能使水气化的专用设备供给的,且水蒸气不经较长管道输送,直接混入空气。电加湿法有电极式加湿和电热式加湿两种。

利用超声波将水雾化为微小水滴,使之在空气中蒸发,从而加湿空气的方法,称为超声波生雾加湿法。该方法雾化效果好,雾滴微细均匀,省电节能,反应灵敏,运行稳定可靠,噪声低,安置使用维护方便,使用寿命较长,且能产生相当数量的负氧离子,可广泛应用于有一定空气相对湿度要求的空调系统。缺点是一次性投入较高,对水质要求也高(多数使用软化水或去离子水)。

离心式加湿法是使水在离心力的作用下,雾化为细微雾滴,蒸发加湿空气的方法。该类型产品具有节省电能、体积小、寿命长、安装维修方便等优点,可用于较大型空调系统,但雾滴粒径较大,不能完全蒸发,需排水装置,且需使用软化水或纯水。

(2)除湿

空气除湿指的是减少或除去空气中的水汽,降低空气绝对湿度或相对湿度。首先应该有效地控制系统内的水汽源,尽量使之产生的水汽难以逸散到空气中,如在温室内用地膜覆盖土壤表面,既保存土壤水分,又控制空气湿度;在畜舍内保证动物饮用水不会渗漏,清洁粪便等用水的排污道畅通等。其次,隔绝和减少进入系统内的水汽量,如设计和建立具有良好防潮隔湿性能的围护结构,减少水汽的渗透和凝结。第三,尽可能消除或散去系统内的水汽,这需要使用调控设备。

消除或散去系统内水汽的空气除湿方法很多,有升温降湿、通风排湿、冷却(或冷冻)除湿、液体吸收除湿、固体吸收或吸附除湿、压缩除湿(或压力升降再生法除湿)和混合除湿等。

4. 通风调控设备

通风对农业小气候系统内的环境调控有直接和间接两种作用,一是直接在系统内保持一定的空气流动速度,二是间接改善系统内空气成分和状态。对生物生长发育来说,改善空气成分与状态的间接作用更加重要。

按通风动力不同将通风方式划分为自然通风和强制(机械)通风两种。自然通风是依靠系统内外的热压(差)和风压(差)作用进行通风,只能通过调节系统内外之间的通道(如天窗、地窗、进风口、出风口、烟囱等)的形状、构造和面积的大小等来调控通风量。机械通风虽然也与空气通道有关,但主要还是由风机、通风管、风扇等通风设备构成的通风系统来进行通风和确定通风量。

(1)风机

按风机作用原理,把风机分为轴流式风机、离心式风机和贯流式风机。

风机选择应考虑以下几个方面因素:①根据使用目的确定风机类型。如畜舍通风的主要目的是改善舍内气体成分,因而选用通风量大、风速小的轴轮式风机比较合适；对实验动物室，则需要对空气进行过滤净化、加热、制冷等处理后才能进入室内，使用离心式风机更合适。②根据所需通风量、风压大小确定风机功率。以系统设计最大通风量，再考虑阻力消耗求得风机应达到的风量，风机应具备一定的风压以克服系统内外压差。③考虑经济效益，根据使用风机后可得到的产投比大小来选择风机。④风机应具有防潮、防尘、防腐蚀、防锈、噪音小、震动小、坚固、可靠、耐用等性能，选择综合性能好的风机。⑤不同季节天气下，农业小气候系统内所需通风量差异大，可采取以下方法解决：安装多组风机，按温度需要开启或关闭各组风机；不多装风机，只需按温度需要调节风机转速；安装循环风机等。选择上述解决办法所需类型和数量的风机，以保证全年内能调节风量，满足系统需求。

(2)风管

通风管道简称风管，是通风系统和空调系统的重要组成部分，合理的风管设计可使通风系统的初始投资和运行的综合费用最优，提高其使用效率和技术经济性能。用做风管的材料有金属薄板，如钢板、镀锌钢板、铝及铝合金板和塑料复合钢板；非金属材料，如氯乙烯塑料板和玻璃钢等。风管断面形状主要有圆形和矩形两种。同样断面积下，圆形管强度大，周长短，耗材少，经济实惠，但占有有效空间较大，不美观，宜放在阁楼等隐蔽处。矩形风管四角存在局部涡流，同样风量下，其压力损失较大，但其弯头和三通小，容易布置，可用于明装和管道布置复杂的地点。一般情况下多采用圆形风管，但为便于和建筑配合时则采用矩形风管。此外，还有异形风管，如螺旋形风管、椭圆形风管和铝箔伸缩软管，各有其优点，广泛用于空调和通风工程。

(3)气流组织

合理布置进风口和排风口的位置和分配风量，选用相应的风口结构形式，以便用最少的投入、最小的通风量获得最佳的通风效果，这就是气流组织。气流组织是对农业小气候系统内进行空气调节的一个重要环节，它直接影响着全面通风效果和空气调节系统的使用效果，尤其是在有气温允许波动范围、有洁净度要求以及有高大空间的系统中，合理的气流组织具有更重要的作用。只有合理的气流组织，才能充分发挥进风的冷却或加热作用，均匀地消除系统内的热量或冷量，并能更有效地排除有害物质、多余的水汽和悬浮在空气中的灰尘。

在农业小气候系统中，通过风机与进风口、出风口的位置配合，选择构建合适的气流组织。气流组织方式的选择必须依照系统内生物需求，具体设计要经过精确计算和多次试验检验获得可靠结果后方可确定。

第三节 类型农业小气候及其开发利用

一、农田小气候

农田小气候是以农作物为下垫面的小气候,它是农田贴地气层和土壤上层与农作物群体之间生物学和物理学两种过程相互作用的结果。因而不同的农作物有不同的小气候特点。同一种农作物又因作物品种、种植方式、生育期、生长状况和管理措施不同,形成相应的小气候特征。

1. 农田小气候特征

(1)农田中光的分布特征

农田中因植被的存在,使进入农田的太阳辐射在植被中被多次吸收、反射、透射而减弱。太阳辐射在植被中的衰减过程基本遵循比尔-朗伯特定律。如果植被茎叶上下分布均匀,且相当稠密,并吸收全部入射辐射,此时太阳辐射在植被中的减弱过程可视为连续变化,则光能的削减可按作物群体内辐射衰减公式计算:

$$R_s = R_{so} e^{-KL}$$

式中:R_{so}为到达植被顶部的太阳辐射;R_s 为到达植被层某一高度的太阳辐射;K 为植被对太阳辐射的消光系数;L 为从植被顶部向下至某一高度的累计叶面积指数。

(2)农田中温度的分布特征

农田中的温度状况,主要决定于农田的辐射、湍流交换及蒸散耗热状况等。对于旱地禾本科作物来说,作物生长初期,因茎叶稀疏,对地面覆盖不大,这时农田对空气温度影响不大,气温的垂直分布基本与裸地相似,即白天呈日射型分布,夜间呈辐射型分布。在作物封行以后,进入植被的太阳辐射受到削弱,使到达地表的太阳辐射量大为减少,此时地温不可能太高。气温在植被中的垂直分布也发生了变化,白天植被层某一高度上出现了气温最高值,这层获得的辐射量最多,湍流交换弱,蒸腾也较小。由此向上、向下温度逐渐降低。作物生育后期,茎叶枯黄脱落、密度减小,投入株间和地面的辐射增多,湍流交换强,农田蒸散小,所以此时农田中的温度分布又和生育初期相似。对大多数叶片呈水平分布的阔叶植物,其温度分布与禾本科植物有很大的差异。白天阔叶植被表面几乎截获了全部的太阳辐射,因而最高温度出现在植被表层。由此向下温度降低。夜间植被表面冷却最甚,但水平阔叶不能阻碍植被上层的冷空气下沉,因此,最低温度出现在地面。这种温度分布特征对棉花、大豆、油菜及多种蔬菜来说具有相似的特征。

在冷季夜间,土温均随土壤深度增加而增加,呈辐射型分布,在暖季白天土温随土壤深度的增加而减少，呈日射型分布；在冷季一般只有裸地 20 cm 以上土层在白天午后较短时段内，土温垂直分布呈日射型；无论冷季还是暖节，土温垂直分布都存在早、晚过渡型。

作物层温度的一般变化规律表现为：在作物上层，白天叶温高于气温，晴天正午前后作物层温度可比气温高几度；夜间则叶温低于气温，晴朗无风的夜间作物层温度与气温差异更大。天气状况、土壤水分状况、作物种类、品种、叶片大小、形态结构和生理特性等都是影响叶气温差的因素。在阳光被遮挡的作物下层，白天作物层温度比气温略低，夜间差异不大；作物层温度与气温具有基本相同位相的日变化波动；作物层温度的日振幅一般较大；叶气温差在多云及阴天比晴天要低一些。

(3)农田中湿度的分布特征

农田中的湿度分布和变化，除决定于农田蒸散量和温度外，还与农田中的湍流交换强度有密切相关。在作物幼小、稀疏的生长初期，作物蒸腾面较小，所以土壤表面是主要的蒸发面。到了作物生长盛期，茎叶密集的活动层成为主要的蒸腾面。白天植株间空气湿度往往从表面向上逐渐减少，夜间这种减小趋势变小。由于有时夜间植被上有露、霜形成使空气中水汽减少，湿度分布呈上干、下湿型分布。作物生长后期，其湿度分布又与裸地相似。由于农田蒸散量比裸地蒸发量大，湍流交换比裸地弱，因此，同高度上农田的空气湿度不论白天和夜间都比裸地高。两者的湿度差值，白天较大，夜间较小。

(4)农田中风的分布特征

农田株间风速的分布与作物高度、密度以及栽培措施有密切关系。作物生长初期，植株幼小，这时农田中风速的垂直分布与裸地相似，风随高度的增加而增大。作物生长旺盛时期，进入农田中的风受作物的阻挡，一部分被抬升并从植冠顶部越过，风速随高度增加按指数规律增长；另一部分气流进入植被中，株间风速呈近似“S”形分布。在作物茎叶密集的部位，摩擦阻力大，风速下降较快。在植株基部风速又有所增加，出现次大值，这是因为农田外气流能通过枝叶较少的基部并深入农田，到地表附近的风速又趋于零。农田中风速的水平分布也有差异，总是自边行向里不断递减。它的大小与作物种类、播种密度、生长期等有关。

(5)农田中 CO_2 的分布特征

农田中 CO_2 浓度的大小直接影响农作物的光合强度和干物质产量的积累。因此，农田中 CO_2 的分布和变化取决于大气中 CO_2 的浓度、土壤和作物释放的 CO_2 量、作物光合作用对 CO_2 的吸收量，以及风速和天气条件。夜间(傍晚、清晨)土壤和株间都释放 CO_2，故有 CO_2 浓度随高度的增加而减小的趋势；而白天由于作物吸收 CO_2 量远大于土壤和植株的释放量，田间 CO_2 浓度减少，最低点出现在作物层的某一高度上。从清晨到下午的这段时间内，最低点有逐渐下降的趋势，这可能是由于中午以后的叶片供水不足或是气孔关闭，使光合作用减弱之故。

在作物生长季节,白天作物进行光合作用吸收大量CO_2,使农田中的CO_2浓度迅速降低,此时农田从大气中获得CO_2补充,大气是CO_2源,农田是CO_2汇。而夜间,作物因呼吸作用放出大量CO_2,并向上层大气输送,此时农田是CO_2源,大气是CO_2汇。当农田通风良好时,可使农田获得大气中CO_2的大量补充,农田中CO_2浓度保持在大气平均浓度的水平上,于是农田CO_2浓度的日变化较小。反之,通风不好(风速过小或植株过密),CO_2浓度日变化明显增大。晴天的中午可使农田CO_2浓度降至最低,甚至可使植株处于CO_2饥饿状态。

2. 农田小气候资源的开发利用

(1)农田辐射的调控和利用

影响植物群体辐射分布的主要因子有:①入射辐射的方向、辐照度和光谱成分;②植被的辐射学特性;③地表的辐射学特性;④植物群体结构。在大气候、天气、地形背景一定,农田地块一定的情况下,第①和③影响因子对群体内辐射分布的影响也一定,一般难以调控。所以对②和④因子的调控成为主要调控措施。

植被的辐射学特性,主要取决于植物种类和品种。人们除了根据作物各种类、品种的生物学选择性、丰产性、抗逆性等,选择最适宜当地生产的植物种类与品种外,还可以通过高光效育种来达到充分合理利用当地辐射资源,提高光能利用率的目的。

在①、②和③因子一定的条件下,植物群体结构成为影响群体内辐射分布的限制因子,所以通过改变植物群体结构来改善群体内的辐射状况,从而满足植物需要,提高光能利用率,已成为一条重要的高产途径。这方面人工比较容易调控,方法也相对较多,主要可从6个方面来实施:①改变种植方式,包括改变行向、行距;改变播种方式,包括条播、撒播、宽窄行播、方形或矩形穴播等,进行间作、套种、垄作、带作等。②改变种植密度,寻找各种条件下的合理密度范围。③整枝修剪、打顶、打杈、疏叶、疏果、疏铃等。④通过施肥影响叶片倾角而达到调节植物群体结构的作用。⑤使用生物制剂、化学制剂,如多效唑、矮壮素、缩节安等。⑥通过控制土壤水分改造株型,从而调控群体结构。

(2)农田温度分布特征的应用

农田作物层上方和植被内的气温、土壤表面及土层内的温度、叶面温度和作物层温度不仅具有各自的变化规律,而且这些温度间具有一定的相互关系。

一般地,作物层白天冠层温度(叶温)高于气温,夜间则相反。这一温度变化特征在某些情况下可能对作物有利,而在有些情况下则可能不利。例如,在暖季,白天叶温较高,但不超过光合作用允许的上限温度,有利于光合速率的增加,夜间则叶温较低,呼吸速率低,有利于干物质积累。但在初、终霜出现时期,夜间叶温往往低于气温,如果用气温作指标预报霜冻出现的时间,则可能错过最佳的薰烟或浇水防霜冻时间而达不到防霜冻的目的。可以认为，夜间的叶温是真正决定霜冻害发生与否及危害程度大小的关键因素。

(3)农田湿度分布特征的应用

农田空气湿度垂直分布的主要特征是自下而上递减，呈湿型分布的持续时间很长，尤其植被内空气湿度很大，这一特征与植被内的高温配合，对植物会产生不良影响。例如，高温高湿下，叶片的光合作用和蒸腾作用均受到抑制；高温高湿且风速小湍流微弱，易滋生病虫害；高温高湿下叶片与植株表面结露，为病害孢子萌发创造了必要的适宜条件等。

对叶片与植株表面结露的现象，以测定和预测结露量、露持续时间及其与病虫害发生的关系方面研究最多。例如，小麦锈病的侵染、发生、发展与结露量、露持续时间的关系，以及与农田小气候的关系等。结露重要性还表现在其他方面，如在某些干燥地区生长的地方性植物所需水分的主要来源就是露水量；重露在一段很长时间内抑制蒸腾蒸发的作用；植物直接吸收露，可能影响植物内部的水分平衡等。当农田空气湿度过大，对产量具限制作用时，可以应用各种方法改善植被内的小气候。一般空气湿度不直接对产量起作用，而往往是间接地通过植物病虫害起作用，尽管如此，应予以足够重视，及早预防。

(4)农田风速分布特征的应用

影响农田风速特征的因素主要有三方面：①自由大气中的风向、风速状况，即到达农田边界之前的气流状况；②大气层结稳定度；③植物群体状况(包括株高、密度、茎秆的软硬和弹性、株行距、叶面积指数、叶片取向等群体结构特征)。其中对自然风向、风速的调控，除建立农田防护林带、设立风障和防风网等外，还没有更好的方法，是较难控制的；影响大气层结稳定度的因素多，更难以调控；只有植物群体结构状况比较容易改变，因此，用于改善作物群体透光条件的人工调控群体结构的方法，都可以用于改善植物群体的通风状况。

(5)农田 CO_2 浓度分布特征的利用

从农田 CO_2 分布特征来看，在生长季，稠密作物群体内易出现 CO_2 亏缺现象，有可能成为作物高产的限制因子，应采取一定的措施来调节农田 CO_2 状况，满足作物群体对 CO_2 的需求。具体办法有人工增施 CO_2；利用地形、边行效应等方法在农田内形成局部空气流动，增加自然通风等。改善作物群体通风透光条件也可起到改善农田 CO_2 状况的作用。

二、温室小气候

人们利用塑料大棚、日光温室、连栋温室等农业设施发展高效农业，并广泛应用到早稻育秧、蔬菜、花卉栽培及畜禽水产养殖等领域。

1. 温室内的小气候特征

(1)辐射

由于温室的覆盖材料和结构等的影响,一般温室的光照比室外低。温室内的光和辐射状况与覆盖物的光学性质有密切关系。生产上常用的覆盖物为聚氯乙烯、聚乙烯和玻璃,它们对可见光的透过率大致相当,但对紫外线的透过率却有较大差异,聚乙烯和聚氯乙烯对紫外线有一定的透过能力,而玻璃却几乎不能透过。因而玻璃温室的作物往往植株细弱、病害较多。玻璃对红外线的透过率也很低。据测定,大于8 μm红外线全被玻璃吸收和反射而不能透过;而聚乙烯和聚氯乙烯却有相当高的透过率。夜间玻璃截留大气长波辐射的能力高于聚乙烯和聚氯乙烯,因此玻璃温室夜间的保温性能比聚乙烯和聚氯乙烯好。另外,对长波红外线的透过能力聚氯乙烯比聚乙烯小,说明夜间的保温性能前者比后者好。

温室的方位和结构可影响透光率,例如冬、春季东西长的温室比南北长的温室透光率平均提高10%左右。另外温室屋面倾角(温室顶面与地平面的夹角)对太阳辐射的反射率影响很大。当太阳入射角小于40°时,其反射率低于9%;当入射角大于40°时,反射率明显增大;入射角60°以上时太阳光几乎全反射。因此,设计合理的东西延长温室屋面倾角,使其在冬、春季太阳入射角小于40°,就可将反射率减小到10%以下,大大改善温室内的光照条件。

(2)温度

温室的通风换气状况、覆盖材料、蒸散耗热、温室比面积(物体单位体积的表面积)及室外天气等诸多因素决定着温室内的温度。大型温室的比面积小,冷却效应小;小型温室的比面积大,冷却效应大。因此,大温室的保温性能比小温室好。晴天温室内气温有明显的日变化,夜间气温平均比室外高1~4℃;阴天温室内外温差减小,且日变化不明显,说明天气条件对温室的增温效果影响很大。

温室内气温的分布很不均匀,室内各部位温差最大可达5~8℃,晴朗白天南侧比北侧温度高2~3℃,夜间南侧降温快。所以南侧温差大,光照条件好,对花卉蔬菜生长十分有利。寒冷季节,尤其是夜间,温室内的增温防冻,对作物生育至关重要。

(3)湿度

温室内的水汽主要来源于土壤蒸发和植株蒸腾。温室内由于空气湍流交换受到抑制,水汽又被阻隔,造成温室内湿度全天都高于室外,经常处于饱和或接近饱和状态。因此常使植物蒸腾作用受到抑制,植株生长柔弱,易染病害。

(4)CO_2

覆盖物的封闭作用,限制了温室内外CO_2的交换,使室内CO_2浓度的日变幅显著增大。在密闭温室内，从入夜到日出前，由于植物呼吸和土壤有机质分解，不断放出 CO_2，使室内 CO_2 浓度升到 500～1000 ppm；日出后随着作物光合作用的增强，CO_2 浓度迅速下降；从 09—10 时起直至午后，CO_2 浓度都处于最低值约 100 ppm 左右，有时甚至低于 80 ppm，几乎处于或接近 CO_2 浓度的补偿点，对作物光合作用极为不利，若作物处于缺乏 CO_2 的饥饿状态时间过长，将使作物生长衰退，根系发育不良，产量降低。

2. 人工调控措施和方法

(1)辐射调控

调控温室辐射的主要目的是提高辐射透过率和使辐射空间分布均匀，但在某些季节与条件下，可能要求降低辐射透射率，调控日照时间，尽可能使进入温室的辐射光谱成分适合植物需求。通常采用的调控方法有：

①选择合适的温室材料，设计合理的温室结构　根据当地大气候和天气背景，选择适宜的透光或不透光材料和墙体保温材料，因地制宜设计建筑类型、屋面倾角、高跨比和方位等，充分利用当地气候资源，提高小气候效应。

②提高辐射透过率　温室建成后，采取以下措施尽量减少辐射损耗，提高辐射透过率：第一，经常冲洗透明覆盖物的表面，以保持其清洁透明；第二，采用特殊用途薄膜，增加辐射透过率和改变光谱成分；第三，采用抹平涂白北墙或放置反光膜、反射镜、反光球等，增加栽培床面辐射量。

③遮光　遮光可减弱温室内的辐照度，同时也起降温作用，具体的方法有：第一，玻璃面涂白；第二，覆盖各种遮光物，如遮阳网、无纺布、遮光保温幕、苇帘等；第三，玻璃面流水可遮光 25%，降低室温 4℃。

④栽培措施　调节作物畦垄方向和株行距，以减少植株间的相互遮挡，增加作物下部受光和提高地温。

⑤人工补光　使用各种电光源进行人工补光，以弥补自然光源的不足和适应植物光周期的需求等。

(2)温度调控

温室内温度调节主要包括保温(隔热)、加温、降温和变温管理等 4 个方面。

①保温(隔热)　阻止降温或防止升温措施的本质是增加温室内外热量传输过程中的热阻，尽可能减少温室内外的热交换量。这类措施大部分具有保温与隔热双重功效。常用方法有：第一，在室外四周挖防寒沟，沟内填入杂草、谷壳等隔热物质，以减小土壤中热量的水平交换。第二，采用多层覆盖，如薄膜温室的覆盖，可用两层薄膜，薄膜之间充以空气，或在大棚内另加小棚，在地面上再加地膜，也可夜间在温室外盖上草帘等。第三，采取增加太阳辐射透光率的措施，均能起保温或增温作

用。第四,减少温室内地表的蒸散量,采用地膜下滴灌方式以增加白天土壤的储热量等。

②加温　在高纬度、高海拔地区,由于寒冷季节气温过低、太阳辐照度不足,只有对温室供热加温,才能保证温室生产的正常进行。包括空气加热和土壤加热的供热加温的方法主要有:第一,使用火墙、火炕和烟道等进行煤火加热;第二,使用煤气点火加热器和鼓风机等进行煤气加热;第三,使用电炉、电热线、红外线加热器和红外线灯管等进行电加热;第四,使用热水或热蒸汽管道和散热器加热等。

③降温　暖热季节,温室的降温也必不可少。通常可采用通风、遮阳、喷淋蒸发降温等措施进行温度调控。

④变温调控　按作物在不同时段进行生理活动所要求的温度来调控温室内的温度,使温度变化符合植物生理节奏需求,从而促进植物生长发育,提高产量和品质。

(3)湿度调控

温室内常处于湿度过高、内表面结露多、滴落沾湿植物体表的状态,因此,湿度调控的主要内容是除湿,其目的是降低空气湿度和防止作物沾湿以致感染病害。温室除湿方法可分为主动除湿和被动除湿两类。使用动力进行除湿的方式归为主动除湿,否则为被动除湿。

有些情况下需要加湿才能满足植物生长发育需求,如新扦插、嫁接的树苗需要高湿环境;冬季热风供暖下温室内空气相对湿度过低时,也需加湿。细雾加湿降温法是常见的加湿方法。

由于温室无法直接利用自然降水,因此,对温室内土壤水分的提供和调控,必须通过人工控制灌溉来实现。应从不同种类、品种植物的生长发育需要、栽培方式、温室结构、水源和动力供应情况、节水和经济效益等多方面,综合分析确定温室灌溉方法、次数、灌溉量和日期。

(4)CO_2 调控

温室调控 CO_2 浓度的主要目的是解决白天温室内 CO_2 的亏缺,主要调控方法是自然通风和强制通风,以室外空气来补充 CO_2,并在通风的同时,调节室内空气温度和湿度,但在严寒季节通风换气会降低室内温度。温室 CO_2 的亏缺十分严重,CO_2 施肥技术对温室栽培很重要,我国目前已较普遍使用这项技术,以增加作物产量和提高品质。人工施用 CO_2 的方法很多,有专门的通过燃烧燃料产生 CO_2 的 CO_2 发生器;瓶装压缩 CO_2(酿造工业、化工工业的副产品或空气分离、地下储存的 CO_2 等);用强酸(盐酸、硫酸)与碳酸盐(碳酸钙、碳酸铵、碳酸氢钙)发生化学反应生成 CO_2;干冰(固态 CO_2)施肥;发酵法;CO_2 颗粒气肥;增施有机肥;生物生态法(以食用菌或畜禽与植物共处一室,构成良性生态系统温室)等。

对温室进行 CO_2 施肥应考虑到以下几方面,并尽可能通过试验研究得到确定结果，才能达到施用目的，否则可能会适得其反。

①施用场所。以密闭性能好的现代化温室、日光温室、塑料大棚为主，针对经济效益高的植物，在少量或不进行通风换气的严寒季节、时段施用为宜。

②施用浓度。应控制在植物 CO_2 饱和点以下，具体的施用浓度应考虑植物的种类、品种、生育阶段、天气、季节、其他环境因子的状态和施用方法等因素，综合分析而定。一般以 500～1300 μL/L 为多数作物的推荐施用浓度，实际施用中按照晴天、春秋季、光强、温度高、植物光合速率大时，施用浓度宜高，反之，施用浓度宜低的原则，以达到节约肥源、优质高产的目的。

③施用时间。从理论上讲，应在植物光合作用最旺盛的生育阶段、碳水化合物库容量最大时期和一日中其余小气候要素对植物光合作用适宜而只有 CO_2 不足时段（光合作用最强时段），施用 CO_2 为最佳。按以上原则来确定施用时间，以蔬菜为例，苗期应及早施用，以便缩短苗龄、培育壮苗、提早花芽分化和提高早期产量；叶菜类定植后立即施用 CO_2；果菜类开花坐果后或根菜类根膨大速度快的时期；一日中温室内见光后 0.5～1 h 开始，通风换气之前 0.5 h 结束，下午一般停止施用；春秋季与冬季相比、偏南地区与偏北地区相比可适当提前施用。

④其余因素的配合调控。施用 CO_2 时，必须注意与其余环境因素的配合，一般考虑如下因素：光合有效辐射和温度是应考虑的主要小气候要素，在强光下施用 CO_2 增加温室内 CO_2 浓度，对提高光合速率、光能利用率更有利，故施用 CO_2 的同时也应当尽可能改善植物群体的光照条件；在光合有效辐射满足的条件下，高 CO_2 浓度下，光合作用的适宜温度值也增加，故施用 CO_2 的同时，应考虑提高室温；施用 CO_2 可提高植物光合速率，促进植物生长发育，故施用 CO_2 的同时，需适当增加水肥供应；在施用 CO_2 的同时，还应启动循环风扇使空气流动，及时补充叶面附近被消耗的 CO_2 量。此外，还要注意温室内的植物密度和生长量，对高大繁茂植物群体应适当加大 CO_2 施用量。

(5)风速调控

对温室而言，由于通风换气所引起的温室内外空气流动（动量交换）所推动的热量、质量交换，自然会改变温室内的热量平衡、质量平衡，从而改变温室小气候要素的时空分布特征，起到调控温室小气候的作用，如可降温、除湿、补充 CO_2，维持室内各要素处于适宜植物生长发育的水平；可以换入新鲜空气，排出有毒、有害气体，维持室内气体处于无毒害浓度以下。通过调控空气流动，改善温室环境，达到影响植物群体生长发育状况的目的，这是温室调控空气流动的间接目的，也是主要目的。与生长在自然条件下的植物群体相同，温室内的植物群体周围也需要维持适宜的空气流动。微风（风速 0.5～1.0 m/s）可减小叶面边界层对气体交换的阻力，及时地源源不断地补充叶片光合作用所需的 CO_2 和扩散水汽，使植物群体光合速率和蒸腾速率维持在一定水平上,从而增加植物群体的叶面积、干物重;微风可带动热量交换和质量交换,从而使温室小气候要素空间分布均匀,植物群体生育整齐茁壮,这是温室调控空气流动的直接目的。对作物温室而言,空气流动调控不如辐射调控和温度调控重要,但是对畜禽舍而言,则以空气流动调控为首,生物群体不同,它们对环境的需求不同、反馈环境的能力也不同。

温室空气流动调控主要有自然通风和强制通风两种。单栋小型温室,如日光温室和大棚,主要依靠自然通风;现代化大型连栋温室室内面积大、空间大、各小气候要素分布不均匀,对环境调控要求高,仅依靠自然通风不能满足生产要求,故还需要同时设置强制通风系统。

温室必需通风换气量是根据当地气候条件、温室使用季节、植物生长发育对环境要求等,运用能量平衡和质量平衡原理计算确定的。

自然通风系统包括通风窗(天窗、地窗和侧窗等)、开窗机构、电机、减速装置和控制器等。自然通风量的计算主要用于设计进气口、出气口的位置、面积、形状,确定各通风口开闭时间及大小等,校核已建成系统是否满足设计要求。

强制通风调控系统多采用负压排风方式,一般采用低压大流量轴流式风机,可将风机适当分组,控制不同组风机的开关,以满足各种状态下不同通风量的需求。强制通风的主要步骤为:①确定强制通风系统的基本形式和布置方案;②计算温室通风换气量和通风阻力,确定新风量;③选择并确定适用的风机;④确定气流的方式和适用范围,如确定进、出风口的构造、形状、尺寸;⑤设计送风管道的形状、尺寸及位置。

三、地形小气候

1. 地形小气候特征

农业地形小气候是指在生物生活地点的小尺度地形因素影响下所形成的气候,由于其尺度小,又最贴近生物,所以农业地形小气候不仅受地形影响,也受生物影响。

(1)坡地的小气候特征

在同一大气候区、大地形、外围地形下,由于坡向、坡度不同(以坡向为主),形成不同小气候特征。表9.4表明在北半球中纬度范围内坡地小气候的主要特征。显然,这只是坡地可照时数随坡向、坡度、季节、纬度变化的本底情况,在评价某地日照资源时,应在此基础上叠加其他因素(如云量、云状、周围地形的遮蔽等)的影响。表9.4中各方位坡地间的比较,则是在仅方位不同的一般条件下进行的。

表 9.4　坡地小气候特征

要素	分布特征
气温	1. 坡地上气温分布随各因素而变化的规律和特点，一般与坡地辐射分布类似； 2. 气候越干燥、植被越稀少、天气越晴稳、距离下垫面越近，不同方位坡地间的气温差异越明显； 3. 风速大时，减少各方位坡地间气温差异； 4. 南坡气温大于北坡气温。东坡和西坡气温介于南坡与北坡气温之间，与平地接近； 5. 晴天坡向对气温的影响最大，阴天次之，雨雪天最小； 6. 各坡地气温具体分布规律与土温一致，随距离地面高度增加各坡向坡地间的气温差异很快消失
土温	1. 基本上与太阳辐射变化规律一致； 2. 从地面至地下 30 cm 各深度日平均、最高、最低土温均以南坡最高，由南至北渐低； 3. 坡向对最高土温的影响最明显，日平均土温次之，最低土温再次，所以土温日变幅也由南向北减少； 4. 随深度增加，不同坡向间土温差异减少； 5. 冬季西坡表层最高土温高于东坡； 6. 土壤冻结深度由南向北增加，南坡霜冻概率最小，霜冻程度最轻，北坡则相反，霜冻最多、最重
空气湿度	1. 湿润气候和雨后不久的晴天下，空气湿度随坡向的变化和太阳辐射一致，南坡高于北坡，空气湿度日变幅也是南坡大于北坡； 2. 干燥气候或久晴的晴天下，与太阳辐射随坡地方位的变化相反，南坡空气湿度及其日变幅均低于北坡； 3. 大地形下与土壤湿度分布相同，向风坡高于背风坡
土壤湿度	1. 坡地方位对土壤湿度的影响正好与对太阳辐射的影响相反，冬季晴天 0～30 cm 土壤湿度南坡最低，由南至北渐增，北坡最大； 2. 其他条件相同的情况下，坡度增加土壤湿度下降； 3. 大地形的向风坡降水多，土壤湿度大；背风坡降水少，土壤湿度低
风	对小山岗而言： 1. 山顶风速最大，与风向垂直的两侧山腰次之；背风坡底部最小，向风坡底部其次； 2. 向风面风向呈发散趋势，背风面风向呈收拢趋势；背风坡中下部风向乱，甚至出现相反风向； 3. 白天南坡上的谷风比北坡强； 4. 气流过山时在向风坡被抬升，在背风坡有地形下沉作用，形成背风坡波；大气越稳定，背风坡波振幅越大，波长越短

坡地小气候的主要特征还可概括为：南向坡地接收太阳辐射较多，温度较高，冬季土壤冻结较浅，霜冻轻，但由于蒸发、蒸腾强，土壤较干燥，水分条件较差；北向坡地小气候特点基本与南向坡地相反，热力条件较差而水分情况较好；一般随着纬度的升高，南、北坡之间的小气候差异增大，且冬季的差异远大于夏季；其余坡向坡地小气候特征介于南、北坡向坡地之间。利用坡地小气候资源，在偏南坡种植喜温喜光作物，建立果园、畜舍、温室等；在偏北坡种植喜冷凉、阴生植物。

(2)凹凸地形的小气候特征

表9.5 凸出和凹下地形小气候特征

要素	凸出地形	凹下地形
日照	1. 四周无遮蔽,日照时数与水平地表同。 2. 四周有遮蔽,日照时数低于平地;若南、东、西三面遮蔽严重,则日照减少得多。 3. 在冬半年受南方和偏南方遮蔽的影响大,日照减少	1. 日照时数小于平地和凸出地形。 2. 本身开阔,四周遮蔽小,则日照时数较大,反之则小。 3. 夏半年日照时数的大小的顺序为:东西走向谷地>南北走向谷地>圆形谷地。 4. 在冬半年,纬度与坡度均较小时,东西走向谷地>南北走向谷地;纬度与坡度均较大时,正好相反;圆形谷地最小
辐射	与日照变化规律一致	与日照变化规律一致
空气温度	1. 白天增温和夜间降温均较缓和,故气温振幅小。 2. 一般天气条件下凸出地形温度≥平地>凹下地形,与坡地不相上下。 3. 冷平流下,凸出地形迎风面上白天和夜间温度均低,霜冻重。 4. 辐射型天气下,霜冻轻,山坡出现"暖带"。 5. 地形对温度的影响:高纬区>低纬区、冬季>夏季;气候越干燥,云越少,风越小,植被越少,地形越封闭,高差越大,影响越大	1. 温度振幅大。 2. 温度一般天气条件下比平地及其他地形低。 3. 冷平流下温度较高,霜冻较轻。 4. 辐射型天气下,形成"冷湖",辐射霜冻严重。 5. 地形对温度的影响:高纬区>低纬区、冬季>夏季;气候越干燥,云越少,风越小,植被越少,地形越封闭,高差越大,影响越大
土温	1. 变化规律与气温类似。 2. 变化幅度比气温大,剧烈	1. 变化规律与气温类似。 2. 变化幅度比气温大,剧烈
空气湿度	1. 绝对湿度与其他地形相比最小,且振幅小。 2. 相对湿度一般白天高于凹地,夜间低于凹地,振幅也小。 3. 阴天有云时,全天的相对湿度凸出地形>坡地>凹地	1. 绝对湿度与其他地形相比最大,且振幅大。 2. 相对湿度一般白天低于凸出地形,夜间高于凸出地形,振幅也大。 3. 阴雨天和大风天,空气湿度因地形影响造成的差异减小
土壤湿度	1. 比凹下地形小,与坡地相比,视具体情况,可大可小。 2. 白天一般凸出地形风大,蒸发大,土壤湿度比其他地形小。 3. 气候过干或过湿情况下,地形对土壤湿度的影响减小,各种地形间的土壤湿度差异小	1. 土壤湿度最大。 2. 白天一般凹地形风小,蒸发小,土壤湿度比其他地形大。 3. 气候过干或过湿情况下,地形对土壤湿度的影响减小,各种地形间的土壤湿度差异小
风	1. 由动力因素影响的风速、风向变化规律,与孤立小山情况相同;凸出地形的风速总是最大的。 2. 谷风持续时间长,山风持续时间短。 3. 风梯度表现为:高层风速大于低层,高层风速差值显著大于中低层。	1. 一般风速较开阔平地和凸出地形小。 2. 若其走向与风向近乎平行,则加强风速,比平地大,风向沿走向偏转,凹下地形越深而狭窄,风速加强越多。 3. 山风持续时间长,谷风持续时间短。 4. 风梯度表现为:低层风速大于高层,低层风速差值显著大于高中层。

由热力因素影响形成山谷风，具有以下规律：坡度越大，湍流越弱，地温日变化越大。山谷风环流是山区常见的地形风。根据国内外大量野外观测资料的分析，认为不论在谷底、山顶或山坡上，山谷中的风速曲线表现为双峰型。两个峰值，一个出现在中午(或午后)、一个在夜间。中午峰值是局地环流和湍流运动共同作用的结果，而夜间峰值是由于山风的影响所致。两个风速低值正好与山谷风转向时间相一致。一般地，风速最大值出现在午后，最小值出现在清晨。

2. 农业地形小气候的利用开发

(1)山地逆温和坡上暖带的利用

据研究，各种类型山地均广泛存在逆温现象，不论是较高大的山脉(海拔高度在1000 m以上)或是低矮山丘，在某些季节和某些天气条件下，出现强弱程度不同的逆温层，在逆温层顶部附近，伴随出现暖带。

高大山脉坡面上的逆温层和暖带位于500～1000 m，甚至1500～1800 m(天山北坡、秦岭南坡等)处；小地形下的逆温层和暖带一般绝对高度为200～400 m，相对高度为100～300 m；中等地形介于前二者之间(如武夷山和黄岗山)。逆温层和暖带出现季节以冬季最普遍最明显，强度也最大。其他各季出现情况因地而异，有的地方(如天山北坡的南山地区)夏半年逆温和暖带消失，有的地方(浙江四明山等)夏季也出现逆温与暖带，但不如冬季出现多、强度大。在晴朗无风天气下，逆温最明显；阴到多云天气下，也可能出现逆温，但高度小、强度低。

逆温和暖带的利用是地形小气候资源开发利用的一个重要方面。福建省种植橡胶树北界处只要选择大山体南坡，海拔100～200 m之间种植橡胶树，均可避免或减轻辐射型寒害；若在闽西北山区种植柑橘，应选择在暖带建果园，才可保证温州蜜橘安全越冬。

(2)坡地小气候的利用

南坡、偏南坡(统称为阳坡)的小气候特征为日照时间长，短波光(蓝紫光、紫外光)较多，太阳辐照度大且辐射总量多，土壤温度和气温高且其日、年较差大，蒸散量大，土壤湿度小等，这说明阳坡光、热资源丰富，植物生长季节长，无霜期长，低温冻害少而轻，气候和土壤较干燥，水分条件较差。北坡、偏北坡(统称为阴坡)的小气候特征与阳坡相反，日照短，长波光(红橙光)较多，太阳辐照度小且辐射总量少，土壤温度和气温低且其日、年较差小，蒸散量小，土壤湿度大等，故阴坡光、热资源较贫乏，植物生长季节短，物候期出现迟，低温冻害多且重，但其水分条件较好，土壤和气候较湿润。

长期以来，人们一直在充分利用阳坡、阴坡等坡地小气候资源。油桐造林宜根据盛果期郁闭度确定初植密度；试验林、种子园宜选在南坡上，其分布的北界、上界应避免在山脚、洼地、山脊和背风坡处；高温、高湿地区应避免在地形闭塞处造林。利用北坡或东坡的小气候效应栽培人参可获高产优质，但应少在西坡栽植人参，还应利用上、中坡位栽种人参，以防冻害，其余适应冷凉气候的药材也可引种在阴坡；茶树喜湿耐阴，阴坡生长的鲜叶品质好，可制成高档茶叶，所以阴坡适宜营造茶园。

在同一地区，阳坡光热资源大于阴坡和平地，具有比当地偏南地区的气候特点，而阴坡则具有比当地偏北地区的气候特点。所以,在阴坡可见到平地植物自然分布北界以北的植物,在阳坡可出现平地植物自然分布南界以南的植物。利用这一特点,人们将南方平原上生长的喜温喜光植物品种,引种到较北地区的阳坡上,可以良好生长,如柑橘树和橡胶树的北移;北方平原上的树种能在较南地区的阴坡上找到适宜其生长的小气候条件,如苹果树、梨树等的南移。阳坡与阴坡小气候资源的差异为引种、驯化和扩大各地区植物种类,提供了良好的生活条件。

此外,从垂直气候分布看,较低处阴坡小气候与较高处阳坡小气候相当,所以同一种植物或同一森林类型的垂直分布,阳坡上要高于阴坡,在同一高度上,存在不同种类不同品种植物是常见的事情。

(3)农业地形小气候开发利用的研究思路及方法实例

全国各地在利用地形小气候资源的探索中,摸索出行之有效的可推广普及的思路和方法,在此以柑橘北移研究为例进行简单总结。

首先,根据农业生产中存在的问题,确定研究目的。安徽省的安庆地区(29°48′~31°05′N)属我国柑橘分布北缘,1958年在东至县引种柑橘苗数十万株,由于冻害和管理不善,至1969年几乎全部死亡。1973年以来,又先后引进大量温州蜜橘,因1976—1977年冬季的低温危害,损失达60%~70%。1982年全国柑橘区划会议上确定温州蜜柑和朱红橘只能在−7℃以下低温出现概率小于20%的地区种植。按此指标,安庆地区被划分为不适宜种植柑橘区。为解决当地能否种植柑橘和如何种好柑橘的问题确定研究目的为:调查了解安庆地区有无适种柑橘的小气候环境条件;从有适种条件的区域选定适种地点范围。

其次,了解柑橘的生物气象指标,分析和确定当地大气候对柑橘生长的主要限制因素。通过调研,确认影响安庆地区发展柑橘生产的关键是柑橘安全越冬问题,其主要限制因素是冬季极端低温及其持续时间,并确定−9℃为温州蜜橘受冻害的临界下限指标。

第三,对当地气候与地形进行普查和实地目测勘查,如搜集一切可能搜集到的气象、地形、地貌、土壤等方面的基础资料;实地调查确定境内小气候资源较为优越、有可能扩大为引种柑橘的地点及面积,并通过调查确定地形小气候观测哨、点的位置和观测方法。

第四,进行野外地形小气候观测方案设计,培训观测员并实施观测。

第五,及时整理观测资料,进行统计分析。具体做法是将地形小气候观测资料与县站同步观测资料进行回归分析,建立回归方程,据此推算地形小气候观测哨、点逐年可能出现的极端最低气温;求出各地形小气候观测哨、点等于或低于−9℃气温的可能出现概率;绘出整个地区最低气温的等值线分布图和小于或等于−9℃低温可能出现概率的等值线分布图。

第六,根据上述资料、图表,综合实地调研结果和历史资料,最终划分适种柑橘的地形类型和确认适宜种植柑橘地段的特征指标,给各级政府提出柑橘生产布局建议。此外,总结各地柑橘越冬防寒措施,进行试验和推广,以确保引种成功。

这项科研工作取得了可观的社会和经济效益,使安庆地区柑橘生产从无到有,缓解了当时柑橘市场供需矛盾。

第十章　农业和农村的气象服务

全球气候变化背景下，极端气候事件越来越频繁和严重。为应对气候变化，合理利用资源和有效规避灾害，发展农业气象业务体系和完善农村灾害防御体系是21世纪气象为农业和农村服务的战略目标。

第一节　农业气象业务服务

农业气象服务是专业气象服务领域中历史较长的业务之一。我国的农业气象业务最初诞生于中央气象台，1958年中央气象局研制发布的第一期《全国农业气象旬报》成为农业气象业务起始的标志。农业气象业务服务在50多年的发展历程中，几经曲折，从20世纪50年代后期至60年代初创起步、60年代后期至70年代停滞、80年代恢复发展、90年代快速发展直到21世纪进入蓬勃发展阶段。

一、农业气象业务

1. 观测系统和业务内容

农业气象业务服务领域，已由当年的农业气象情报、国内作物产量预报，拓展到涵盖农业气象灾害监测预警评估、国外主要作物产量预报、生态气象监测评估、农用天气预报等多个领域。服务产品已由原有的全国农业气象旬(月)报、全国主要作物产量预报，发展到土壤墒情监测公报、农业干旱监测预报、国外粮食主产国粮食作物产量预报、灾害性转折性与重要农事季节的农用天气预报、作物主要病虫害发生发展气象等级预报、植被与草地生态监测评估、夏收夏种与秋收秋种等关键农时农业气象服务专报等10余种服务产品。2012年以来，根据产地光照、湿度和温度等天气气候条件对生产阶段的农产品品质影响进行优劣等级评价的气候品质认证逐渐成为气象为农业服务的一项创新前沿业务。

农业气象业务技术的发展，以20世纪80年代初期研制的农业气象指标作为业务技术的重要基础，逐步发展起来的农业气象指标评判、统计分析预报、作物模拟等技术已在业务中得到广泛应用。随着遥感和GIS等技术在农业气象业务中的应用，使得农业气象业务技术得到提高，逐步实现多指标的综合集成、由点到面、从定性向定量转化。未来农业气象业务技术将根据社会需求不断发展与完善，以支撑多层次、多方位的业务服务。

农业气象业务围绕农业资源与环境、粮食安全、全球变化、农村经济可持续发展以及现代农业、设施农业、精准农业等问题，为解决农业生产中的气象问题，防御和减轻农业自然灾害影响而展开。为适应有机农业、生态农业等新的农业产业化生产经营方式对农业气象信息的需求，实现订单农业供应链的整体农业气象信息集成服务、技术研究与气象保障服务业务紧密结合的高技术化、制度化和现代化的发展轨道，中国正在建立健全全国农业气象信息服务业务体系。充分发挥气象为农业生产服务的职能和作用，加大对农村气象灾害监测网络的投入力度，提高应对极端气象灾害的综合监测预警能力、抵御能力、减灾能力。做好农业气象业务服务工作，为国家和各级政府制定农业发展战略、进行农业结构调整、组织农业防灾减灾等重大决策提供优质的农业气象服务，为农民提供“直通式”个性化气象保障服务。

目前，中国气象部门已经建立了依托于气象台站、农业气象观测站和卫星遥感监测的农业气象信息服务业务系统。至2016年底，我国地面气象观测站已达2933个，其中由国家统一布局的达2423个，民航、林业、农垦等行业地面气象观测站510个。由国家统一布局的地面气象观测站中，国家基准气候站212个、国家基本气象站633个、国家一般气象站1578个，构成了30～200 km(平均71 km)空间分辨率的基本气象要素观测网。除云和天气现象外，国家级地面气象观测站的基本气象要素观测实现全自动化，目前共有国家级无人自动气象站465个。另外，为了满足中小尺度灾害性天气观测需要，通过加密地面自动气象观测站形成了高覆盖、高密度的区域观测网。到2016年底，全国共有区域自动气象站57435个，乡镇覆盖率达到95.4%，较2015年提高0.3%，其中22个省达到全覆盖。

到2016年，全国共建立了653个农业气象观测站，其中国家一级站398个，二级站255个。现有农试站70个，国家一级农试站36个，二级农试站34个。

农业气象业务系统包括实时气象资料、基本历史气象资料库、历年农业气象灾害数据库，同时结合卫星遥感监测资料、气候诊断方法、作物周年服务方案、粮棉油产量预报计算模式、多种农业气象灾害指标等方法进行综合计算分析，及时准确地为用户提供农业气象服务，产品突出规范化、客观化、定量化、网络化。

有效应对气象灾害，前提是准确地监测和预警。近年来，我国气象灾害监测能力大幅提高。至2018年，中国已形成由9颗在轨运行的“风云”气象卫星和1颗全球二氧化碳监测科学实验卫星组成的生态遥感监测卫星群，并在全国建成由农业气象观测站、酸雨监测站等共同组成的地基生态监测站网，天地一体化生态遥感监测系统初步建成。中国成为气象服务体系最全、保障领域最广、服务效益最为突出的国家之一，现有自动气象站近6万个，覆盖了全国所有城市和96%的农村。气象部门还以县为单位开展全国历史气象灾情普查和洪涝、干旱、台风等气象灾害风险区划，开展了地质灾害气象等级、流域面雨量、森林火灾天气等级、沙尘暴天气等专业气象灾害观测。

我国农村经济信息网已覆盖31个省(区、市)的270多个地市和1300多个县；1500多个县级电视天气预报节目、约10万个农村大喇叭、7万块乡村气象电子显示屏以及超过3000万的农村气象手机短信用户共同构筑起预警信息发布和传播的平台；近4.5万个农村气象信息服务站以及庞大的气象信息员队伍，在新农村建设和农业的可持续发展中发挥着重要作用。

2. 工作流程

首先，根据各级政府以及农业生产的需求，确定农业气象信息服务的内容、时效、方式、手段等，以此建立农业气象站网和明确卫星遥感监测的主要内容，并开展相应的观测。在获得大量农业气象数据后，进行相应的气象信息处理与服务产品信息的发布。

通过气象信息传输网络系统，采集和传输农业气象、基本气象观测资料以及卫星遥感资料，综合运用多种农业气象和生态的监测、预测预报、评估技术和方法，结合天气、气候、气候变化、大气成分等对上述信息以及各种相关的社会、经济、农业、环境、地理等信息进行加工处理和诊断分析，制作直观、形象、灵活多样、针对性强的监测、预测预报和评估分析产品。依托信息网络系统，向下级台站分发上级机构的指导产品，通过服务产品分发系统以及其他通信与传媒手段，向各地政府、农业部门、涉农企业和农户适时提供相应服务。

收集用户的反馈信息，不断改善、提高服务质量和水平，适应订单农业和绿色农业、生态农业等多种农业产业化生产经营方式对农业气象信息的多元化市场需求，实现农业气象信息供应链集成管理，提供宏观和微观的多元化的综合决策信息服务，建立信息服务网络，根据不同的服务对象，采取多种服务模式，利用现代或传统的信息传播媒介提供敏捷化信息服务产品。

农业气象业务流程见图10.1。

二、主要业务的技术现状和发展趋势

1. 农业气象情报

农业气象情报是在分析、鉴定过去和当前的天气气候条件对农业生产综合影响的基础上，进行客观描述，提出合理措施和建议的实时报道。农业气象情报业务的主要技术方法是以统计方法为主,数值模型为辅;以指标定性评价为主,定量评价为辅。主要业务技术为作物气象指标分析法、生物学评价法、天气气候学分析法、遥感监测法等。

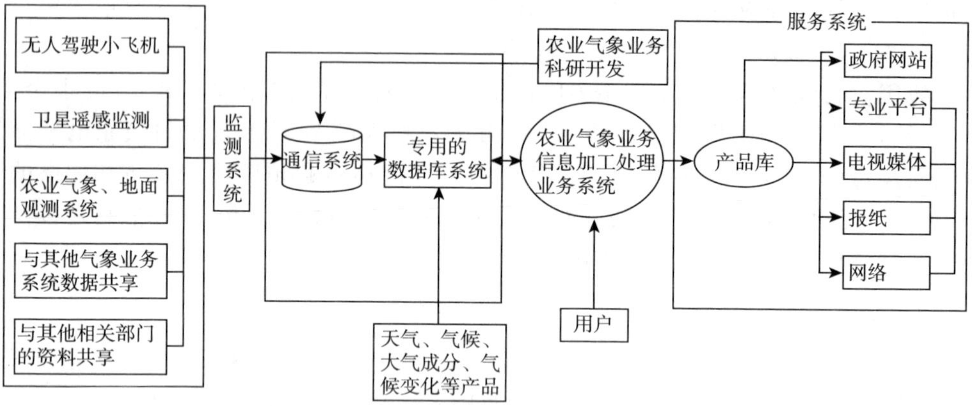

图 10.1　农业气象业务流程图

环境气象条件是影响作物的生长发育的重要因素,根据光、温、水条件对作物生长发育影响的共性,建立通用的作物生长发育的气象影响指标,进行定性的判断;近年来定量评价技术得到逐步应用,按作物发育期的特点建立气象影响函数,作为作物生长季气象条件评价的依据。

基本内容有:(1)过去和当前(如前5天、一旬或一年等)与农业生产关系密切的天气条件及其对作物、牧草生长发育,禽畜的舍饲、放牧以及各项农事活动等影响的鉴定;(2)未来天气条件展望及其对农业生产影响的估计;(3)建议应采取的农业技术措施,附有必要的气象与农业气象资料图表。

我国正处在由传统农业向高产、优质、高效、生态、安全的现代农业加快转变的关键时期,而现代农业具有科学化、集约化、商品化和产业化特点,因此,农业气象情报业务技术发展方向将致力于解决服务的智能化、定量化、精细化问题,重点将集中在作物机理性模型的构建,地面监测与遥感监测的耦合,地理信息技术应用等,提高现有农业气象情报产品的时效性、针对性与定量化水平。

2. 作物产量预报

天气气候条件是造成粮食作物产量波动的重要因素,同一区域不同年份单位面积作物产量的变化主要由气象条件差异引起的,气候环境因子在平均值附近的波动,往往造成产量的年际变化很大。因此,随着科技进步生产力水平不断提高,产量会呈现增长的趋势,作物产量可被分解为社会经济和生产力所决定的趋势产量和气象产量两部分。由于生产力水平提高造成的产量变化是比较平缓、连续的过程,因此,在业务上通常采用2年间产量的增减百分率作为气象产量。通过建立气象要素与作物气象产量间的关系模型以及生产力驱动的作物产量趋势模型可预报作物产量。

统计学方法能较客观、定量地揭示各种随机变量之间的内部规律，反映出农业生产对象与环境气象条件之间的相关关系，是目前作物产量业务预报中应用较为广泛的方法。统计学方法主要有回归分析、相似分析、聚类分析、随机过程分析等，建立环境气象因子与作物产量关系模型以及作物产量趋势变化模型。

目前的作物产量预报模型仍以数理统计手段为主，机理性不足，因此，引进作物生长数值模拟技术，在传统统计方法的基础上，逐步发展可在业务中应用的面向作物生长过程、机理性较强的新一代农业气象数值模拟模型，增强农业气象服务能力，将成为作物产量预报业务发展的必然趋势。同时，随着遥感技术的日益发展，遥感在作物产量预报中的应用越来越广泛。再者，作物监测与定量评价技术的完善，为产量预报提供实时动态分析，作物产量预报动态化、区域化需要加强，准确率有待提高。

3. 农业气象灾害监测预警评估

农业气象灾害种类繁多，发生时段、危害机理和指标均不相同。从灾害的发生机制看，农业干旱、渍害等属累积型；暴雨、大风、冰雹等属突发型；有些灾害造成的影响是显性的，在灾害发生后通过外在的形态特征可直观判断，如洪涝、大风、冰雹等；有些灾害是隐性，例如冷害、热害、寒露风等，受害症状的时间滞后。因此，对于不同的灾种，监测评估的方法差别较大。

目前业务上采用的农业气象灾害监测评估方法主要为指标分析、田间调查、遥感监测；农业气象灾害预报主要采用统计、动力学方法、数值天气预报与农业气象模式结合方法。一般采用与作物生长阶段关联具有生物学意义的指标与气象要素构成的灾害强度指标相结合的分析方法监测评估。遥感监测方法从作物受害的形态特征、灾害指标反演两方面进行，根据灾害特征与光谱间的关系，实现遥感手段监测大面积灾害的发生范围与程度，弥补地面观测站网因网格区域过大而丢失信息的缺陷，形成地面与空中、点与面结合的农业气象灾害综合评价方法。

农业气象灾害预报是根据灾害的致灾因子自身周期规律以及气象条件或海温、大气环流等气候特征量之间的关系而进行预报的，例如东北作物低温冷害的长期预报就是以环流、海温等作为预报因子的。而对农业干旱、渍害等灾害则是根据气象因子驱动的水分运动过程，利用数值预报或气候模式输出结果与土壤水分动力模型进行预报的。对于病虫害等衍生的农业气象灾害预报主要根据气象条件与病虫害发生发展间的相关关系，建立病虫害发生发展气象指数，预报病虫害发展趋势。

对于复合型农业气象灾害，往往单指标存在一定局限性，不能真实反映灾害的发生情况，需要对多种指标综合分析，将各种指标集成综合判别指数。

从全国层面来看,不同的区域气候、土壤、种植制度的差异明显,需要分区选取权重。目前,综合分析法已应用农业干旱监测业务,建立集卫星遥感指标、土壤墒情指标、作物水分亏缺指标、动态降水距平指标为一体的农业干旱综合监测模型,利用GIS 技术进行合成,实现多种气象要素、遥感数据、土地利用信息的融合,形成空中、地面、地下三维空间的农业干旱监测。

农业气象灾害监测预警与评估业务技术发展趋势表现为:一方面,农业气象灾害监测预警与评估业务正逐步趋于规范化、精细化、定量化,灾害监测评估指标的日益完善和机理模型的引入,使灾害评估方法进一步统一,机理性增强,灾害损失的量化成为现实。随着 GIS 的深入应用与数值天气预报技术的进一步完善,农业气象灾害的监测预报更加细致。另一方面,根据农业生产的需要,农业气象灾害的预警信号发布会更加完善、规范。

4. 生态气象监测评估

气象条件作为生态系统最重要的组成部分之一,不仅决定着生态系统的组成、结构、格局和功能,同时也是短时间尺度上生态系统变化的最频繁最重要驱动力之一。生物生产力是生物及其群体甚至更大尺度(包括生态系统)上生命有机体的物质生产能力,它随环境不同而发生变化,因此,它又成为生态环境变化和生态系统健康与否的指示物。

植被净第一性生产力(NPP)是指绿色植物在单位时间内所累积的有机物数量,它较短时间尺度变化的主要驱动力是气象条件。NPP 反映了植物群落在自然条件下的生产力,是估算地球支持能力和评价陆地生态环境状况的一个重要标志。NPP 直接反映了植被群落在自然环境条件下的生产能力,表征陆地生态系统的质量状况。

基于 NPP 估算的生态气象监测评价模型,包括辐射、土壤水分、总第一性生产力、呼吸作用、净第一性生产力和监测评价指数 6 个子模型。首先通过辐射子模型计算到达地表的辐射平衡和光合有效辐射。将土壤质地、气象要素及由模型输出的地表辐射平衡输入土壤水分子模型,计算蒸发比。同时由月植被指数(NDVI)计算植被所吸收的光合有效辐射比例。然后将各子模型的输出结果,为总第一性生产力子模型的输入变量,计算月总第一性生产力。将植被类型、月平均气温和月总第一性生产力输入呼吸作用子模型计算月呼吸消耗量。由总第一性生产力和月呼吸消耗量计算月净第一性生产力。通过历年与当年月净第一性生产力的统计比较特征,构建生态气象优劣评价指数进行生态气象监测与评估。

对生态与环境的监测和评价是一个涉及多学科的复杂问题。生态与环境气象监测评估,还是一个刚刚提出不久的新概念。这里所构建的模型和指标,仅是从一个侧面对生态环境的相对优劣进行的以气象条件为主要驱动因子的监测和评估。考虑更多因子，进行生态系统综合、全面的监测与评估，还有待进一步深入研究和应用检验。生态领域中气象业务的关键是，根据不同用户的需求，发挥气象优势，即以气象条件为主要驱动因子，研究生态监测预测与评估业务适用技术方法，引进或创建业务应用模型，开发业务技术系统（平台），从易到难、逐步丰富内容、不断提高科技含量和生态业务产品的影响力，力争满足“用户”的需要。

5. 农用天气预报

农用天气预报是指针对农事活动和管理措施对天气条件的需要而开展的专业预报。农用天气预报与农业生产关系密切，预报项目和内容的针对性较强，是指导农业生产活动的不可缺少的科学依据之一。

农用天气预报是在天气预报、气候预测的基础上，对天气、气候预测预报产品在农业生产活动中的解释与应用。考虑当地农业生产对象、农事活动对天气条件的要求，以及这些天气条件对当地农业生产对象、农事活动可能产生的利弊影响，及时提供措施和建议，以充分利用有利天气，避免不利天气的影响。国家级农用天气预报以前期天气条件、作物发育期和中、长期天气预报为基础，预测未来作物发育期及期间的天气条件，紧扣作物生长发育和农事活动，预估未来关键农时季节天气条件的利弊及其影响程度；在 GIS 技术的支持下，制作未来农业生产管理措施（农事活动）趋利避害的区域图；最后通过各种平面与非平面媒体，发布业务服务产品到“用户”，其业务流程如图 10.2 所示。

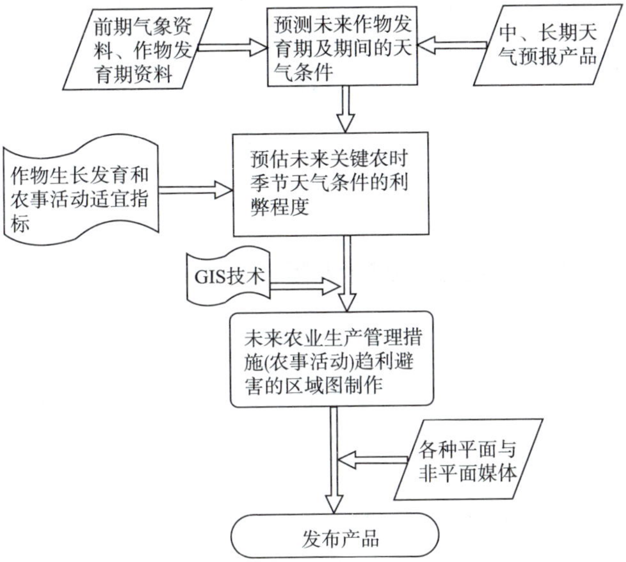

图 10.2　农用天气预报技术流程

目前国家级农用天气预报主要聚焦在主产区大宗粮食作物，如水稻、小麦、玉米等，关键农时和农事，如"三夏"(夏收、夏种、夏管)和"三秋"(秋收、秋种、秋管)等季节。结合已有的农业气象情报、预报等工作基础，建立主要作物生长发育期适宜指标库、关键期不利天气条件指标库等，建立相关的农事活动和不利天气条件应对措施库等专家知识库系统，建立专家知识推理机制，初步具备一定的农用天气预报业务能力。

未来农用天气预报业务技术主要体现在"三个结合"上，即田间观测试验与指标、模型相结合，数理统计模型和作物生长模拟模型相结合，数值天气预报和农业气象模型相结合。通过观测试验，订正或建立作物和区域优势农产品重要农事活动和作物主要生育阶段的农业气象指标；利用数理统计模型和机理性作物生长模拟模型建立重要农事活动和作物主要生育阶段的气象影响适宜程度诊断指标；综合经验统计法和作物生长模拟模型建立作物主要发育期预报模型，开展覆盖农业全程的未来天气条件对重要农事活动和作物主要生育阶段适宜程度预报，从而帮助农业生产者根据未来天气条件，科学、合理地安排和管理农业生产，使我国农业逐渐由"靠天吃饭"向"看天管理"的模式转化。

第二节　农村气象灾害防御

我国农村气象灾害多，受灾地域广，防灾力量弱，防灾减灾任务艰巨。建设农村气象灾害防御体系，提高农村气象灾害防御能力，统筹气象灾害监测预报、预警发布、应急处置和风险管理工作，全面提高农村趋利避害水平，切实保障农民生命财产安全，促进农村经济发展和社会和谐稳定是关系国计民生的大事。自21世纪以来，农村气象灾害的监测和防御体系逐步完善，至2012年全国3万多个自动气象监测站已覆盖全国85%以上乡镇。

一、农村气象灾害的辨识、监测和预警

1. 农村气象灾害风险源

气象灾害是农村最常见和发生最频繁的一大类自然灾害。水分、温度、光照、气流等气象要素只要明显偏离正常值就可能形成灾害。农村常见的气象灾害有干旱、洪涝、高温、低温、雷电、风灾和潮湿等。

旱涝是农村发生最为频繁和严重的气象灾害。水分要素的异常是形成旱涝的根本原因，降水或客水过多都可形成洪涝，降水持续偏少或水体的水量减少都可以形成干旱。洪涝除造成农作物减产甚至绝收外，还经常冲毁房屋和农村的各种设施，是对

农民生命财产威胁最大的灾害。干旱除造成农作物减产或绝收外,还经常发生人畜饮水困难,甚至丧失生存条件。

低温和高温也是农村常见的灾害。虽然人们已习惯了冬冷夏热的气候,但异常的低温和高温或温度的剧烈波动还是能给农作物、畜禽和村民健康带来危害。低温灾害对于植物有冷害、冻害、霜冻和寒害之分,其中冷害与寒害属于零上低温,霜冻与冻害均属零下低温危害。对于人类和动物,低温危害的形式是受冷致病或冻伤,与低温强度、降温速率及身体的抵抗力有关。此外,低温冰雪还给农村居民的生产和生活带来极大的困难。高温危害动物和人类的主要形式是造成中暑及其他疾病,高温还增加了火灾和贮藏物霉变的风险。高温可缩短植物的生长期甚至提前枯死,使花粉败育不能受精,高温还常常使干旱加剧,尤其是南方的伏旱。

空气湿度对农村的生产和生活影响也很大,空气过于干燥可形成大气干旱,特别是干热风对于作物的开花授粉威胁极大,动物与人在干燥空气中也容易烦躁和致病。可燃物在干燥空气中更容易被点燃。在潮湿空气中由于导热率增大,在低温下由于体热易于散失人们会感到更冷,更容易被冻伤;在高温下由于出汗不易蒸发人们会感到更热,更容易发生中暑。

寡照不但使植物的光合速率降低,而且影响动物与人类的健康,长期生活在阴云密布不见阳光的条件下因缺乏紫外线照射而容易缺钙,紫外线照射还有杀菌作用;但在高海拔地区紫外线过于强烈,也容易发生灼伤和皮肤癌。

大风可损坏甚至摧毁农村的房屋和大棚、畜舍,使树木和电杆倒折,作物倒伏,冬季常见的是寒潮大风,夏季则以雷雨大风为常见。台风既有大风,又有暴雨,在海上还能掀起巨浪和形成风暴潮,是世界上危害最大的自然灾害之一。

冰雹是大气中的一种固体降水,雹粒直径一般在 5 mm 以上,可砸伤人畜,砸坏门窗和大棚,造成作物倒折、落花落果。

雷雨天位于高地或大树旁的房屋和在孤立山梁上行走的人容易遭受雷击。

农村气象灾害发生的直接起因是气象要素的异常变化,但不合理的人类活动对生态环境的破坏可以加剧气象灾害的发生和危害。农村承灾体的脆弱性可加重气象灾害的危害,如农村住宅选址、设计不当或缺乏防护。

2. 灾害监测

灾害监测(Disasters monitoring)包括灾害发生前对灾害前兆与孕灾环境的监测、灾害过程中对灾害现象的监测和灾害结束后对灾害后果的监测,是与整个灾害过程并存的一项减灾基础性工作。

灾害监测的目的是掌握灾害系统孕育、发生、发展、演变和消失的动态,以便采取相应的防灾、抗灾和补救措施。

依观察手段可分为感官观察和仪器监测。前者受人的感觉能力限制只能感觉到一些表面和直接的灾害前兆或现象。大多数灾害信息需要靠专门的科学仪器来捕捉。我国对主要自然灾害的监测技术水平已有很大提高,遥感、计算机、雷达和各种先进监测仪器已广泛应用。

灾害监测依观察对象可分为直接监测和间接监测,前者指对灾害现象的直接观察;后者指对与灾害系统有关联的事物进行观察。既包括对受灾体的监测,也包括对致灾因子的监测。

以小麦越冬冻害为例,需要观测受灾体——麦苗单株干重的增减动态、含水率与含糖率的变化,叶片冻枯情况、心叶受冻情况、分蘖节与幼穗受冻情况,死苗率、死株率、冻伤率与存活率的变化,主要管理措施。致灾因子监测,需要观测日平均气温波动状况、强降温及极端最低气温、分蘖节深度地温、冬季负积温,表土含水率、风干土层厚度及变化、冻土厚度、土壤表面板结或裂缝状况、越冬期间降水量及分布、积雪厚度及维持天数、大风天数等。

综合分析监测结果判断小麦是否受冻、可能的受害程度及补救可能性。气象部门对影响农业生产气象条件的监测及运用监测资料开展的服务,包括灾害监测和减灾服务是通过农业气象情报业务系统进行的。

3. 灾害预警

灾害预测的内容主要是灾害种类及灾害三要素——发生时间、地点及强度,更具体一些还包括灾害分布、未来的灾害演变趋势和灾害事件的预测。灾害预警(Disasters pre-warning)是在监测到灾害前兆或发出灾害预报之后,根据灾害可能造成的危害,在灾害发生之前向社会公众公开发出的警告。

气象灾害预警是气象部门的一项公益性业务,由各地政府提供经费支持。2007 年 6 月 12 日,中国气象局正式发布《气象灾害预警信号发布与传播办法》,规定发布预警信号的气象灾害分为台风、暴雨、暴雪、寒潮、大风、沙尘暴、高温、干旱、雷电、冰雹、霜冻、大雾、霾、道路结冰等 14 类,并对气象灾害预警信号的发布、传播和各级人民政府及有关部门和单位在灾害防御中的责任与义务等做出了规定。当同时出现或预报可能出现多种气象灾害时,可按照相应的标准同时发布多种预警信号。预警信号总体上分为四级(Ⅳ、Ⅲ、Ⅱ、Ⅰ级)预警,按照灾害的严重性和紧急程度,颜色依次为蓝色(Ⅳ级)、黄色(Ⅲ级)、橙色(Ⅱ级)和红色(Ⅰ级),同时以中英文标识,分别代表一般、较重、严重和特别严重,还附以普遍性的防御灾害指导。

按照《气象灾害预警信号发布与传播办法》的规定,国务院气象主管机构负责全国预警信号发布、解除与传播的管理工作。地方各级气象主管机构负责本行政区域内预警信号发布、解除与传播的管理工作。其他有关部门按照职责配合气象主管机构做好预警信号发布与传播的有关工作。水文、海洋、农垦、林业等部门的专业气象预报工作只能在本系统内部掌握，不能向社会上公开发布，并应与气象部门协调。个人和一般社会团体如向社会上公开发布气象灾害预警信息属于违法行为，并应对所造成的社会混乱和经济损失承担法律责任。

目前全国各级政府和有关部门正在努力建立覆盖面广、响应及时的立体化气象灾害预警信息发布体系，完善紧急异常气象短信服务平台，充分发挥社会公共媒体、有关部门和行业内部信息发布渠道的作用，通过电信、移动通信等部门建立"绿色通道"，及时发布各类气象灾害预报预警信号及简明的防灾避灾方法。农村可借助流动气象广播车，农村有线广播或电视系统、短信服务平台等接受气象灾害预警信号。

二、灾害的防御、抵抗和补救

1. 灾害的防御

气象灾害防御包括为减轻气象灾害采取的各种社会行动和工程措施，狭义的灾害防御指灾害发生前采取的行动，广义的灾害防御则还包括灾后防止次生和衍生灾害而采取的措施。

防灾措施包括工程性和非工程性两类。

工程性措施有针对灾害源的，如在多风地带营造防风林，在河流上游修建水库，人工消雹等，但更多的是针对受灾体的。其中一类措施是加强受灾体的抗灾能力，如在农田打机井抗旱，修建大棚进行保护性生产、培育抗逆农作物品种等；另一类措施是使受灾体躲避或隔离灾害源，如新建果园的规划选址应尽可能避开洪涝、风雹、冷冻等灾害的多发地段；还有一类措施是针对灾害载体的，如筑堤蓄水防洪。

非工程措施指以经济、行政、管理、法律等社会性管理行动达到减灾目的的措施，如经济手段包括用经济政策使企业从利润中划出一定比例用于环保和安全减灾工程投资；或对盲目开采资源造成生态破坏和气候恶化的进行惩治；建立灾害保险业务和灾害救济基金等。行政手段包括制定区域或单位减灾规划、救灾预案和减灾对策；建立健全各级政府的减灾机构并落实人员和减灾责任制；贯彻落实国家和地方政府的减灾方针、政策和决策行动方案；支持和检查督促各减灾部门的减灾业务工作和社区的减灾组织工作；组织防灾减灾的宣传教育与培训，组织救灾抢险专业队伍和志愿人员进行经常性的训练等。法律手段包括减灾立法、执法、司法和对居民进行法制教育等。

对于农业气象灾害，首先要通过调整农业与种植结构，选择耐灾避灾作物和品种，对种子和幼苗进行锻炼，来增强抵抗气象灾害的能力。在临灾前则要准备好防汛抗旱的设备器材、防灾化学制剂、灾后补救和恢复生产所需的化肥、种子等生产资料，对于经常发生的气象灾害,要储备相应的减灾技术,建立相应的专家库,一旦发生灾害,有针对性地组织减灾专家向灾区提供技术援助。

2. 抗灾

抗灾是在面临灾害威胁或灾害已经发生的情况下采取的应急措施,通常是针对灾害源或灾害载体的工程措施,也有针对受灾体采取的紧急加固保护措施,如洪水临到来前或已经到来后对堤防的紧急加高加固,大风刮起时用绳索或打桩临时加固房屋设施,干旱时的提水引水措施,内涝时的排水措施等。

紧急抗灾时要特别注意关键地段和设施的防护和抢险。洪水中对水库大坝要重点防护,确定泄洪的合理时机和流量,大旱时要把有限的灌溉水源首先用于确保种子田、高产田和高效益的经济作物田。在抗灾斗争中保证指挥中心的安全和高效运作尤为重要,为保障减灾措施的贯彻落实和人员物资的及时调运,需要有力的交通和通信保障。

对于可能给人民生命财产造成严重损害的突发性巨灾,抗灾还包括组织人员和重要物资的疏散,如台风和洪峰到来前除抢险人员外,其他人员、粮食、货币和重要文件都应转移到安全地带。

3. 灾后救援或补救

救援是在灾情已经发生后采取的尽可能减轻灾区损失的措施。在灾情严重的地区,单靠灾区自身的人力物力已很难抗御,需要政府动员灾区以外和全社会的力量来支援和救助,以帮助灾区渡过难关,恢复生产和正常生活。

紧急救援方式包括人力、物力和财力,救援行动分别来自政府、社会、团体、个人和国际社会等。政府和减灾业务部门负有减灾救灾的职能,按照减灾法律,公民具有救助灾民的义务和道义,保险公司对投保户则具有按照保险契约执行赔付救助的责任。

农业气象灾害中很大的部分属累积型灾害,由于其灾害的发生、发展和成灾历时较长,灾中和灾后还有很大的补救余地。关键是正确诊断作物的受害程度与恢复潜力,如作物苗期只要不是严重受旱,由于促进根系下扎,一旦复水,生长反而更加旺盛。玉米的吐丝期十分耐涝,只要没有淹没雌穗,加强管理仍有较好收成。玉米叶片被冰雹打成碎条仍具有一定光合能力,不应轻易毁掉。水稻抽穗后受灾绝收,可割去上部留高茬培育再生稻,很快从基部萌发新蘖,1～2 个月即可成熟。小麦旺苗受冻后以主茎和大蘖死亡为主,小蘖尚有可能萌发成穗。但对于毁灭性的灾害需要计算剩余积温,当机立断毁掉,改种谷子、豆类、荞麦、蔬菜等短生长期的救灾作物。

三、农村气象减灾

1. 农村气象减灾管理

农村气象灾害的减灾需要多部门多渠道协同实施。从农业气象减灾的管理机构来看，目前我国已建成气象监测台站网，成立了“国家气象中心—区域气象中心—省气象台—地市气象台—县气象站”的气象预报和服务体系；此外，还开展了专业气象服务，其中以农业气象服务的规模为最大；开展了消雹、增雨、消雾、防霜等人工影响天气作业并取得一定成效。

农业部由种植业司、畜牧管理局、水产局等机构对有关产业的自然灾害进行管理。与气象部门有密切的联系，在农业生产的关键时期组织会商，共同确定气象灾害的防御与减灾对策。减灾的具体农业技术措施主要还是通过农业技术推广系统和各级农业行政主管部门去落实。

此外，建设减灾示范区也是一种重要的工作方法。示范区要充分运用工程和非工程手段，力争以相对小的投入来取得尽可能大的减灾效果，并推动面上减灾工作。示范区应选择相对多灾、组织领导力量强和群众基础好的地区或单位，充分利用现有减灾技术成果，广泛动员全社会的力量来减灾。根据当地的经济结构，选择有代表性的区域或企业。

2. 农村气象减灾预案的编制

2003 年以来国务院启动了突发公共事件应急预案的编制工作并发布了编写指南，在近年来的减灾工作中发挥了很大作用，大大减少了重大灾害和事故中的生命、财产损失。编制农村气象灾害的减灾预案，由于其保障目标主要是人畜安全和人员生活条件等，与国家和省级的其他突发公共事件应急预案的侧重点不同，对技术性与可操作性的要求更高。

农村气象灾害减灾预案的主要内容应包括：

(1)农村气象灾害情景的设计。从当地历史灾情资料出发，选择对当地农民生活生产影响较大的主要气象灾害及其主要类型，设计可能发生的灾害情景，包括灾害发生时间、范围、强度等，作为制定减灾预案的出发点。

(2)灾害损失的预评估。预测估算在上述灾害情景下如不采取防抗措施可能遭受的经济损失，及采取防抗措施后可能减少的经济损失，这是判断防灾减灾措施可行性的基本依据。

(3)灾害监测预报措施和灾情报告制度。

(4)防灾减灾组织机构的运作，各类救灾队伍的数量、配置与指挥调动。

(5)防灾重点地段的确定，关键部位的设防与保护。生命线系统的维护与抢修。

(6)防灾物资的准备、贮藏与紧急情况下的调运办法。

(7)灾民的抢救、医治、安置与社会治安。

(8)灾后生产与社会秩序的恢复措施与灾区的重建。

农村气象灾害减灾预案编制完成以后,还要在生产生活的实践中不断检验和修订完善。

第三节　应对气候变化的农业风险管理

全球气候变化给我国和世界的农业生产带来了新的风险源。一方面是气候变暖对作物的直接影响和导致某些极端天气、气候事件的增加;另一方面是气候变化的间接影响,特别是海平面上升和有害气体的增加。

一、风险管理的步骤和方法

风险是危险转化为现实灾害的可能性及其严重程度的度量。风险本身并不是灾害。认识风险的目的是为了减少风险转变为灾害的可能性,在有的情况下,也有可能去克服风险。即使是那些必然要形成灾害的风险,我们也可以通过规避或转移风险的办法来最大限度地减少其给农业生产常来的损失。

1. 风险管理的全过程

风险管理的全过程包括:确定风险管理的对象与目的、风险辨识、风险分析、风险评估和风险决策,可用图10.3表示。

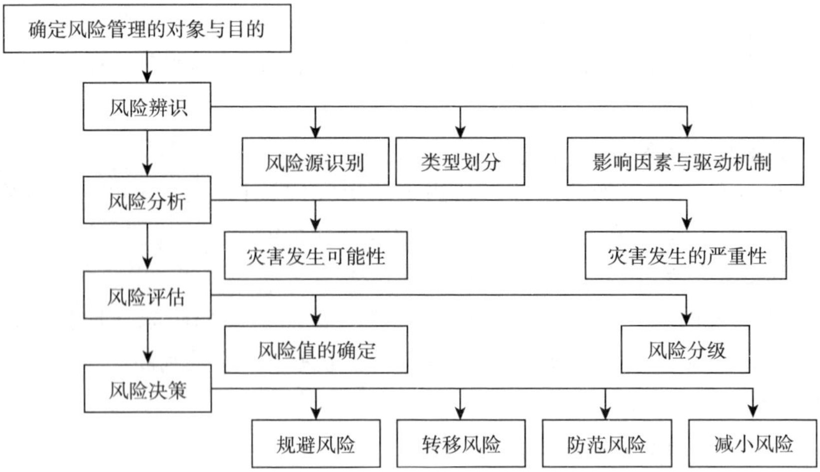

图10.3　风险管理的一般步骤

2. 风险辨识和风险分析

风险辨识包括对风险源的识别、灾害或事故类型的划分以及对灾害与事故的影响因素与危害机制的辨识。

首先要调查系统中存在或面临哪些风险源，还要了解风险出现前后的系统状况，以便掌握风险发生的前兆。农业气象灾害风险的因素可分为内因和外因。内因主要指受灾对象本身的脆弱性与承灾能力，又分为遗传基因、植株生理状况、群体状况和人为诱导产生的抗逆能力等不同层次。外因主要是外界环境气象条件、土壤结构与水分养分条件、有无病虫害及其天敌等外界生物环境。研究灾害风险的驱动机制，最重要的是外因要通过内因起作用。以小麦越冬冻害为例，冬前抗寒锻炼很差的暖冬年仍然有可能发生相当严重的冻害，如华北 1993/1994 年冬；而抗寒锻炼良好的冷冬年也不一定发生较重的冻害，如华北 1968/1969 年冬。同样遇到干旱，根系发达的植株抗旱能力就强，有可能不减产。

风险分析的内容包括灾害或事故发生的可能性和严重性两个方面。分析农业气象灾害或事故发生的可能性，主要通过统计分析历史农业产量资源与气象资料之间的关系，分析对本地区产量影响较大的气象灾害的发生频率，进而计算其发生可能性即概率。分析某种灾害的严重性，一方面要统计该灾种发生年份的作物产量资料，还要了解民政部门的灾情调查资料，因为除产量损失以外，还可能发生人员伤亡或健康损失、农产品的品质下降和生产成本提高等其他损失形式，因此，需要对其危害程度进行综合评定，如缺乏足够的历史资料，可以请当地的资深农业技术人员和老农座谈，以评分方式确定不同气象灾害的发生可能性及其危害程度。对于一个复杂的农业系统，还需要把系统分解成若干个子系统或单元，分别分析其易损性和脆弱性，测算一旦受灾后可能遭受的各类经济损失及可能承受的最大风险水平。

3. 风险评估和风险决策

在计算了灾害或事故的发生概率与危害严重程度之后，就可以计算出风险的大小，即风险度。然后根据所研究对象将风险度划分为若干等级，如风险极大、较大、大、中等、较小、很小、几乎没有等。

实际评估中，由于灾害损失可能表现为不同的对象和不同的形式，往往需要对不同的因素或不同的损失形式进行加权平均后再计算，如洪涝灾害发生后，所造成的损失包括人员伤亡、房屋倒塌、水利设施破坏、农作物淹没或浸泡减产、交通阻断、环境污染以及抗灾与救灾成本等，每种损失形式的区域分布也很不相同，需要折算成统一的不变价格货币形式才能进行比较。

风险辨识、分析和评估的最终目的是进行风险决策，以最大限度地消除或减少风险可能造成的损失。风险决策是风险管理过程的最后步骤，需要综合权衡风险度的大小和主客观各方面因素后做出正确的判断与决策。

风险决策所要采取的对策主要包括消除风险、规避风险、转移风险和减小风险四种。

4. 风险管理中的一些误区

在风险辨识上要注意防止一个误区,即不一定后果最严重的灾害其风险最大,如海啸是危害极大的自然灾害,但由于外海岛链的存在我国极少发生海啸,对我国实际造成的危害并不严重。龙卷风虽然可以把人卷上天,把整座楼房吹塌,摧毁力极大,但其发生的范围很小,存在的时间也很短,多年统计表明,其所造成的损失远比台风要小。

在风险决策时要防止一个误区,即风险越小越好。在农业生产上风险常常是与机遇并存的。许多高产优质的品种往往抗逆性较差。如果单纯为了避灾而使用抗逆性强但相对低产的品种,尽管稳产性有所提高,在重灾年的收成要好于高产优质品种,但计算多年平均的经济效益,并不是最好的。通常对于一年生大田作物,保证率达到80%以上就被认为是可以接受的。对于某些经济价值很高的作物,甚至可以采取70%的保证率来安排生产。但对于多年生作物则要求较高的保证率。如一般果树需要3~5年才能开始坐果,进入盛果期后通常能维持20~40年,对于毁灭性的灾害,即使是95%的保证率,即每20年左右发生一次,也是难以承受的。

发生了某种灾害一定要采取抗御措施也是一种误区。设C为防灾成本,L为收益,即采取防灾措施所能减少的灾害损失价值。如果历史上出现了N次气象灾害,其概率均为P,每次采取防灾措施的收支差额为Q,则:

$$Q=(L\times N\times P)-(C\times N)$$

要使防灾具有成效,即$Q>0$,必须$(L\times N\times P)>(C\times N)$,即$P>C/L$。因此,在气象灾害发生概率大于$C/L$的地区应采取防灾措施;在$P<C/L$可不采取防灾措施,可以容忍危害不大的灾害发生,否则可能得不偿失。

二、农业气象灾害的保险

1. 保险的实质是转移与分散风险

保险是处理风险的一种方法,投保人根据合同约定,向保险人支付保险费,保险人对于合同约定可能发生的事故,对其发生所造成的财产损失承担赔偿保险金责任,或在被保险人死亡、伤残、疾病或达到合同约定年龄及期限时承担给付保险金责任的商业保险行为。应该指出的是,保险并没有消除风险,而是将风险转移和分散到所有投保人身上,由所有投保人一起共担风险,使每个投保人所分担的风险在所能承受的水平上。一旦风险转化为现实的灾害损失,能够迅速获得补偿,有利于恢复生产和正常的社会秩序。

保险是一种经济制度和法律关系。现代保险业是社会化大生产发展到一定阶段的产物，与商品经济的发展密切相关。生产的社会化使得各地区各单位间的联系日益紧密，相互依存，无论何地何单位发生了灾害或不测事故，不仅会影响自身的利益，还会殃及其他地区和单位，靠单个经济单位无力应付灾害或事故。为了保证社会生产不因灾害或事故而中断，要求建立风险保障机制，保险就是后备社会化的最好形式。保险以自身"积万家之金，解一方之危"的独特经营方式，在现代商品经济中起到一种"精巧的社会稳定器"的作用，是第三产业的重要组成。

保险防灾防损工作主要包括：保险标的验险，建立被保险人防灾档案和防灾损资料数据库，进行防灾防损安全检查，进行风险评估，防灾防损安全技术研究、开发和咨询服务，防灾防损宣传，防灾费的使用管理等，中国人民保险公司还专门制定了防灾防损工作规范。

2. 农业灾害保险

农业保险是指专为农业生产者在从事种植业和养殖业生产过程中，根据互助共济原则，对各种可保风险进行防灾防损，对遭受自然灾害和意外事故造成的经济损失提供保障的一种保险。通过保险赔付，少数投保受灾户的损失可以由大多数未受灾投保户来共同承担，使受灾户能够应付农业风险，获得补偿损失和恢复生产的必要资金。

由于农业灾害保险保费收入少，赔率高，世界各国一般采取低保额、低收费和联合共保的方式，是一种非营利的政策性保险。我国曾试行过农业灾害保险，由于采取商业保险的形式，保险公司无利可图，绝大多数农民的经营规模小，缺乏投保能力，到20世纪90年代已基本萎缩。

农业风险的特殊性，决定了农业保险产品具有公共物品的大部分特征，成为"准公共物品"。这种特殊性，决定了农业保险整体上不具盈利性，农业保险产品难以商品化经营，农业保险对商业保险公司没有吸引力。

3. 农业气象灾害保险

气象灾害是农业生产中最主要的一类灾害，也是各国进行农业灾害保险的主要对象。

农业气象灾害的类型很多，有些属于人力难以抗拒的巨灾，如特大洪水与超强台风，所造成的经济损失与保险赔付额巨大，需要政府与社会各界共同建立巨灾保障体系与保险基金。有些是比较分散发生的灾害，如局地暴雨、霜冻和冰雹等，存在一个投保户多，灾损核算复杂，业务成本高的问题。要使中国的农业气象灾害保险稳步、健康地发展起来，除农业灾害保险的立法与制度建设外，还需要一系列的技术保障。

首先是可保灾种的选择与确定。应选择对当地农业生产威胁较大，群众有比较清楚的认识，受灾特征比较清晰，灾损相对容易鉴别的灾种开展保险业务。对于受害机制与症状复杂，灾损很难界定的灾种，或容易与其他类型混淆的灾种，可暂不列入保险业务,待将来有了新的研究进展后再考虑。

急需制定主要作物的灾损评定标准。农业气象灾害的灾损鉴定不像财产保险、人寿保险和车辆保险那么简明,赔付额过高过低都不利于农业灾害保险事业的可持续发展。需要针对不同灾种不同作物分别编制不同受害症状与特征对应经济损失的评估标准。

气象部门应对所在地区农业生产上的主要灾种进行发生频率与风险的评估,绘制风险分布图,以利保险部门有计划和有针对性地开展灾害保险业务。

21 世纪初,在联合国粮农组织和世界银行的推动下,农业气象指数保险产品在发展中国家推广与应用。农业气象指数保险根据实际气象数值与作物生长期内事先规定的气象指标的差值来赔偿,有效克服传统农业保险中实际定赔的技术与管理难题。实施气象指数保险需要 4 个步骤,归纳起来就是确定气象风险、量化气象产量、保险合同定价、产品推广普及。量化气象产量和保险费率厘定是科技界正在攻克的课题。

目前,量化气象产量的方法通常有两种,一是作物模型数值模拟法,二是单产分解为趋势产量与气象产量的统计方法。农业保险纯费率测算方法常用经验费率法和单产分布模型推导法:这两种方法理论上各有优缺点,经验费率法利用“收支平衡”原理,依据历史损失数据核算费率,并以历史损失率平均值预估当年损失率,适用于具有长期性、完整性和高质量历史数据的情况;单产分布模型推导法基于统计学和概率论,通过作物单产波动概率密度函数厘定费率,适用于赔损历史数据缺乏的情况。

世界各国的农业灾害保险一般都不实行全额保险。虽然在发生灾害之后农民能获得一定数量的赔偿,但总不如不发生灾害时的经济收益更高。因此,防灾减损是保险公司与农户的共同利益。有了灾害保险就不需要抓防灾减灾也是一个认识误区。气象部门和保险部门都有责任协助政府与农民搞好防灾减灾工作,增强农业减灾与可持续发展能力。

参考文献

北京农业大学,1989.蔬菜栽培学——保护地栽培(第二版)[M].北京:农业出版社.

毕伯钧,1986.辽东山地小气候资源在人参板栗生产中的利用[J].中国农业气象,(1):28-30.

伯南,2017.生态气候学:概念与应用(第 2 版)[M].北京:气象出版社.

车秀芬,张京红,黄海静,等,2017.海南芒果气象灾害监测及气候品质认证系统研发[J].气象研究与应用,**38**(2):45-48.

陈仲,1984.闽西北山区柑橘冻害低温分布与地形避冻[J].福建果树,(2):14-19.

程纯枢,1991.中国的气候与农业[M].北京:气象出版社.

崔读昌,1994.世界农业气候与作物气候.杭州:浙江科学技术出版社.

贺龄萱,李倬,1981.长江中下游湖泊气候与柑橘防冻的关系[J].安徽农学院学报,(2):75-80.

贺龄萱,李倬,1986.安徽大别山南麓小气候资源在柑橘生产中的利用[J].农业气象,(2):36-39.

黄嘉佑,2016.气象统计分析与预报方法(第四版)[M].北京:气象出版社.

江爱良,李师融,1981.地形小气候与橡胶树避寒问题[J].农业气象,**2**(1):45-52.

姜会飞,2013.农业气象学(第二版)[M].北京:科学出版社.

姜会飞,2014.农业气象观测与数据分析(第二版)[M].北京:科学出版社.

姜会飞,郑大玮,2009.世界气候与农业[M].北京:气象出版社.

姜会飞,郭勇,张玉莹,等,2018.基点温度对阶段积温和积温模型模拟效果的影响[J].中国农业大学学报,**23**(5):131-141.

蒋维楣,曹文俊,蒋瑞宾,1993.空气污染气象学教程[M].北京:气象出版社.

李江风,1963.从冬季逆温的分析看新疆冬牧场的开发[J].新疆农业科学,(8):316-320.

李倬,贺龄萱,1982.安庆地区柑橘栽培的农业气候条件分析[J].安徽农业科学,(2):79-85.

刘斌 ,任传友,王艳华,2016.基于农业气候相似原理的沈阳地区不同熟期水稻品种搭配策略[J].江苏农业科学,**44**(8) :102 -105.

刘汉中,1991.普通农业气象学[M].北京:北京农业大学出版社.

马秀玲,刁瑛元,吴中玲,等,1996.农业气象[M].北京:中国农业科技出版社.

内岣善兵卫,1988.农林、水产与气象[M].方爽,译.重庆:重庆出版社.

牛浩,陈盛伟,2015.中国农业气象指数保险产品的发展现状、面临难题及解决建议[J].中国科技论坛,**7**:130-135.

彭宁德弗里斯,1988.植物生长与作物生产的模拟[M].王馥棠译.北京:科学出版社.

潘守文,等,1994. 现代气候学原理[M]. 北京:气象出版社.

秦鹏程,姚凤梅,曹秀霞,等,2012. 风险评估在气候变化对农业影响评价中的应用研究进展[J]. 自然灾害学报,**21**(1):39-46.

申双和,景元书,2017. 农业气象学原理 [M]. 北京:气象出版社.

屠梁,李永昌,1992. 牧业气象学[M]. 北京:气象出版社.

王春乙,等,2010. 中国重大农业气象灾害研究[M]. 北京:气象出版社.

王利溥,1995. 经济林气象[M]. 昆明:云南科技出版社.

王连喜,陈怀亮,李琪,等,2010. 农业气候区划方法研究进展[J]. 中国农业气象,**31**(2):277-281.

王绍武,1994. 气候系统引论[M]. 北京:气象出版社.

王晓蓉,1993. 环境化学[M]. 南京:南京大学出版社.

韦祖明,曹俊仪,黄小枝,1985. 不同坡向小气候条件及其对油茶生产的影响[J]. 广西气象,(4):34-40.

吴立,霍治国,杨建莹,等,2016. 南方双季稻低温灾害等级预测[J]. 生态学杂志,**35**(4):925-933.

吴利红,娄伟平,姚益平,等,2010. 水稻农业气象指数保险产品设计——以浙江省为例[J]. 中国农业科学,**43**(23):4942-4950..

吴其重,王自发,崔应杰,2010. 我国近 20 年太阳辐射时空分布状况模式评估[J]. 应用气象学报,**21**(3):343-351.

吴章文,1986. 油桐林小气候的初步研究[J]. 中南林学院学报,(1):45-55.

徐玲玲, 吕厚荃 ,方利,2014. 气候变化对黄淮海地区夏玉米气候适宜度的影响[J]. 资源科学, **36**(4):782-787.

徐祝龄,1994. 气象学[M]. 北京:气象出版社.

叶笃正,1991. 当代气候研究[M]. 北京:气象出版社.

张福墁,2001. 设施园艺学[M]. 北京:中国农业大学出版社.

郑大玮,等,1999. 农业灾害学[M]. 北京:中国农业出版社.

郑大玮,张波 ,2000. 农业灾害学[M]. 北京:中国农业出版社.

中国农业百科全书总编辑委员会农业气象卷编辑委员会,中国农业百科全书编辑部,1996. 中国农业百科全书(农业气象卷)[M]. 北京:中国农业出版社.

中国农业科学院,1999. 中国农业气象学[M]. 北京:中国农业出版社.

中国气象局,2004. 中国云图[M]. 北京:气象出版社.

钟阳和,施生锦,黄彬香,2009. "面向 21 世纪课程教材"农业小气候学[M]. 北京:气象出版社.

周广胜,2015. 气候变化对中国农业生产影响研究展望[J]. 气象与环境科学,**38**(1):80-94.

周淑贞,等,1997. 气象学与气候学(第三版)[M]. 北京:高等教育出版社.

竺可桢,1972. 中国近五千年来气候变迁的初步研究. 考古学报,(1):475-498.

Allen R G,Pereira L S,Raes D,*et al.* ,1998. Crop evapotranspiration-Guidelines for computing crop water requirements-FAO Irrigation and drainage paper. Rome:Food and Agriculture Organization of the United Nations.

Bellamy R,Lezaun J,Palmer J,2017. Public perceptions of geoengineering research governance:An experimental deliberative approach[J]. *Global Environmental Change*,**45**(6):194-202.

Bocchiola D, Nana E, Soncini A, 2013. Impact of climate change scenarios on crop yield and water footprint of maize in the Po valley of Italy [J]. *Agricultural Water Management*, 116:50—61.

Byers H R, 1965. Vapor pressure over solution droplets[J]. *J. Chem. Educ.*, **42**(6):338.

Campbell G S, 1977. An Introduction to Environmental Biophysics[M]. New York: Springer-verlag Inc.

Cooper J P, 1975. Photosynthesis and Productivity in Different Environments[M]. London: Cambridge Press.

Emanuel K A, 1994. Atmospheric Convection[M]. Oxford University Press.

Fillery E D, Bowden G H and Hardie J M, 1975. Comparative study of actinomyces-viscosus and actinomyces-naeslundii[M]. *Journal of dental research*, **54**(1):55.

Gatcs D M, 1962. Energy exchange in the biosphere. New York: Harper and Row.

Harpal S Mavi, Graeme J, 2004. Tupper, Agrometeorology: Principles and Applications of Climate Studies in Agriculture[M]. , Food Products Press.

Jones J W, 1982. Plant resistance to water flow in field soybeans[J]. *Agron*, **71**(1):92-98.

Kakde J R, 1985. Agricultural Climatology[M]. Metropolitan Book Co. Pvt. Ltd.

Kathiresan G, 2015. Agrometeorology: A Simplified Textbook[M]. New India Publishing Agency.

Lemon E R, 1983. CO_2 and Plants[M], Westview Press. Inc.

Liu Z, Chen Y, 2015. Review Impacts, risks, and governance of climate engineering[J]. *Advances in climate change research*, 6:197-201.

Mavi H S, 2004. Agrometeorology[M]. New York: Food Product Press.

Ming T Z, Richter R, Liu W, *et al.*, 2014. Fighting global warming by climate engineering: Is the Earth radiation management and the solar radiation management any option for fighting climate change? [J]. *Renewable and Sustainable Energy Reviews*, **31**(3):792-834.

Monteith J L, 1980. Principles of Environmental Physics[M]. Edward Arnold Ltd.

Moreno L S B, Pedreira C G S, Boote K J, *et al.*, 2014. Base temperature determination of tropical Panicum spp. grasses and its effects on degree—day—based models[J]. Agricultural and Forest Meteorology, 186:26-33.

Oke T R, 1987. Boundary Layer Climates[M]. London: Methuen & Co. Ltd.

Rajendra K, Meyer P L, 2015. 气候变化 2014 综合报告[M]. 政府间气候变化专门委员会.

Richter R, Ming T Z, Davie P, *et al.*, 2017. Removal of non-CO_2 greenhouse gases by large-scale atmospheric solarphotocatalysis[J]. *Progress in Energy and Combustion Science*, **60**(5):68-96.

Rosenberg N J, 1983. Microclimate (2nd edi.)[M]. John wiley &sons, Inc.

Russell E W, 1973. Soil Conditions and Plant Growth[M], (10th edi.) London: Long-mans.

Seenmann J, *et al.*, 1984. 农业气象学[M]. 亓来福等译. 北京:气象出版社.

Stigter K, 2010. Applied Agrometeorology, Springer[M], Heidelberg Dordrecht London NewYork.

Tian Z, Zhong H L, Sun L X, *et al.*, 2014. Improving performance of Agro—ecological zone(AEZ) modeling by cross—scale model coupling: an application to Japonica rice production in Northeast China[J]. *Ecological Modelling*, **290**:155-164.

附录 1　不同纬度的可照时数表

可照时数表(日出至日没之间的时数)

北纬 / 日期	0°	10°	20°	24°	28°	32°	36°	40°	44°	48°	52°	56°	60°
	逐月可照时数												
1 月	374.8	358.9	342.2	334.9	327.3	318.9	309.7	299.4	287.8	274.0	257.6	237.1	210.2
2 月(平)	338.4	329.8	321.2	317.5	313.6	309.4	304.7	299.6	293.7	286.8	276.5	266.5	254.1
2 月(闰)	350.4	341.6	332.7	328.9	324.8	320.4	315.6	310.3	304.2	297.1	286.5	276.1	263.3
3 月	374.4	373.1	372.0	37.16	371.1	370.5	369.9	369.3	368.5	367.8	366.2	365.1	363.8
4 月	362.4	369.2	377.3	380.5	384.2	388.2	392.4	397.3	402.6	408.9	415.2	424.0	435.1
5 月	374.6	388.9	404.2	411.0	418.3	426.1	434.8	444.4	455.5	468.5	484.5	504.1	530.1
6 月	362.7	379.9	398.2	400.4	415.2	424.6	435.2	447.0	460.7	476.8	498.2	521.1	560.3
7 月	374.7	391.0	408.0	415.6	423.8	432.6	442.4	453.5	466.1	480.9	501.4	524.9	556.7
8 月	374.4	384.7	395.4	400.2	405.2	410.7	416.9	423.5	431.3	440.2	453.0	466.5	483.5
9 月	362.2	364.4	366.3	367.1	368.1	369.3	370.5	371.8	373.4	375.1	379.9	383.0	386.7
10 月	374.3	368.1	361.1	358.1	354.9	351.6	347.9	343.9	339.4	334.1	330.3	323.4	314.8
11 月	362.6	349.2	334.6	328.3	321.6	314.5	306.7	297.9	287.9	276.3	265.0	248.5	227.1
12 月	374.8	357.1	338.1	329.9	321.2	311.7	301.2	239.5	276.1	260.4	242.3	231.4	186.2
平年	4410.3	4414.3	4418.6	4421.1	4424.5	4428.1	4432.3	4437.1	4443.0	4449.8	4470.1	4415.6	4508.6
闰年	4422.3	4426.1	4430.1	4432.5	4435.7	4439.1	4443.2	4447.8	4453.0	4460.1	4480.1	4525.2	4517.8
	日可照时数												
1 月 1 日	12.08	11.52	10.90	10.63	10.35	10.04	9.70	9.32	8.89	8.39	7.82	7.03	5.98
6 日	12.10	11.53	10.93	10.67	10.40	10.10	9.77	9.40	8.98	8.48	7.92	7.17	6.17
11 日	12.10	11.55	10.97	10.72	10.46	10.17	9.85	9.50	9.09	8.62	8.07	7.67	6.42
16 日	12.08	11.57	11.02	10.78	10.53	10.25	9.95	9.62	9.23	8.78	8.27	7.58	6.72
21 日	12.08	11.60	11.08	10.85	10.61	10.35	10.07	9.75	9.39	8.97	8.48	7.85	7.05
26 日	12.08	11.62	11.14	10.93	10.71	10.47	10.21	9.91	9.58	9.18	8.73	8.17	7.42
2 月 1 日	12.08	11.67	11.23	11.04	10.84	10.62	10.38	10.11	9.82	9.45	9.05	8.55	7.90
6 日	12.08	11.70	11.30	11.13	10.95	10.75	10.54	10.30	10.03	9.71	9.35	8.88	8.33
11 日	12.08	11.75	11.38	11.23	11.07	10.90	10.71	10.50	10.25	9.97	9.56	9.25	8.77
16 日	12.08	11.78	11.47	11.34	11.20	11.05	10.88	10.70	10.49	10.25	9.95	9.62	9.20
21 日	12.08	11.83	11.56	11.45	11.33	11.20	11.06	10.91	10.74	10.53	10.28	9.98	9.65
26 日	12.08	11.87	11.65	11.56	11.46	11.36	11.24	11.12	10.98	10.81	10.62	10.38	10.10
3 月 1 日	12.08	11.88	11.71	11.63	11.55	11.46	11.35	11.25	11.12	10.98	10.80	10.60	10.37
6 日	12.08	11.95	11.80	11.75	11.69	11.62	11.54	11.46	11.37	11.27	11.13	11.00	10.83
11 日	12.08	11.98	11.90	11.86	11.82	11.78	11.73	11.68	11.62	11.56	11.48	11.40	11.27
16 日	12.07	12.03	12.00	11.98	11.96	11.94	11.92	11.90	11.88	11.86	11.82	11.78	11.73
21 日	12.08	12.08	12.10	12.10	12.11	12.11	12.12	12.13	12.14	12.15	12.17	12.17	12.18
26 日	12.07	12.13	12.20	12.23	12.26	12.29	12.32	12.35	12.39	12.44	12.48	12.55	12.65
4 月 1 日	12.07	12.17	12.30	12.35	12.41	12.47	12.53	12.61	12.69	12.79	12.88	13.02	13.20
6 日	12.08	12.22	12.40	12.47	12.55	12.63	12.72	12.83	12.94	13.80	13.22	13.42	13.65
11 日	12.08	12.27	12.49	12.58	12.68	12.79	12.91	13.04	13.19	13.36	13.56	13.80	14.10
16 日	12.07	12.30	12.58	12.69	12.81	12.95	13.09	13.25	13.43	13.64	13.88	14.18	14.55
21 日	12.08	12.37	12.67	12.80	12.94	13.10	13.27	13.46	13.67	13.92	14.20	14.55	15.02
26 日	12.08	12.40	12.76	12.90	13.07	13.25	13.44	13.66	13.90	14.18	14.52	14.92	15.45
5 月 1 日	12.08	12.43	12.83	13.00	13.19	13.39	13.61	13.85	14.12	14.44	14.82	15.28	15.88
6 日	12.08	12.45	12.91	13.10	13.30	13.52	13.76	14.03	14.34	14.69	15.13	15.65	16.32

日期＼北纬	0°	10°	20°	24°	28°	32°	36°	40°	44°	48°	52°	56°	60°
	日可照时数												
11 日	12.08	12.52	12.98	13.19	13.41	13.65	13.91	14.20	14.54	14.93	15.40	15.98	16.73
16 日	12.08	12.55	13.05	13.27	13.51	13.77	14.05	14.36	14.72	15.15	15.67	16.30	17.13
21 日	12.08	12.58	13.11	13.35	13.60	13.87	14.17	14.51	14.89	15.35	15.90	16.60	17.50
26 日	12.08	12.60	13.17	13.42	13.68	13.96	14.28	14.64	15.04	15.52	16.13	16.87	17.87
6 月 1 日	12.08	12.63	13.22	13.48	13.76	14.06	14.39	14.76	15.20	15.70	16.35	17.15	18.23
6 日	12.08	12.65	13.25	13.52	13.81	14.12	14.46	14.85	15.30	15.82	16.48	17.32	18.47
11 日	12.08	12.67	13.28	13.55	13.84	14.16	14.52	14.91	15.37	15.91	16.62	17.47	18.67
16 日	12.08	12.68	13.29	13.57	13.87	14.19	14.55	14.95	15.41	15.96	16.68	17.55	18.78
21 日	12.08	12.68	13.30	13.58	13.88	14.20	14.56	14.96	15.43	15.98	16.72	17.58	18.85
26 日	12.08	12.68	13.29	13.57	13.87	14.19	14.55	14.95	15.42	15.97	16.68	17.56	18.82
7 月 1 日	12.08	12.68	13.28	13.55	13.84	14.16	14.52	14.92	15.37	15.92	16.63	17.50	18.72
6 日	12.08	12.65	13.25	13.52	13.81	14.12	14.46	14.86	15.30	15.83	16.53	17.37	18.53
11 日	12.08	12.63	13.22	13.48	13.76	14.06	14.39	14.77	15.21	15.72	16.40	17.20	18.32
16 日	12.08	12.62	13.18	13.43	13.70	13.99	14.31	14.67	15.09	15.57	16.22	16.98	18.02
21 日	12.08	12.60	13.13	13.37	13.63	13.90	14.20	14.55	14.94	15.40	16.02	16.73	17.70
26 日	12.08	12.57	13.07	13.30	13.54	13.79	14.08	14.41	14.78	15.21	15.80	16.47	17.35
8 月 1 日	12.08	12.53	12.99	13.20	13.42	13.66	13.93	14.22	14.56	14.95	15.48	16.08	16.88
6 日	12.08	12.50	12.92	13.11	13.32	13.54	13.79	14.05	14.36	14.72	15.22	15.77	16.47
11 日	12.07	12.47	12.85	13.02	13.20	13.41	13.63	13.87	14.15	14.48	14.92	15.42	16.05
16 日	12.08	12.42	12.77	12.92	13.08	13.26	13.46	13.68	13.94	14.23	14.63	15.07	15.62
21 日	12.07	12.37	12.68	12.82	12.96	13.12	13.29	13.49	13.72	13.96	14.32	14.68	15.18
26 日	12.08	12.33	12.59	12.71	12.83	12.97	13.12	13.29	13.47	13.69	14.00	14.33	14.73
9 月 1 日	12.07	12.27	12.49	12.58	12.68	12.79	12.91	13.04	13.19	13.36	13.62	13.88	14.18
6 日	12.08	12.23	12.40	12.47	12.55	12.63	12.72	12.83	12.95	13.08	13.30	13.50	13.75
11 日	12.07	12.20	12.30	12.35	12.41	12.47	12.54	12.61	12.70	12.79	12.97	13.12	13.30
16 日	12.08	12.13	12.21	12.24	12.27	12.31	12.35	12.40	12.45	12.51	12.63	12.72	12.85
21 日	12.07	12.10	12.11	12.12	12.13	12.15	12.17	12.18	12.20	12.22	12.30	12.35	12.40
26 日	12.08	12.05	12.02	12.01	12.00	11.99	11.98	11.96	11.95	11.93	11.97	11.97	11.95
10 月 1 日	12.07	12.00	11.93	11.89	11.86	11.82	11.78	11.74	11.69	11.64	11.65	11.58	11.50
6 日	12.08	11.97	11.83	11.78	11.72	11.66	11.59	11.52	11.44	11.35	11.30	11.18	11.05
11 日	12.07	11.92	11.74	11.67	11.59	11.50	11.40	11.31	11.19	11.06	10.98	10.82	10.60
16 日	12.08	11.87	11.65	11.55	11.45	11.34	11.22	11.09	10.95	10.78	10.65	10.43	10.15
21 日	12.07	11.83	11.56	11.44	11.31	11.18	11.04	10.88	10.71	10.50	10.32	10.05	9.70
26 日	12.07	11.78	11.46	11.33	11.18	11.03	10.86	10.68	10.47	10.22	10.02	9.68	9.25
11 月 1 日	12.08	11.75	11.37	11.21	11.04	10.86	10.66	10.44	10.19	9.90	9.63	9.23	8.73
6 日	12.08	11.70	11.28	11.11	10.92	10.71	10.49	10.25	9.97	9.65	9.33	8.88	8.30
11 日	12.08	11.67	11.21	11.01	10.80	10.58	10.34	10.07	9.76	9.40	9.05	8.55	7.88
16 日	12.08	11.63	11.14	10.92	10.70	10.46	10.20	9.90	9.56	9.17	8.78	8.22	7.50
21 日	12.08	11.60	11.08	10.85	10.61	10.35	10.07	9.75	9.39	8.96	8.52	7.92	7.12
26 日	12.08	11.58	11.02	10.78	10.52	10.25	9.95	9.61	9.22	8.77	8.30	7.65	6.78
12 月 1 日	12.10	11.55	10.97	10.72	10.45	10.17	9.85	9.49	9.09	8.61	8.12	7.42	6.48
6 日	12.10	11.53	10.93	10.67	10.40	10.10	9.77	9.40	8.98	8.48	7.95	7.22	6.22
11 日	12.10	11.53	10.90	10.64	10.36	10.05	9.71	9.33	8.89	8.38	7.83	7.07	6.02
16 日	12.08	11.52	10.88	10.62	10.33	10.01	9.67	9.29	8.84	8.32	7.75	6.95	5.90
21 日	12.10	11.50	10.88	10.61	10.32	10.00	9.65	9.27	9.82	8.30	7.70	6.90	5.83
26 日	12.08	11.52	10.88	10.61	10.32	10.01	9.66	9.28	8.84	8.31	7.72	6.92	5.85

附录 2　太阳赤纬

(δ,单位:度)

日	期	月											
平年	闰年	1	2	3	4	5	6	7	8	9	10	11	12
	1	−23.2	−17.6	−8.2	+3.9	+14.5	+21.8	+23.2	+18.5	+8.9	−2.5	−13.9	−21.5
1	2	−23.1	−17.3	−7.9	+4.3	+14.9	+22.0	+23.2	+18.2	+3.6	−2.9	−14.2	−21.7
2	3	−23.0	−17.0	−7.5	+4.6	+15.2	+22.1	+23.1	+18.0	+8.2	−3.3	−14.5	−21.9
3	4	−22.9	−16.7	−7.1	+5.0	+15.5	+22.2	+23.0	+17.7	+7.8	−3.7	−14.8	−22.0
4	5	−22.8	−16.4	−6.7	+5.4	+15.8	+22.3	+23.0	+17.5	+7.5	−4.1	−15.1	−22.1
5	6	−22.7	−16.1	−6.3	+5.8	+16.0	+22.5	+22.9	+17.2	+7.1	−4.4	−15.5	−22.3
6	7	−22.6	−15.8	−5.9	+6.2	+16.3	+22.6	+22.8	+16.9	+6.7	−4.8	−15.8	−22.4
7	8	−22.5	−15.5	−5.6	+6.6	+16.6	+22.7	+22.7	+16.6	+6.4	−5.2	−16.1	−22.5
8	9	−22.3	−15.2	−5.2	+6.9	+16.9	+22.8	+22.6	+16.4	+6.0	−5.6	−16.4	−22.6
9	10	−22.2	−14.9	−4.8	+7.3	+17.2	+22.9	+22.5	+16.1	+5.6	−6.0	−16.1	−22.8
10	11	−22.1	−14.6	−4.4	+7.7	+17.4	+23.0	+22.3	+15.8	+5.2	−6.4	−16.9	−22.9
11	12	−21.9	−14.3	−4.0	+8.0	+17.7	+23.0	+22.2	+15.5	+4.9	−6.7	−17.2	−22.9
12	13	−21.8	−13.9	−3.6	+8.4	+17.9	+23.1	+22.1	+15.2	+4.5	−7.1	−17.5	−23.0
13	14	−21.6	−13.6	−3.2	+8.8	+18.2	+23.2	+21.9	+14.9	+4.1	−7.5	−17.8	−23.1
14	15	−21.4	−13.3	−2.8	+9.1	+18.4	+23.2	+21.8	+14.6	+3.7	−7.9	−18.0	−23.2
15	16	−21.3	−12.9	−2.4	+9.5	+18.7	+23.3	+21.7	+14.3	+3.3	−8.2	−18.3	−23.2
16	17	−21.1	−12.6	−2.0	+9.9	+18.9	+23.3	+21.5	+14.0	+2.9	−8.6	−18.6	−23.3
17	18	−20.9	−12.2	−1.6	+10.2	+19.2	+23.4	+21.3	+13.7	+2.6	−9.0	−18.8	−23.3
18	19	−20.7	−11.9	−1.2	+10.6	+19.4	+23.4	+21.2	+13.4	+2.2	−9.3	−19.1	−23.4
19	20	−20.5	−11.5	−0.8	+10.9	+19.6	+23.4	+21.0	+13.0	+1.8	−9.7	−19.3	−23.4
20	21	−20.3	−11.2	−0.4	+11.3	+19.8	+23.4	+20.8	+12.7	+1.4	−10.1	−19.5	−23.4
21	22	−20.1	−10.8	+0.1	+11.6	+20.0	+23.4	+20.6	+12.4	+1.0	−10.4	−19.8	−23.4
22	23	−19.8	−10.5	+0.3	+11.9	+20.2	+23.4	+20.4	+12.0	+0.6	−10.8	−20.0	−23.4
23	24	−19.6	−10.1	+0.7	+12.3	+20.4	+23.4	+20.2	+11.7	+0.2	−11.1	−20.2	−23.4
24	25	−19.4	−9.7	+1.1	+12.6	+20.6	+23.4	+20.0	+11.4	−0.2	−11.5	−20.4	−23.4
25	26	−19.1	−9.4	+1.5	+12.9	+20.8	+23.4	+19.8	+11.0	−0.6	−11.8	−20.6	−23.4
26	27	−18.9	−9.0	+1.9	+13.3	+21.0	+23.4	+19.6	+10.7	−0.9	−12.2	−20.8	−23.4
27	28	−18.6	−8.6	+2.3	+13.6	+21.2	+23.4	+19.4	+10.3	−1.3	−12.5	−21.0	−23.4
28	29	−18.4	−8.2	+2.7	+13.9	+21.3	+23.3	+19.2	+10.0	−1.7	−12.9	−21.2	−23.3
29	30	−18.1		+3.1	+14.2	+21.5	+23.3	+18.9	+9.6	−2.1	−13.2	−21.4	−23.3
30	31	−17.9		+3.5	+14.5	+21.7	+23.2	+18.7	+9.3	−2.5	−13.5	−21.5	−23.2
31		−17.6		+3.9		+21.8		+18.8	+8.9		−13.9		−23.2

附录 3　中国各地气温、降水量和日照时数的标准气候值(1981—2010 年)

台站号	台站名称	所属省(区、市)	纬度(N)	经度(E)	海拔高度(m)	1 月均温(℃)	4 月均温(℃)	7 月均温(℃)	10 月均温(℃)	年均温(℃)	年降水量(mm)	年日照时数(h)
50136	漠河	黑龙江	52°58′	122°31′	433.0	−28.7	0.4	18.4	−2.6	−3.8	452.0	2432.3
50527	海拉尔	内蒙古	49°13′	119°45′	610.2	−24.8	3.0	20.4	1.2	−0.3	351.9	2556.6
50873	佳木斯	黑龙江	46°49′	130°17′	81.2	−18.0	6.7	22.5	5.7	4.1	542.4	2415.1
50953	哈尔滨	黑龙江	45°45′	126°46′	142.3	−17.6	7.8	23.1	6.4	4.9	537.7	2413.3
51463	乌鲁木齐	新疆	43°47′	87°39′	935.0	−12.1	10.4	23.8	8.3	7.4	298.5	2570.7
51573	吐鲁番	新疆	42°56′	89°12′	34.5	−6.6	19.7	32.5	14.0	15.2	15.3	2866.3
51709	喀什	新疆	39°28′	75°59′	1289.4	−4.9	15.7	25.6	12.5	12.3	71.4	2779.3
52203	哈密	新疆	42°49′	93°31′	737.2	−9.8	13.9	26.8	9.4	10.3	43.7	3317.9
52418	敦煌	甘肃	40°09′	94°41′	1139.0	−7.9	12.9	25.2	8.9	10.0	39.9	3284.5
52866	西宁	青海	36°43′	101°45′	2295.2	−7.3	8.0	17.4	6.4	6.2	398.1	2571.8
53446	包头	内蒙古	40°40′	109°51′	1067.2	−10.6	10.1	23.8	7.8	7.8	304.7	2874.8
53614	银川	宁夏	38°29′	106°13′	1111.4	−7.2	11.8	23.9	9.7	9.6	182.9	2799.3
53646	榆林	陕西	38°16′	109°47′	1157.0	−8.7	11.0	23.7	9.1	8.8	383.4	2670.6
53698	石家庄	河北	38°02′	114°25′	81.0	−1.8	15.7	27.3	14.7	13.9	516.2	2269.3
53723	盐池	宁夏	37°48′	107°23′	1349.3	−7.9	10.4	23.1	8.7	8.6	282.4	2860.4
53772	太原	山西	37°47′	112°33′	778.3	−5.0	12.7	24.0	10.4	10.5	423.2	2414.6
53810	同心	宁夏	36°58′	105°54′	1339.3	−6.6	11.6	23.4	9.8	9.6	259.8	2939.0
53898	安阳	河南	36°03′	114°24′	62.9	−1.0	15.6	27.0	15.1	14.2	551.4	2058.5
54135	通辽	内蒙古	43°36′	122°16′	178.7	−13.0	9.4	24.2	8.2	7.2	367.5	3011.0
54157	四平	吉林	43°10′	124°20′	165.7	−13.2	9.6	23.7	8.4	7.2	604.2	2638.6
54161	长春	吉林	43°54′	125°13′	236.8	−14.7	8.5	23.2	7.7	6.2	577.1	2580.3
54363	通化	吉林	41°41′	125°54′	402.9	−13.9	8.1	22.3	7.3	6.0	893.5	2226.7
54401	张家口	河北	40°47′	114°53′	724.2	−8.1	11.3	24.2	9.9	9.3	388.7	2740.0
54423	承德	河北	40°59′	117°57′	385.9	−9.3	11.8	24.2	9.5	9.0	503.4	2610.1
54471	营口	辽宁	40°39′	122°10′	3.8	−8.3	10.9	25.1	11.7	9.9	640.1	2678.9
54511	北京	北京	39°48′	116°28′	31.3	−3.1	14.8	26.7	13.7	13.0	532.1	2556.0
54527	天津	天津	39°05′	117°04′	2.5	−3.4	14.7	26.8	14.1	13.0	511.5	2375.3
54662	大连	辽宁	38°54′	121°38′	91.5	−3.6	10.6	23.7	14.2	11.3	579.8	2670.5
54823	济南	山东	36°36′	117°03′	170.3	−0.3	16.4	27.5	16.2	14.9	693.4	2346.1
55299	那曲	西藏	31°29′	92°04′	4507.0	−11.7	−0.8	9.5	0.2	−0.6	449.5	2723.7

续表

台站号	台站名称	所属省(区、市)	纬度(N)	经度(E)	海拔高度(m)	1月均温(℃)	4月均温(℃)	7月均温(℃)	10月均温(℃)	年均温(℃)	年降水量(mm)	年日照时数(h)
55578	日喀则	西藏	29°15′	88°53′	3836.0	−2.7	7.9	14.6	7.2	6.8	430.3	3176.3
56029	玉树	青海	33°01′	97°01′	3681.2	−6.8	4.3	13.3	4.2	3.8	481.6	2479.6
56074	玛曲	甘肃	34°00′	102°05′	3471.4	−8.8	2.5	11.4	2.4	1.9	593.3	2584.8
56385	峨眉山	四川	29°31′	103°20′	8047.4	−5.4	3.1	11.8	3.8	3.4	1669.9	1403.2
56651	丽江	云南	26°52′	100°13′	2392.4	6.4	13.6	18.2	13.6	13.0	980.3	2412.7
56691	威宁	贵州	26°52′	104°17′	2237.5	2.4	11.8	17.7	11.1	10.8	854.8	1634.3
56778	昆明	云南	25°00′	102°39′	1886.5	8.9	17.3	20.2	16.0	15.5	979.2	2119.3
57046	华山	陕西	34°29′	110°05′	2064.9	−5.7	7.1	17.8	7.0	6.5	776.0	2513.0
57083	郑州	河南	34°43′	113°39′	110.4	0.5	16.0	27.1	15.5	14.8	640.8	2009.7
57091	开封	河南	34°47′	114°18′	73.7	0.3	15.7	27.0	15.6	14.7	635.0	2055.9
57378	钟祥	湖北	31°10′	112°34′	65.8	3.7	16.8	27.8	17.6	16.5	989.8	1754.6
57494	武汉	湖北	30°37′	114°08′	23.1	4.0	17.4	29.1	18.2	17.2	1316.0	1866.3
57516	沙坪坝	重庆	29°35′	106°28′	259.1	7.9	18.5	28.3	18.6	18.4	1107.9	954.9
57682	平江	湖南	28°43′	113°34′	106.3	4.7	17.0	28.4	18.2	17.0	1524.6	1582.4
57713	遵义	贵州	27°42′	106°53′	843.9	4.8	15.9	25.3	16.3	15.7	1035.2	1030.8
57816	贵阳	贵州	26°35′	106°44′	1223.8	4.8	15.8	23.6	15.9	15.1	1072.8	1048.4
57957	桂林	广西	25°19′	110°18′	164.4	8.1	19.0	28.2	21.1	19.2	1887.6	1446.5
58238	南京	江苏	32°00′	118°48′	7.1	2.7	15.6	28.1	17.6	16.0	1090.4	1926.9
58321	合肥	安徽	31°47′	117°18′	27.0	2.9	16.3	28.3	17.7	16.2	999.9	1867.8
58437	黄山	安徽	30°08′	118°09′	1840.4	−2.1	8.0	17.8	9.6	8.3	2265.6	1682.8
58457	杭州	浙江	30°14′	120°10′	41.7	4.6	16.2	28.9	18.8	17.0	1438.0	1709.3
58506	庐山	江西	29°35′	115°59′	1164.5	0.5	11.9	22.5	13.1	12.0	2023.7	1673.2
58606	南昌	江西	28°36′	115°55′	46.9	5.5	17.7	29.5	19.9	18.1	1613.4	1832.9
58847	福州	福建	26°05′	119°17′	84.0	11.2	18.5	29.2	22.4	20.2	1391.8	1560.3
58931	九仙山	福建	25°43′	118°06′	1653.5	5.2	12.5	19.2	13.1	12.5	1724.5	1589.6
59046	柳州	广西	24°21′	109°24′	96.8	10.6	21.1	29.0	23.1	21.0	1431.2	1532.8
59102	寻乌	江西	24°57′	115°39′	303.9	9.3	19.6	27.3	21.0	19.2	1605.8	1664.9
59134	厦门	福建	24°29′	118°04′	139.4	12.7	19.1	28.0	23.2	20.7	1332.5	1878.0
59287	广州	广东	23°10′	113°20′	41.0	13.9	22.3	28.9	24.7	22.4	1801.3	1538.8
59316	汕头	广东	23°24′	116°41′	2.9	14.3	21.0	28.7	24.4	22.0	1617.9	2009.4
59431	南宁	广西	22°38′	108°13′	121.6	12.9	22.5	28.4	23.6	21.9	1289.7	1504.5
59758	海口	海南	20°00′	110°15′	63.5	18.0	25.4	28.8	25.7	24.4	1696.6	1954.7
59948	三亚	海南	18°14′	109°31′	6.0	21.7	27.0	28.6	26.6	25.9	1453.3	2416.5